뿔이 없는 소, 물지 않는 늑대

Life as We Made It

뿔이 없는 소
물지 않는 늑대

베스 샤피로 지음   장혜인 옮김

상상스퀘어

"나쁘진 않네요"라며 책의 내용을 들어준
나의 아이들 제임스와 헨리에게

돌보는 자의 섭리

미국 서부에 있는 깊은 들판에서 나이 든 들소가 갓 돋아난 풀을 뜯고 있다. 들소가 우적우적 풀을 씹는 동안 근처 스네이크강의 잔잔한 물소리와 함께 늑대 울음소리가 들린다. 들소는 잠시 멈춰 고개를 들더니 갑자기 귀를 쫑긋거리며 소리에 귀를 기울인다. 코를 킁킁거릴 때마다 귀가 꿈틀거린다. 모기가 들소 머리 위로 하릴없이 윙윙거리고 시간은 고요히 흐른다. 별일 없다는 사실을 확인한 들소는 다시 땅으로 시선을 돌리고 풀을 뜯는다. 들소는 곁에 있는 수십 마리 무리를 피해 새로 풀이 돋아난 쪽으로 움직인다. 그렇게 들소 무리는 조용히 풀을 뜯으며 남쪽 산으로 난 길을 따라 서두르지 않고 천천히 나아가기 시작한다.

조용하고 평온한 풍경이다. 들소 무리는 지구상에 있는 마지막 야생 구역 중 한 곳인 여기에서 바깥세상에 구속받지 않고 번성했다. 희망찬 풍경이기도 하다. 인간은 지구를 어지럽히기는 했지만, 인공적인 세상에서 멀리 떨어진 곳에 들소가 자유롭게 돌아다닐 수 있는 서식지를 일부 남겨두었다. 이 풍경은 감동적이기까지 하다. 들소들이 이곳에 살아 있을 수 있는 까닭은 바로 우리가 들소들을 구해냈기 때문이다. 한때 평원에는 수백만 마리의 들소가 살았지만 1800년대 후반이 되자 거의 사라졌다. 하지만 멸종하지는 않았다. 인간은 들소가 안전하게 풀을 뜯고 새끼를 키울 공간을 만들고, 사냥꾼이나 밀렵꾼이 손을 뻗지 못하도록 법을 제정했다. 덕분에 오늘날 북아메리카 전역에는 50만 마리가 넘는 들소가 무리 지어 산다.

무엇보다 이 풍경은 자연의 모습을 간직하고 있다. 북아메리카 최초의 국립공원에서 평온하게 노니는 아메리카들소는 때 묻지 않은 야생의 모습을 보여준다. 자연은 앞으로도 이 모습 그대로여야 한다. 지금까지도 언제나 그랬기 때문이다.

물론 그렇지 않을 때도 있었다.

지난 10년간 생명공학은 놀랍고 고무적이면서도 조금은 두려울 정도로 크게 발전했다. 복제cloning, 유전체 편집genome editing, 합성 생물학synthetic biology, 유전자 드라이브gene drive 같은 기술은 장밋빛 미래를 약속한다. 하지만 그것이 정말 반길 만한 미래일까? 물론 기술 발전은 반가운 일이다. 생명공학을 이용하면 병을 예방하거나 치료할 수 있고, 식품을 더 맛있게 만들거나 오랫동안 신선하게 보관할 수 있다. 하지만 생명공학은 박테리아 유전자가 삽입된 옥수수나 오리알을 낳는 닭처럼 어딘가 이상하고 부자연스러운 생물을 만들기도 한다.* 사실 오늘날에

---

* 　　사실이다! 성장 중인 오리알에서 나중에 정자나 난자가 되는 원시생식세포primordial germ cell 를 추출해 달걀에 주입하면 된다. 이 달걀에서 병아리가 부화해 성적 성숙에 이르면 두 가지 유

는 사람 손이 닿지 않은 곳을 찾기가 더 어렵다. 과학자들은 남아 있는 자연 공간을 보호하려고 애쓰고 있지만 해안 기름 유출, 멸종률 증가, 신종 전염병 확산 같은 위기를 해결하려면 기존 기술을 넘어선 해결책이 필요하다. 그렇다면 우리는 현대과학의 힘을 받아들이고 자연에 더 깊이 개입해서, 박테리아가 쓰레기를 처리하고, 매머드가 시베리아 들판을 배회하며, 불임 모기가 머리 위에서 윙윙대는 미래를 준비해야 할까? 아니면 너무 늦기 전에 더는 지구를 망가뜨리지 말고 다가올 미래를 거부해야 할까?

많은 사람은 인간이 개조한 동식물로 가득 찬 미래는 암울하다고 생각한다. 조작된 미생물, 매머드를 닮은 코끼리, 질병을 옮기지 않는 모기 따위는 어떤 식으로든 인간에게 도움이 되겠지만 이런 생물을 창조하는 일은 옳지 않고, 인위적인 생물로 가득 찬 세상도 어딘가 잘못되었다고 여기는 것이다. 암울한 미래를 예견하는 사람들은 흔히 과학을 탓한다. 과학자들이 개발한 21세기 기술 덕분에 지금 우리는 기존에 유지하던 자연스러움이라는 정의와는 거리가 멀지만, 인간을 위해 인간이 창조한 새로운 자연으로 나아가는 변화의 끝자락에 서 있다. 하지만 미래를 걱정하는 이들은 자연스러운 것과 그렇지 않은 것은 완전히 다르며, 지금까지 자연스러웠던 자연에 인간이 이제 막 개입하기 시작했다고 주장한다. 그런데 역사, 고고학, 고생물학, 유전학을 살펴보면

형의 난자 세포가 생긴다. 하나는 원래 닭 원시생식세포에서, 다른 하나는 주입한 오리 원시생식세포에서 발생한다. 이 병아리가 자라 암탉이 되면 오리 정자로 인공수정한다. 그러면 오리 알이 수정된다. 하지만 닭 난자와 오리 난자는 진화적으로 너무 달라서 오리 정자가 닭 난자와 만나 달걀을 수정하지는 못한다. 따라서 오리-닭 잡종은 나오지 않는다. 이 알에서는 새끼 오리가 부화한다.

이야기는 다르다. 인간은 오랫동안 우리 주변 생물의 진화를 다듬어왔다. 지난 5만 년 동안 우리 조상은 멸종 위기에 놓인 생물 수백 종을 사냥하고, 망쳐놓고, 질서를 어지럽혔다. 두세 가지 사례만 들어보아도 우리는 늑대를 보스턴테리어 개로, 야생 옥수수를 팝콘 옥수수로, 야생 양배추를 케일, 브로콜리, 콜리플라워, 방울양배추, 쌈케일로 바꾸어놓았다. 인간이 다른 생물을 사냥하고, 길들이고, 이동하는 법을 배워 행동하고 움직이자 이들 종은 적응하고 진화할 기회를 얻었다. 인간을 만났으나 결국 본연의 모습을 지켜낸 종도 있지만 대부분 그렇지 못했고, 모든 종은 어떤 식으로든 변화를 겪었다. 오늘날 생명체는 무작위적인 진화randomness of evolution와 인간이 만든 덜 무작위적인 변화less random human intent의 결과다.

아메리카들소American bison를 떠올려보자. 2만 년 전, 오늘날 아메리카 대륙에 처음 발을 들여놓은 인간은 이 맛있는 짐승을 사냥하고, 망쳐놓고, 그들의 질서를 어지럽혔다. 사냥 기술이 정교해지자 단번에 들소 수천 마리를 잡을 수 있는 기술도 등장했다. 잡히지 않은 들소만 살아남았고, 그러다 기후가 서늘해지며 서식지가 황폐해지자 들소 무리는 쇠퇴했다.

그러다 1만 2,000년 전 즈음 빙하기가 끝나자 들소가 살기 적합한 서식지가 다시 늘며 들소 무리도 늘었다. 따뜻한 기후는 인간에게도 유리해서 인간 개체군도 늘었다. 초목이 빽빽해지자 인간은 불을 놓아 주변 환경을 바꿨고 들소를 몰아 더 쉽게 사냥하는 방법도 익혔다. 들소는 변화에 적응하며 번성했다. 인간도 마찬가지였다. 인간의 삶은 계절에 따라 늘었다 줄어드는 들소 무리를 중심으로 돌아갔다. 인간은 들소 고기, 가죽, 배설물, 뼈를 각각 음식, 의복, 연료, 도구로 이용했다. 교역

망이 생겼고 인간은 서로 소통하며 대륙을 가로질러 뻗어나갔다.

약 500년 전 북아메리카에 도착한 유럽인들도 들소의 진가를 알아보았다. 유럽에서 온 개척자들은 서쪽으로 퍼져나갔다. 철도가 놓이고 인구가 늘자 거대한 들소 무리는 뿔뿔이 흩어졌다. 들소와 들소 서식지를 둘러싼 소유권 전쟁이 치열해지며 많은 사람이 죽고 그보다 더 많은 들소가 죽었다. 개척자들이 조약을 체결했다 파기하며 애꿏은 아메리카 원주민이 고통을 겪었다. 소 목장이 넓어지며 들소는 먹이, 공간, 식수를 놓고 소와 경쟁해야 했다. 이번에는 들소가 적응하기에 변화가 너무 빨랐다. 20세기에 접어들면서 몇몇 들소는 포획되어 사육지로 옮겨지고 몇몇은 야생에 남기는 했지만 거대한 들소 무리는 결국 사라졌다.

100년 전쯤에야 사람들은 들소가 위기에 처했음을 깨달았다. 환경보호에 눈을 돌린 정부는 들소 도살을 막는 법안을 제정했다. 야생동물 관리자들은 울타리를 세워 들소를 안전하게 보호하고 이 울타리 안에서 어떤 들소가 다음 세대에 도움을 줄 수 있을지 결정했다. 이제 들소가 취할 최선의 전략은 탈출이 아니라 어떻게든 인간에게 좋은 인상을 주는 것이었다. 들소는 그렇게 적응하고 번성했다.

오늘날 우리는 생명공학을 이용해 이전 세대보다 훨씬 빠르고 정확하게 다른 종에 간섭할 수 있다. 인공수정artificial insemination, 복제, 유전자 편집 기술로 어떤 DNA를 다음 세대로 정확하게 전달할지 제어할 수 있게 되자 진화를 이끄는 인간의 힘은 더욱 강력해졌다. 지금까지 생명공학이 가장 큰 영향을 미친 분야는 농업이다.

100년 전 어느 농부가 유난히 덩치 큰 새끼돼지를 발견했다면 이 돼지를 효율적으로 번식시켜 여러 세대에 걸쳐 점차 무리 전체의 효율성을 개선했을 것이다. 50년 전이라면 큰 수돼지에게서 정액을 채취해 암퇘지를 임신시킨 후 빨리 자라는 특성을 물려받은 자손 수를 늘렸을 것이다. 하지만 오늘날에는 돼지 DNA 염기서열을 분석해 어떤 유전적 변이 덕분에 성장 속도가 빨라지는지 알아낼 수 있다. 빨리 자라는 돼지에서 세포를 채취해 복제한 다음 빨리 자라는 DNA만 가진 배아를 얻어 대리모 암퇘지에 이식할 수도 있다. 배아 DNA를 직접 편집해 더 빨리 자라게 하는 DNA 조합을 얻는 일도 가능하다. 100년 전이든 지금이든 인간이 개입해서 얻으려는 최종 결과는 같다. 큰 돼지를 키워 농가 소득을 늘리는 것이다. 오늘날의 기술을 적용하면 수십, 수백 년이 아니라 단 몇 년 안에도 결실을 볼 수 있다.

새로운 생명공학 기술로 우리는 조상에게는 없던 능력을 갖추었다. 여기서 문제가 까다로워진다. 생명공학 기술로 만든 유전자 조작된 인바이로피그Enviropig도 어쨌든 돼지이고, 인바이로피그의 DNA 대부분도 돼지 DNA다. 하지만 인바이로피그 유전체에는 돼지 유전자뿐만 아니라 미생물 유전자와 쥐 유전자도 들어 있다. 돼지를 아무리 잘 길러도 자연에서 인바이로피그를 만들 수는 없다. 하지만 생명공학 기술을 이용하면 가능하다. 그런데 인바이로피그는 농업 문제 해결에 도움이 된다. 돼지 사육자들은 중요한 영양소인 인을 돼지 사료에 첨가하는데, 인이 배설되어 폐기되는 과정에서 양돈장 주변 유역이 크게 오염된다. 그런데 인바이로피그 DNA에 유전자 두 개를 삽입하면 돼지 침에서 특정 단백질을 발현해 돼지가 소화할 수 있는 형태로 인을 분해한다. 인바이로피그는 일반 돼지보다 인을 적게 먹어도 되어서 비용이 절약되고, 돼지가 사료에 든 인을 효율적으로 흡수하기 때문에 양돈장 주변 유역을 살릴 수도 있다. 2010년 인바이로피그 승인을 위해 허가 기관에 자료를 제출했을 때는 누구도 결과를 장담할 수 없었다. 결국 승인 절차는 중단되었고 프로젝트 자금도 바닥났다. 인바이로피그는 전 세계 고질적인 농업 문제를 해결할 수 있지만, 이 생물을 창조한 기술을 불편해하는 사람들 때문에 결국 활용할 수 없게 되었다.

인바이로피그는 인간과 다른 종의 관계를 한 단계 전환하는 시점에서 우리가 느끼는 불편과 이 불편 때문에 치러야 할 비용을 모두 드러낸다. 관계 전환에 머뭇거리는 사이 기술 안전성과 다양한 가능성을 탐색할 길이 멀어졌다. 생명공학 해결책을 받아들여 오염 물질을 제거하고, 멸종 위기에 놓인 개체를 돕고, 농업 수확량을 늘릴 기회도 사라졌다. 하지만 사람들이 느끼는 불편도 이해할 만하다. 생명공학 기술 초기에는 유전자 변형 작물이 어떻게 만들어졌는지, 기존 작물과 무엇이 같거나 다른지 설명하려는 노력이 부족한 탓에 정보가 불투명했기 때문에 기술이 거의 이용되지 못했다. 이 틈을 타 일부 강경파 극단주의자들은 위험을 회피하려는 인간의 본성을 이용해 잘못된 정보를 퍼트렸다. 규제가 엇나가고 지식재산권을 둘러싼 싸움이 번지자 생명공학 작물의 바탕이 된 과학적 성과를 공개적으로 논할 기회마저 가로막혔다. 그러니 잠재적인 소비자들이 유전자 변형 식품을 떨떠름하게 받아들이는 상황도 무리는 아니다.

이론적으로는 1990년대 중반부터 생명공학 기술을 적용한 식품이 식탁에 오를 수 있게 되었다. 이에 따라 최근 생명공학 기술은 인간이 전 세계적으로 생물 다양성 위기를 일으켰으며 그것을 극복해야 한다는 목표에도 눈을 돌린다. 오늘날 종의 멸종률은 화석에 기록된 기본 멸종률보다 몇 배나 빠르다. 인간이나 가축을 제외한 생물이 거주할 수 있는 서식지의 양이 줄어들고 질도 나빠지기 때문이다. 결국 오늘날 종의 멸종은 전적으로 우리 탓이다. 우리 대부분은 멸종 위기에 맞서 무언가

행동해야 한다는 데는 동의하지만, 정확히 무엇을 해야 하는지에 대해서는 쉽게 합의를 보지 못한다. 지구 절반 정도를 뚝 떼어 사람 손이 닿지 않게 온전히 보존해야 한다고 주장하는 사람도 있다. 인간이 유발한 멸종을 늦출 유일한 방법은 인간이 직접 개입하는 방법뿐이라고 믿는 사람도 있다. 생물학자들은 수십 년 동안 침입종을 일일이 손으로 제거하고, 개체군과 서식지 사이에서 개체를 옮기고, 기존 종이 멸종하며 비어버린 중요한 생태적 틈새에 대리종proxy species을 들여와 메꿨다. 하지만 오늘날 생명공학은 더 많은 가능성을 준다. 우리는 생물 종의 유전체를 조작해 한층 더 건조한 토양, 보다 더 산성인 바다, 더욱더 오염된 물에 적응하도록 만들 수 있다. 유전자 드라이브 시스템을 만들어 침입종을 제거할 수도 있다. 멸종한 종을 부활시켜 잃어버린 생물학적 관계를 복원하고 생태계 건강을 되살릴 수도 있다. 생명공학적 개입은 환경을 보존할 엄청난 잠재력이 있다. 하지만 여기에는 또 다른 위험도 따른다.

2017년, 헬렌 테일러Helen Taylor와 동료들은 뉴질랜드(아오테아로아) 보존 실무자들을 대상으로 유전공학genetic engineering을 자연 보존에 이용하는 일을 어떻게 생각하는지 조사했다. 앞서 2016년, 뉴질랜드 정부는 2050년까지 토종 동물군을 파괴하는 외래종 쥐, 호주 주머니쥐, 흰담비를 박멸하겠다는 거창한 계획을 발표했다. 야심 찬 일정이었지만 많은 사람은 생명공학을 이용하면 목표를 충분히 달성할 수 있다고 생각했다. 하지만 테일러의 조사에 따르면 생명공학 전략에 대한 사람들의 선호도는 이 기술을 적용하는 종에 따라 달랐다. 대부분 응답자는 침입종 DNA를 변형하는 일은 괜찮다고 대답했지만 자생종 DNA를 조작하는 일은 옳지 않다고 여겼다. 실제로 많은 응답자는 생명공학 기술로 자생종을 살리느니 멸종하도록 놔두는 편이 낫다고 털어놓기도 했다. 그들은 왜 불편해했을까? 그것은 신의 영역을 침범해야 하는 일이기 때문이다. 의도적으로 진화 과정을 바꾸는 역할을 하자니 꺼림직했을 것이다. 그렇지만 그들에게도 침입종은 예외였다.

하지만 진화 과정에 의도적으로 개입하는 것은 지구를 돌보는 인간의 섭리다. 이제 우리는 이 역할을 받아들여야 한다.

앞으로 여러 장에 걸쳐 우리와 다른 종의 관계가 변화하는 모습을 살펴볼 것이다. 유전공학 기술이 출현해 자연을 조작하는 인간의 능력이 획기적으로 늘어난 시기를 기점으로 책 전반을 크게 두 부분으로 나누었다.

1부 '생명이 걸어온 길'에서는 인간 혁신의 세 단계인 포식predation, 순화(가축화)domestication, 보전conservation을 연대순으로 살펴본다. 1장 '뼈를 발굴하다'에서는 내가 학생에서 교수가 되기까지의 여정과 고대 DNA 연구 분야의 성장 과정을 설명하고, 나를 비롯한 많은 연구자가 화석에 보존된 DNA로 진화의 역사를 재구성해온 길을 소개한다. 2장 '인간의 기원을 찾아서'에서는 고대 DNA를 이용해 인간의 기원을 탐구하고, 우리 조상이 고대 친척들과 만난 후 인간의 진화 경로가 어떻게 달라졌는지 살핀다. 3장 '전격전을 펼치다'에서는 인간이 전 세계로 퍼져나가며 지배적인 포식자 역할을 맡는 과정을 살피며, 인간이 새로운 서식지에 도착한 시기와 해당 지역 동식물이 멸종한 시기가 우연히 일치하는 사례를 알아본다. 4장 '락타아제 지속성'에서는 인간이 수렵인에서 농경인으로 전환되며 식량을 안정적으로 확보하기 위해 목축과 육종 전략을 세우고 숲을 개간해 농장을 만드는 과정을 알아본다. 그리고 이 과정에서 인간이 종의 멸종을 막을 수 있다는 사실을 발견한 과정을 살펴본다. 5장 '레이크카우 베이컨'에서는 인구가 크게 늘고 가축이 야생 서식지를 침범해 멸종으로 몰고 가는 과정에서 인간의 역할이 농경인에서 관리인으로 전환되는 모습을 살펴본다. 환경 보전 운동이 탄생하는 과정이다.

오늘날에도 우리는 혁신의 첫 세 단계인 포식, 순화, 보전 과정에서 우리 조상이 개발한 기술에 의존한다. 그러나 우리는 주변 종에 개입해 변화를 일으킬 수 있다. 산업 농업으로 오늘날 90억에 이르는 인구를 먹여 살리고, 국제법을 적용해 지구의 바다, 공기, 육지와 담수 생태계를 보호한다. 그러나 지구는 다시 한계에 이르렀다. 오늘날 인구는 기존 기술로 먹여 살릴 수 있는 숫자를 넘어섰고, 우리 탓에 변한 지구에서는 서식지가 급변해 생물 종이 제대로 적응하지 못하고 멸종한다. 그러나 우리는 새로운 도구를 이용해 전례 없는 속도와 전례 없는 방식으로 종을 조작할 수 있다.

2부 '생명이 나아갈 길'에서는 인간 혁신의 다음 단계인 생명공학을 탐구한다. 6장 '뿔 없는 소'에서는 무작위로 일어나는 전통 육종 대신 순화된 종을 조작하는 방법을 살펴보고, 복제나 유전공학 같은 생명공학이 농축산업에 어떤 영향을 미치는지 탐색한다. 7장 '의도한 결과'에서는 새로운 생명공학으로 멸종 위기에 처한 종과 서식지를 보전할 방법을 모색한다. 복제된 매머드, 유전자 변형 흰족제비, 자기 제한 self-limiting 모기 같은 사례를 들어서, 생명공학을 이용해 종의 적응 과정에 속도를 더하고, 생물 다양성 손실을 늦추며, 줄어드는 서식지 안정성을 복원할 방법을 살펴본다. 마지막으로 8장 '터키시 딜라이트'에서는 새로운 생명공학의 미래를 상상해본다. 전통적인 종의 경계가 허물어진 오늘날 우리는 더 나은 식품과 반려동물 그리고 작물을 만들기 위해 지금 손에 쥔 지식을 고수할 것인가, 아니면 상상 이상의 더 나은 무언가를 발명할 것인가?

오늘날 생명공학은 과거 생명공학과 전혀 다르다. 따라서 우리는 이 둘을 구분해야 한다. 종을 개조하는 인간의 힘은 그 어느 때보다 강력하다. 따라서 우리는 인간이 가진 힘을 인지하고 수용하는 한편 이 힘을 점검하는 법을 배워야 한다. 쉽지 않지만 가능한 일이다. 지금의 인간 또한 과거의 인간과 다르지 않은가. 오늘날 우리는 세상이 어떻게 돌아가는지 훨씬 잘 이해한다. 우리는 생물학, 유전학, 생태학을 깊이 이해한다. 그 위험성을 평가하고 문화와 언어를 넘어 소통하며 지적·경제적 부담을 나눈다. 결정적으로 우리는, 오늘날과 똑같은 동기인 우리가 원하는 대로 효율적으로 작동하는 생물을 만든다는 목표로 자연을 조작해온 수만 년의 경험이 있다.

생명공학으로 인해 인간이 자연을 갑자기 통제하게 되었다는 생각은 틀렸다. 우리는 자연을 통제하는 역할을 아주 오랫동안 맡아왔다.

차례

· 2부 ·
생명이 나아갈 길

1부

생명이
걸어온 길

※

01

뼈를 발굴하다

캐나다 유콘 도슨시티의 프런트스트리트에 있는 커피숍에서 사륜구동 트럭을 타고 마지막 빙하기 지역으로 이동하는 데는 1시간도 채걸리지 않는다. 화이트호스에서 북서쪽으로 약 500킬로미터 떨어진 도슨시티는 먼지 풀풀 날리는 흙길과 나무로 깐 보도步道, 옛날식 여닫이문이 달린 술집, 녹아내리는 땅 위에 보기 좋게 솟은 낡은 건물로 둘러싸인 소박한 북부 마을이다. 오늘날 도슨시티는 관광으로 경제를 유지하고 있다. 물론 예전부터 그랬던 것은 아니다. 1896년에 이곳에서 금이 발견된 이래, 클론다이크Klondike 지역 인근에 있는 드넓은 하천에서약 46만킬로그램 이상의 금이 채굴되었다.

하지만 클론다이크 광부들이 캐내는 보물은 금뿐만이 아니다. 금을 찾는 사이 클론다이크의 얼어붙은 땅에서는 매년 빙하기 화석 수천점이 모습을 드러낸다. 이 중에는 매머드, 고대코끼리mastodon, 들소, 말, 버드나무, 땅다람쥐, 늑대, 낙타, 가문비나무, 사자, 나그네쥐, 곰 화석도 있다. 나뭇가지, 씨앗, 뼈, 치아, 때로는 미라 상태가 된 온전한 사체들은 약 100만 년 전부터 최근의 어느 시점까지 클론다이크에 살았던 동식물을 보여준다.

골드러시gold rush가 시작된 뒤 과학자들은 클론다이크에서 수집한 화석을 자세히 조사해 최근 빙하기 기후와 생물 군집을 재구성했다. 이 화석들은 요즘 내가 하고 있는 주요 연구 주제여서 나는 매년 여름이면 이곳에서 적어도 몇 주를 보내곤 한다. 지금은 클론다이크의 어느 흙길이 녹아 지상으로 드러날 가능성이 가장 큰지, 어느 개울이 뼈가 그득한 땅을 지나고 있는지, 화산재 지층 어디를 보아야 특정 화석의 나이를 알수 있을지 훤히 짚어낼 수 있다. 하지만 처음 광산에 갔던 2001년 어느 뜨거운 여름날에는 아무것도 알지 못했다.

그날 나는 친구이자 동료인 두에인 프로즈Duane Froese, 그랜트 자줄라Grant Zazula와 함께 도슨시티에서 클론다이크로 향했다. 당시 우리는 모두 대학원생이었고 이 지역 자료를 바탕으로 연구하고 있었지만 두 사람과 달리 나는 광산에 가본 적이 한 번도 없었다. 우리는 도슨시티에서 열리는 학회에 참석했는데 그 말인즉슨 낮에는 과학을 탐구하고 토론이 끝난 밤이면 마을의 밤 문화를 탐험했다는 뜻이었다. 우리는 현지인들이 구덩이라고 부르는 우중충한 바에 갔다가 두에인의 친구인 광부 한 명을 만났다. 유콘 골드 맥주 몇 잔이 돌자 기분이 좋아진 그는 모아둔 뼈를 보여주겠다며 우리를 초대했다. 다음 날 아침 우리는 학회를 내팽개치고 도슨시티를 떠나 광산으로 출격했다. 나는 뙤약볕에 대비했다. 클론다이크 여기저기 포진한 모기에도, 혹시나 마주칠 곰에도 단단히 대비했다. 나중에 알게 된 사실이지만 진흙탕에는 전혀 대비하지 않았다.

시내를 떠나 달린 지 20분쯤 지나 우리는 고속도로를 벗어나 흙먼지 날리는 광산길로 접어들었다. 인간 세계와 강렬하게 대비되는 클론다이크의 대자연이 내 마음을 사로잡았다. 가문비나무 원시림을 지나고 다행히 그리 깊지 않은 개울을 조심조심 건너, 어느새 우리는 얼어붙은 땅을 불도저로 한 덩이씩 파내는 황량한 풍경 한가운데에 들어섰다. 길은 구불구불하고 빨래판처럼 파헤쳐져서 우리 픽업트럭이 방향을 틀며 미끄러질 때마다 속이 울렁거렸다. 겨우 긴 진입로 비슷한 곳에 들어서서 속도를 줄이자 나는 신선한 공기가 절실했다. 중간에 끼어 앉아 있던 나는 그랜트 쪽으로 몸을 기울여 창문을 좀 열어달라고 했다. 그 순간 나는 클론다이크는 악취가 진동한다는 첫 번째 교훈을 얻었다. 구역질 나는 공기에 숨이 턱 막힌 나는 두 손 들고 자리에 털썩 주저앉았다. 그런데 그랜트와 두에인은 냄새를 못 맡은 눈치였다.

잠시 후 우리는 광산 주ㅊ 작업장 옆에 차를 세웠다. 그랜트와 두에인은 펄쩍 뛰어내렸지만 나는 꿈쩍도 하지 못했다. 악취가 점점 진동했다. '둘이 뼈를 살펴볼 동안 나는 트럭에 남아있어야겠어'라는 생각이 들었지만 뼈와 광산을 직접 보고 싶은 마음에 애써 그런 마음을 떨쳐버렸다. 나는 트럭 안 공기를 마지막으로 크게 한 숨 들이켠 후 문을 열고 악취 속으로 뛰어들었다.

자갈에 발을 딛고 허리를 쭉 편 다음 주위를 둘러보았다. 오른편에는 주 작업장과 부속건물 몇 채가 있었고, 왼편에는 아마도 악취의 근원일 옥외 화장실 그리고 트럭 두 대와 녹슨 금속 장비가 가득 찬 큰 통이 몇 개 있었다. 멀리 광부로 보이는 사람들 몇 명이 지지대에 연결된 소방호스 같은 것을 조작하는 모습이 보였다. 나는 악취의 근원에서 최대한 멀어지기를 간절히 바라며 이미 광부들 쪽으로 걸어가는 두에인을 따라갔다.

이상하게도 광부들 쪽으로 가까이 갈수록 악취는 더 심해졌다. 구역질이 나서 코를 움켜쥐며 그랜트를 바라보았다. 우리 앞에서는 강력 발전기가 작동하며 귀까지 후려쳤다. 나는 깊게 신음하며 큰 돌멩이 하나를 걷어찼다. 돌은 두에인의 장화 뒤쪽에 딱 부딪혔다.

두에인이 뒤돌아보며 발전기 소리 너머로 외쳤다. "왜 그래?" 분명 냄새는 못 느끼는 듯했다.

그랜트가 웃으며 두에인에게 알려주었다. "베스는 여기가 처음이잖아."

"맞다," 두에인은 고개를 끄덕이고는 다시 뒤돌았다. 그러고는 햇빛에 눈을 찡그린 채 소방호스 근처 광부들 사이에 자기 친구가 있는지 살피느라 주위를 두리번거리며 딱히 누구에게라 할 것 없이 말했다. "냄새 말이지? 이 진흙탕이 다 뭐겠어?"

그랜트가 히죽 웃으며 말했다. "이거 매머드 사체야. 그리고 죽은 나무랑 풀하고, 마지막 빙하기부터 썩고 있는 이것저것."

그제야 이해가 되었다. 수만 년 동안 얼어 있던 유기물 잔해가 갑자기 여름날 뜨거운 태양에 노출되며 불쾌한 냄새를 유발한 것이 틀림없다.

"빙하 침적토도 있지." 두에인은 이렇게 말하고는 덧붙였다. "조심하는 게 좋을걸."

막 작동하기 시작한 소방호스 쪽으로 걸어가는 동안 나는 냄새와 소음에 점차 익숙해졌다. 두에인은 머리 위로 팔을 휘저으며 사람들 쪽으로 소리쳤다. 광부들이 우리를 발견하고 물줄기를 줄이자 발전기 소리가 잦아들었다. 그쪽으로 오라는 신호라 여긴 두에인은 광부들과 대화를 나누려 재빨리 걸음을 옮겼다. 그랜트와 나는 새로 드러난 진흙탕을 살피며 빙하기 생물의 흔적이 있을까 두리번거렸다.

　나는 드러난 바닥 근처 언 땅에서 튀어나온 들소 뿔 끝을 금세 발견했다. 신이 난 나는 그랜트의 옆구리를 쿡쿡 찌르며 그곳을 가리켰다. 그랜트도 아마 내 뼈 발굴 기술에 감명받았는지 내게 미소를 지으며 뿔을 가지러 가보라고 손짓했다. 난생처음 빙하기 화석을 발견해 들뜬 나는 곧장 경사면 쪽으로 향했다. 발파 현장에서 흘러나온 얕은 물줄기를 살금살금 건너 움푹 팬 웅덩이를 뛰어넘었다. 그 순간 나는 클론다이크에서 걸을 때는 조심해야 한다는 두 번째 교훈을 얻었다. 하지만 아직이 규칙을 몰랐던 나는 조심성 없이 과감하게 착지하다 진흙탕에 발목까지 그대로 빠져버렸다. 당황한 나는 한쪽 발을 홱 들어 올렸다. 발은 꿈쩍도 하지 않았고, 힘을 준 탓에 오히려 반대쪽 발만 더 깊이 빠졌다. 다시 발을 힘껏 잡아뺐다. 이번에는 발은 빠져나왔지만 장화는 오물 속에 그대로 빠진 채였다. 나는 비틀거리며 양말만 신은 발을 축축한 진흙탕 위로 허우적대다 균형을 잃고 뒤로 쿵 넘어졌다. 두 손, 두 발, 엉덩이까지 지독한 냄새가 진동하는 늪에 처박혀버렸다. 뒤를 돌아보며 그랜트에게 도와달라고 했지만 나를 궁지에 내몬 그는 배꼽을 잡고 웃을 뿐이었다.

　"조심하라니까!" 두에인은 소방호스 옆에서 내게 소리쳤다. 광부들은 고개를 절레절레 저으며 나를 보고 웃었다. 나는 장화 양쪽과 양말 한쪽이 벗겨지고 수천 년 된 사체 썩는 냄새를 잔뜩 묻힌 채 겨우 진흙탕에서 빠져나왔다. 그리고 지금은, 이 지역에서 연구하려면 거쳐야 하는 통과의례라는 사실을 안다.

　우리는 작업장으로 돌아와 두에인의 친구가 모아둔 뼈를 살펴보았다. 대부분 들소 뼈였다. 빙하 시대 들소를 연구하던 나는 반가웠다. 말 뼈, 매머드 뼈와 어금니 조각, 순록 뼈와 뿔, 곰이나 고양이 같은 특이한 뼈도 있었다. 이 뼈들을 화이트호스 박물관으로 가져오라는 지시를 받았기 때문에 우리는 뼈에 이름표를 붙이고 종 이름, 수집한 날짜, 광산 이름을 연구 수첩에 기록했다. 배터리 구동 드릴을 이용해 들소 뼈 몇 점에서 시료 조각도 채취했다. 나중에 옥스퍼드 실험실에서 DNA를 채취할 요량이었다. 그런 다음 광부들에게 감사 인사를 하고 수첩을 정리한 다음 두에인의 트럭에 뼈를 싣고 화이트호스로 옮길 준비를 했다.

내게 일어난 이 모든 일의 시작

1999년, 대학원에서 연구를 시작했을 때는 사실 들소를 연구할 생각이 아니었다. 처음 옥스퍼드 대학교 동물학과 복도를 조마조마하게 왔다 갔다 하던 날에도 들소 생각은 꿈에도 없었다. 그 후 5년 동안 그곳에서 자리 잡아 일하면서도 들소 생각은 떠오르지도 않았다. 어릴 때도 들소에 그다지 관심이 없었고, 연구를 시작하고 몇 달 뒤 작은 둥근 날 전기톱으로 3만 년 된 들소 뼈를 자르기 전까지는 들소를 본 적도 없었다. 들소 이야기를 꺼내며 처음에는 들소에 별로 관심이 없었다는 사실을 고백하는 것이 약간 부끄럽지만, 나중에 내 지도교수님이 될 분의 제안에 공손하면서도 적당히 둘러댔던 일을 떠올리면 더 부끄러워 정신이 아득해질 정도다.

"들소를 연구해보지 않겠나?" 그리고 그분은 이렇게 덧붙였다. "이 프로젝트 맡으면 시베리아에 갈 수 있는데." 내 경력에 엄청난 행운이었다. 어떻게 거절하겠는가?

당시는 고대 DNA라는 과학 분야가 막 꽃필 무렵이었다. 고대 DNA 분야는 그로부터 15년쯤 전 버클리 캘리포니아 대학교 앨런 윌슨 Allan Wilson 연구실의 과학자들이 멸종한 얼룩말의 일종인 콰가quagga의 백 년 된 근육 조직이 담긴 화석 일부에서 DNA를 회수해 염기서열을 분석하며 시작되었다. 죽은 유기체에 DNA가 보존될 수 있다는 사실이 확인되자 과학계는 환호했다. 전 세계 연구자들은 염기서열분석팀을 꾸려 경쟁적으로 매머드, 동굴곰, 모아새, 네안데르탈인 같은 멸종한 종에 보존된 DNA를 회수했다. 가장 희귀한 표본에서 가장 오래된 DNA를 분석해 발표하려는 경쟁이 치열해지며 결과 검증은 뒷전으로 밀려났다. 1990년대 중반까지도 저명한 과학 저널에는 공룡 DNA나 호박 화석에 보존된 곤충 DNA를 분석한 연구 결과가 앞다투어 발표되었다. 과학계의 흥분은 당연했지만 여기에는 문제가 있었다. 발표된 고대 DNA 서열 중에는 물론 검증된 것도 있었지만 아주 오래된 DNA 서열 중 진짜는 하나도 없었다는 사실이다. 소위 수십만 년도 넘었다고 보고된 DNA 서열 대부분은 오염물이거나 미생물 또는 사람에서 온 것, 아니면 연구자들이 점심으로 먹은 음식에서 묻어온 것일 때도 있었다. 고대 DNA 연구의 암흑기였다.

내가 고대 DNA 연구를 시작한 1999년에야 비로소 이 분야는 진지한 과학 분야로 자리매김하기 시작했다. 과학자들은 고대 DNA가 대체로 화학적으로 손상되어 조각나 있으며, 고대 DNA로 실험할 때는 작업자나 살아 있는 유기체에서 나온 DNA로 인해 오염되는 일이 많다는 사실을 배웠다. 1990년대 후반이 되자 일부 연구소와 대학은 막대한 돈을 투자해 먼지 하나 없는 고대 DNA 연구실을 세웠다. 그리고 연구실을 이끄는 과학자들은 엄격한 연구 관리계획을 도입했다. 여기에는 무균 환경에서만 작업하고, 검체를 소독해 DNA 오염물을 완벽히 제거하고, 고대 시료가 오염되지 않도록 멸균 실험복, 장화, 장갑, 헤어캡, 마스크를 착용할 것 등의 규칙이 포함되었다. 경쟁 실험실에서 나온 결과를 의심해보아야 한다는 규칙도 있었다. 이런 조치는 가장 흥미롭고 오래된 고대 DNA를 찾느라 혈안이 된 연구실 수를 제한하는 부차적인 효과도 얻을 수 있었다.

내가 옥스퍼드와 고대 DNA 세계에 갓 발을 디뎠을 때, 나는 다행히도 이 경쟁 치열한 세계를 잘 몰랐고 실험실도 막 모양새가 갖춰지기 시작할 무렵이었다. 연구실 수장이자 나중에 내 지도교수가 될 앨런 쿠퍼Alan Cooper는 고대 DNA 연구에서 막대한 영향력을 지닌 초창기 연구자 여럿이 공부한 버클리의 앨런 윌슨 연구실에서 나와 이곳에 막 합류한 터였다. 쿠퍼는 옥스퍼드 대학교 자연사 박물관Oxford University Museum of Natural History에 깨끗한 고대 DNA 실험실을 확보한 후 이곳에서 박사후과정을 밟을 이언 반스Ian Barnes와 나를 불러들였다. 내가 합류했을 때 우리 연구실은 이렇게 세 명뿐이었다.

구성원이 적은 연구실에서 비교적 새로운 연구를 시작한다면 연구 주제를 스스로 선택할 수 있다고 생각할지도 모른다. 하지만 고대 DNA 분야에서는 그렇지 않았다. 1999년까지만 해도 모든 분류군taxon은 각 실험실이 나눠 가졌고, 육식동물이나 고대 인류처럼 과학 저널 편집자나 언론의 관심을 끌 만한 군은 모두 이미 주인이 있었다. 앨런 윌슨 연구팀이었던 스반테 파보Svante Pääbo나 갓 설립된 독일 라이프치히 막스 플랑크 진화인류학 연구소Max Planck Institute for Evolutionary Anthropology의 헨드릭 포이나르Hendrik Poinar는 매머드와 거대 땅나무늘보, 사람,

네안데르탈인을 선점했다. 로스앤젤레스 캘리포니아 대학교의 밥 웨인Bob Wayne은 개와 늑대, 말을 맡았고, 미국 자연사 박물관American Museum of Natural History의 로스 맥피Ross MacPhee는 사향소Musk ox를 가져갔다. 앨런은 곰과 고양이를 맡았고 나중에 이언이 둘을 이어받았다. 아무도 관심 없던 들소도 앨런 몫이었다.

내가 딱히 들소에 끌렸다고 할 수는 없지만 고대 DNA는 분명 매력적이었다. 나는 지질학부 여름 현장 프로그램에 참여하며 지구가 생명계를 형성하는 과정에 점차 매료되었다. 지난 수백만 년에 걸친 홍적세 Pleistocene, 洪積世* 기간 동안 거대한 빙하가 전진과 후퇴를 반복하며 자연에 남긴 흔적은 특히 흥미로웠다. 빙하는 전진하며 그 경로에 있는 생물을 멸종시키고 종들을 새롭게 엮고 진화할 기회를 제공하며 생명계를 재설정했다. 가장 최근의 빙하기는 인류가 북아메리카에 처음 대규모로 유입된 시기와 일치한다. 이 시기 인류의 이동은 빙하 후퇴로 일어난 느린 생물학적 대변동의 일부이며, 오늘날 일어나는 느린 생물학적 대변동과 다르지 않다. 사실 내가 옥스퍼드를 선택한 이유도 바로 과거와 현재의 연관성을 탐구하기 위해서였다. 나는 옥스퍼드의 강점인 고생물학과 진화생물학을 배워 내 지질학과 생태학 경력에 접목하려 했다. 나는 쿠퍼를 만나기 전까지는 고대 DNA를 몰랐지만, 고대 DNA로 최근 빙하기가 지구 생명의 진화에 미친 영향을 밝힐 수 있다는 가능성은 분명했다. 고대 DNA를 추출해 분석하면 과거 생물학적 대변동 시기에 DNA에 기록된 진화적 변화를 추적할 수 있다. 오늘날 종과 생태계

---

* 홍적세 : 인류가 발생하고 진화한 신생대 제사기의 첫 시기를 말한다. 빙하로 덮인 지구는 몹시 추웠으며 매머드 같은 코끼리와 현재의 식물 같은 것이 살고 있었다.

를 보전할 방법을 과거에서 배울 수도 있다. 너무 극찬만 하는 것 같기는 하지만 사실 고대 DNA는 정말 멋졌다.

하지만 이 계획에는 문제가 있었다. 나는 분자 생물학에 대해 아는 것이 하나도 없었다. 피펫pipette*을 다루거나 DNA를 추출해본 적도 없었다. 어떤 DNA 조각을 연구해야 하는지도 몰랐다. 심지어 DNA를 추출할 화석을 어디서 어떻게 구해야 하는지도 몰랐다. 그러니 당연히 들소에 대해 아는 것이 있을 리 없었다.

하지만 나는 단념하지 않고 도서관부터 찾았다. 서가에서 차를 마시거나 도서관 책에 불을 붙이지도 않겠다는 서약을 하고 나서야 옥스퍼드 대학교 도서관 출입증을 얻어 들소에 대해 파헤칠 수 있었다. 관련 도서가 엄청나게 많았는데 대부분은 한 번도 펼쳐보지 않은 새 책 같았다. 몇 주 동안 나는 뜨거운 차를 홀짝이거나 책을 태워 몸을 녹이고 싶은 강렬한 유혹을 뿌리치며 눅눅하고 서늘한 도서관 지하실에 틀어박혀 들소에 대한 지식을 쌓았다. 생각보다 훨씬 흥미진진했다.

들소가 뭐지?

라코타 어語로 타탄카tatanka 또는 프테pte, 데네 어語로 트로크제레tl'okjjeré라고 불린 들소는 수천 년 동안 여러 민족과 살며 다양한 이름을 얻었다. 16세기 유럽인들이 지금은 들소bison로 잘 알려진 이 동물에

---

*   피펫pipette : 실험실에서 소량의 액체나 가스 등을 실험할 때 사용하는 스포이드 같은 작은 관을 말함.

게 처음으로 버펄로buffalo라는 영어 이름을 붙였다. 오늘날 버펄로라는 단어는 완고함이나 위협이라는 뜻도 담고 있어 고집 세고 덩치 큰 들소에게 제격으로 보인다. 하지만 16세기 개척자들에게 버펄로는 동물 가죽으로 만든 불룩한 가죽 겉옷이나 덧쓰개인 버프buffe라는 단어에서 가져와 붙인 것이다. 덧쓰개라는 이름을 붙인 것도 모자라 겉옷을 만들 만한 동물을 발견하는 족족 이 단어를 붙이는 바람에 결국 버펄로라는 이름이 여기저기 붙었다. 명칭을 세심하게 따지는 유럽 분류학자들은 아무 데나 붙은 버펄로라는 이름에 경악했다. 18세기 중반이 되자 분류학적 우선순위 논쟁에서 겨우 합의가 이루어졌고, 버펄로는 북아메리카버펄로North American buffalo, 아프리카버펄로African buffalo, 아시아버펄로Asian buffalo 세 종으로 추려졌다. 그러다 1758년, 칼 린네Carl Linnaeus가 공식적으로 아메리카버펄로에 바이슨 바이슨Bison bison이라는 학명을 붙이자 분류학자들은 모두 안도의 한숨을 내쉬었다. 우리도 가끔 아메리카 버프라고 부른 적이 있지만 이제 아메리카 버프는 공식적으로 들소라고 불러야 한다.

들소는 비교적 최근 북아메리카에 들어온 생물이다. 매머드와 말은 수백만 년 동안 북아메리카 동물군의 일부였지만, 2백만 년쯤 전 아시아에서 진화한 들소가 북아메리카 지역 화석에 등장한 시기는 훨씬 최근이다. 들소는 베링해Bering Sea의 이름을 딴 베링육교Bering Land Bridge를 건너 북아메리카에 들어왔다. 지금은 바닷속에 잠긴 이 베링육교 통로의 이름은 비투스 요나센 베링Vitus Jonassen Bering의 이름을 따서 지어졌는데 그는 수십만 년 전 들소가 지났던 이 길을 배로 이동한 덴마크의 탐험가이자 지도 제작자이다.

19세기에서 20세기 초 고생물학자들은 들소가 언제 베링육교를 건넜는지 정확히 알지 못했지만 몇 가지 단서는 갖고 있었다. 베링육교는 지구의 담수가 대부분 얼어 해수면이 지금보다 낮아진 홍적세 빙하기 중 가장 추운 기간에만 건널 수 있었다. 베링육교가 노출되자 얼지 않은 서식지 쪽으로 길이 났고 동물들은 이 길을 자유롭게 오갔다. 이동 방향이나 시기는 달랐지만 매머드, 사자, 말, 들소, 곰, 심지어 인간도 모두 이 베링육교를 거쳐 대륙으로 퍼져나갔다. 육교는 간헐적으로만 노출되었기 때문에 고생물학자들은 들소가 한랭기에 북아메리카에 유입되었다고 생각했다. 학자들은 들소가 비교적 최근 이동해왔다고 여겼는데 대륙에서 발견되는 들소 뼈 대부분이 아직 광물화되지 않은 것으로 보아 그리 오래되지 않았다고 추정한 것이다. 하지만 따뜻한 시기의 들소 뼈 몇 점은 일부 광물화되어 있어 혼란을 일으키기도 했다. 결국, 들소 화석의 나이를 직접 측정할 방법이 필요했다. 1950년대 방사성탄소연대측정법radiocarbon dating이라는 새로운 기술이 등장하며 이런 연구가 비로소 가능해졌다.

방사성탄소연대측정법을 이용하면 유기체가 죽은 지 얼마나 지났는지 밝힐 수 있다. 이 기술은 생물이 자라며 대기 중 탄소를 흡수해 뼈나 잎 등 신체 일부를 형성하는 기본 단위가 된다는 점에 착안한 것이다. 유기체는 두 가지 탄소 동위원소를 흡수하는데 하나는 안정적인 탄소12이고 다른 하나는 우주선cosmic ray이 지구 대기 상층권에 부딪혀 생성되는 방사성 동위원소인 탄소14다. 불안정한 탄소14가 서서히 붕괴해 탄소12가 되는 반감기는 5,730년이다. 유기체가 죽으면 대기 중 탄소를 더는 흡수하지 않지만 생물 잔해에 남아 있는 탄소14는 탄소12로 계속 붕괴한다. 유기체 잔해에 남은 탄소14가 점점 줄어든다는 뜻이다. 이 비율을 측정하면 유기체가 탄소14를 흡수하지 않은 지 얼마나 되었는지 추정할 수 있고 따라서 유기체가 언제 죽었는지, 즉 화석의 나이가 얼마나 되었는지 알 수 있다.

방사성탄소연대측정법은 고생물학에 혁명을 일으켰지만 한계도 있다. 가장 큰 문제는 이 방법이 비교적 오래되지 않은 화석의 나이를 측정할 때에만 적용할 수 있다는 점이다. 5만 년 정도가 지나면 남아 있는 탄소14가 거의 없기 때문에 정확히 측정할 수 없어서 그저 '해당 화석이 5만 년은 넘었다'고 짐작할 수 있을 뿐이었다.

방사성탄소연대측정법을 이용해 북아메리카에서 가장 오래된 들소 뼈의 나이를 추정해보면 대부분 5만 년 미만이었지만, 개중에는 너무 오래되어 나이를 추정하기 어려운 화석도 있었다. 북아메리카에 들소가 유입된 지 5만 년은 넘었다는 의미다. 그러다 반세기가 더 지나서야 고대 DNA의 비밀이 마침내 풀렸다. 여기에는 화산의 도움이 컸다.

2013년, 앨버타 대학교의 지질학자 베르토 레이즈Berto Reyes는 캐나다 유콘 최북단을 탐색하다가 얼어붙은 절벽에서 툭 튀어나온 들소 발뼈를 발견했다. 지질이 노출된 이 절벽은 외딴 정착지인 올드크로우Old Crow 근처에 있는 치지 절벽Chijee's Bluff의 일부였다. 들소 뼈는 올드크로우 테프라층Old Crow Tephra이라는 두꺼운 화산재 바로 위층, 즉 나뭇가지와 식물 뿌리 그리고 기타 유기물 잔해가 가득한 도드라진 진갈색 토양층에 쐐기처럼 박혀 있었다. 빙하기와 빙하기 사이에 있던 온난기에 형성된 퇴적층이었다. 뼈가 박힌 두껍고 짙은 퇴적층 위에는 빙하기 동안 퇴적된 고운 회색 모래층이 있었다. 지층은 시간순으로 퇴적되므로 베르토는 이 들소가 빙하기 이전 온난기에 살았다고 짐작했다. 들소 발뼈의 나이를 알려줄 단서였다. 하지만 홍적세 기간만 해도 빙하기와 온난기가 스무 번은 있었는데, 대체 어느 온난기인지 어떻게 밝힐 수 있을까?

답은 화산에 있었다.

화산이 폭발하면 암석 잔해, 광물 결정, 유리 조각이 대기 상층권으로 분출되어 재가 된다. 이 재는 바람에 휩쓸려 화산에서 수천 킬로미터 멀리까지 날아간다. 화산재가 떨어져 눈처럼 내려앉으면 두께가 아주 얇은 층부터 수 미터에 이르는 층을 이룬다. 화산재층 위에는 비바람 등으로 쓸려 온 퇴적물이 쌓인다. 수천 년이 지나 축적된 땅을 뚫고 강이 흐르면 평범한 토양층 사이에 샌드위치처럼 우연히 낀 하얀 담요 같은 화산재층이 협곡 벽에 드러난다. 이 하얀 화산재층은 시간을 나타내는 표지다. 화산재층 아래에 있는 뼈, 나무, 유기물은 모두 화산폭발 전에 퇴적된 것이고, 화산재층 위에 있는 물질은 모두 화산폭발 후에 퇴적된 것이다.

테프라층이라고도 하는 화산재층은 알래스카나 유콘 지방의 빙하기 퇴적 지대에서 흔히 볼 수 있다. 알류산호-알래스카반도 지역과 알래스카 동남부 랭겔 화산 지대Wrangell Volcanic Field는 서로 인접한 화산 지대로 테프라층을 형성한 분출의 근원지다. 두 화산은 원소 특징이 약간 달라서, 여러 지역에 걸친 테프라층 화산재를 살펴보면 어떤 화산 분화 때 이루어졌는지 확인할 수 있다. 특히 화산재에 포함된 유리 입자는 화산폭발이 언제 일어났는지 밝힐 중요한 열쇠다. 방사성탄소연대측정법과 마찬가지로 유리 입자에 포함된 우라늄238 원소의 방사능 붕괴를 측정하면 화산 분출 시기를 측정할 수 있는데, 우라늄238은 반감기가 탄소14보다 길어서 2백만 년 전까지 거슬러 올라갈 수 있다.

지질학자들은 베르토가 들소 발뼈를 발견한 퇴적층 위쪽에 있는 올드크로우 테프라층이 약 13만 5,000년 전 퇴적되었다고 추정했다.

테프라층 위쪽 토양층의 구성도 살펴본 우리는 들소가 최근 빙하기 이전의 온난기에 살았음을 알 수 있었다. 또한 지질학적 기록을 토대로 13만 5,000년 전부터 최근 빙하기 사이에 북부 유콘 지역의 기후가 목본식물이 살 만큼 따뜻했던 시기는 12만 5,000년 전에서 11만 9,000년 전 사이의 아주 짧은 시기밖에 없다는 사실을 알아냈고, 결국 베르토가 발견한 들소는 바로 이 시기에 살았음이 틀림없다고 확신했다.

베르토가 발견한 들소 발뼈는 북아메리카에서 가장 오래되었다고 인정된 들소 화석이다. 다른 연구자들은 올드크로우 테프라층 아래에 퇴적된 화석 유적지를 포함해 많은 곳에서 더 오래된 퇴적물을 뒤졌지만 들소는 없었다. 말 뼈, 매머드 뼈, 오래된 유적지에서 흔히 발견되는 다른 빙하기 동물 뼈는 많았지만 들소 뼈는 하나도 없었다. 고대 DNA 분석 결과 베르토가 발견한 들소 뼈의 DNA는 멸종한 종부터 현재 살아 있는 종까지 모든 아메리카들소의 유전적 다양성 범위에 속한다는 사실이 드러났다. 즉 모두 베링육교를 건너온 같은 계보에 속하는 들소라는 뜻이다. 베르토가 발견한 들소는 북아메리카에 살았던 최초의 들소 중 하나였다.

들소 무리는 베링육교가 드러났던 약 16만 년 전 한랭기 동안 아메리카 대륙에 들어왔다. 베르토가 발견한 들소보다 앞선 것이다. 기후가 온난해지고 초원이 확장되면서 들소는 동남쪽으로 대륙 전체에 퍼졌다. 다양한 형태와 크기를 지닌 수만 점의 들소 화석이 알래스카에서 오늘날의 멕시코 북부까지, 그리고 서쪽에서 동쪽까지 거의 대륙 전역에서 발견되는 것으로 보아 들소 무리가 널리 퍼졌음을 알 수 있다. 이 중 가장 놀라운 사실은, 이름에 걸맞게 양쪽 뿔 끝에서 끝까지의 거리가 거의 2미터 10센티미터에 이르는 자이언트 들소long-horned bison 바이슨 라티프론스Bison latifrons가 있다는 것이다. 자이언트 들소는 같은 시기에 살았던 북부 들소보다 크기가 두 배는 컸고, 온난한 간빙기에 함께 살았던 다른 종으로 미루어 볼 때 적어도 12만 5,000년 전에 살았다고 추정된다. 사실 자이언트 들소는 다른 들소와 뚜렷하게 구별되었기 때문에 일부 고생물학자들은 자이언트 들소와 보통 들소는 따로 베링육교를 건넌 별개의 종이라고 믿었다. 하지만 다른 화석이 여럿 발견되는 대륙 중부의 북쪽 지역에서도 자이언트 들소 화석은 전혀 발견되지 않았다. 자이언트 들소가 보통 들소와 따로 베링육교를 건너왔다면 너무 일찍 대륙 북부를 건너와서 화석으로 남지 못했을 것이 틀림없다.

당시 대학원생이었던 나는 자이언트 들소에서 DNA를 추출할 수 있다면 이 질문에 정확히 답할 수 있을 것이라고 생각했다. 하지만 안타깝게도 자이언트 들소는 아주 오래전 살았고 게다가 그때는 온난기였기 때문에 둘 다 DNA 보존에는 최악의 조건이었다. 나는 여러 해 동안 자이언트 들소 화석에서 고대 DNA를 추출하려 애썼지만 실패했다. 그러고는 대학원을 마치고 다른 프로젝트로 옮겨가며 자이언트 들소에 대한 생각은 잊고 있었다. 그러다 2010년 10월 14일, 제시 스틸Jesse Steele이라는 사람이 불도저로 땅을 파다 우연히 매머드 화석을 발견하며 드디어 내게도 기회가 주어졌다.

스틸은 로키산맥 최고의 스키 코스에 인접해 있어서 유명해진 콜로라도주 스노우매스 빌리지Snowmass Village에 위치한 저수지 확장 공사를 맡은 직원이었다. 스틸은 자신이 몰던 불도저 날에 이상하게 생긴 거대한 갈비뼈 하나가 뽑혀 나왔을 때만 해도 본인이 북아메리카에서 가장 빙하기 화석이 풍부한 유적지를 발견했다는 사실을 알아차리지 못했다. 어쨌든 저수지 공사는 일단 중단되었다.

곧 덴버 자연과학 박물관Denver Museum of Nature and Science과 미국 지질조사국United States Geological Survey이 이끄는 팀이 현장에 몰려왔다. 2011년 여름 8주 동안 박물관 직원과 자원봉사자 수백 명, 그리고 나 같은 과학자 수십 명은 밝은 노란색 안전조끼와 빛나는 흰색 안전모를 벗을 새도 없이 발굴을 이어 갔다. 동식물 화석이 3만 5,000점 넘게 발굴되었다. 자이언트 들소 수십 마리를 포함해 마스토돈, 매머드, 땅나무늘보, 낙타, 말 뼈는 물론 도롱뇽이나 뱀, 도마뱀, 수달, 비버 같은 작은 동물의 뼈도 있었다. 보존 상태는 최상이었다. 10만 년은 된 모래풀과 버드나무잎은 진흙을 제거하자 선명한 녹색을 띠고 있었다. 길이가 20미터나 되는 고대 나무 일부가 발견되기도 했다. 딱정벌레, 달팽이, 그리고 연체동물 대부분은 대체로 원래의 밝은색을 유지하고 있었다. 자이언트 들소 DNA가 어딘가에 온전히 보존되어 있으리라는 희망을 품기에 충분했다.

하지만 결국 우리가 자이언트 들소에 대해 얻은 것은 뼈 딱 하나뿐이었다. 이 들소 뼈는 11만 년 전 고대 호수 퇴적층에 잘 보존되어 있었다. DNA는 몹시 손상되어 있었지만 우리는 나중에 더 큰 데이터 모음에 넣을 요량으로 공들여서 염기서열을 이어 붙였다. 새로운 분석법을 적용하자 결과는 명확해졌다. 자이언트 들소는 겉보기에는 독특해 보이지만 유전적으로는 보통 들소와 다름없었다. 자이언트 들소는 다른 종이 아니라 다른 생태형ecomorph, 즉 다른 환경에 적응한 탓에 독특해 보이는 계보였다. 치지 절벽에서 발견된 보통 들소보다 두 배나 큰 까닭은 자이언트 들소가 살았던 온난기 동안 북아메리카 중부대륙의 자원이 풍부했던 덕택이었다.

다시 지구가 추워지고 초원이 줄어들며 자이언트 들소도 사라졌다. 9만 년 전이 되면 북아메리카는 다시 빙하기에 접어들고 들소의 크기도 작아진다. 우리는 유콘에 있는 유적지 현장 중 약 7만 7,000년 전 퇴적된 또 다른 화산재층인 시프크릭 테프라층Sheep Creek Tephra에서 들소 뼈 수천 점을 발견했다. 매머드나 말 같은 다른 동물에 비해 들소 뼈가 여기저기에서 엄청나게 발견된다는 사실은 이 시기 유콘에 살았던 들소 개체수가 어마어마했다는 의미다. 사실 7만 7,000년 전부터 마지막 빙하기의 가장 추운 시기가 시작되는 3만 5,000년 전까지는 들소 호황기peak bison라고 불러야 할 정도다.

이 들소 호황기 동안 들소는 북쪽의 추운 서식지에서 더 따뜻한 아메리카 중부대륙으로 계속 퍼져나갔다. 그리고 이동하던 무리가 다른 무리와 만나 교배하며 새로운 형태적·생태적 다양성이 발생했다. 19세기부터 20세기 초 고생물학자들은 이런 다양성을 밝히는 데 전문가였다. 학자들은 뿔의 미세한 곡률 차이, 뿔 사이의 거리, 눈구멍 모양 등 세부적인 근거를 들면서 자신이 발견한 화석이 전에 없던 완전히 새로운 종이라고 주장했다. 학자들은 특히 머리뼈 같은 화석을 측정하고, 스케치하고, 다시 측정하기를 반복했다. 마치 새로운 종을 발견하고 연구 논문을 발표해 고생물학계에서 명성을 얻기 위한 주문을 외우는 것 같았다.

나는 이 들소 호황기 이야기를 좋아한다. 들소 분류학 전문가인 내 친구 마이크 윌슨Mike Wilson은 당시 일어난 교묘한 분류학적 조작에 대한 재미있는 이야기를 많이 들려주었다. 아주 제멋대로인 고생물학 규칙이었다. 예를 들어 어떤 들소 화석이 새로운 종인지 아니면 이미 이름이 있는 종인지 확인하려면 머리뼈를 가져와 코는 앞으로 뿔은 양쪽으로 향하게 한 다음 뿔을 기준으로 머리뼈의 길이와 너비 비율을 측정한다. 그다음 이미 알려진 들소 종의 측정값과 이 값을 비교해 새로운 종인지 아닌지를 결정하는 것이다. 당연히 측정된 화석 수가 많아질수록 새로운 종이 적게 발견될 것이라고 생각하겠지만 사실은 그렇지 않았다. 들소 뼈 호황기의 어느 시점에 이르자 연구자들은 코를 앞쪽이 아니라 왼쪽으로 두고 뿔 위치를 측정하기 시작했다. 이렇게 하면 한때 길이였던 것이 이제는 너비가 된다.* 새로운 종은 계속 발견될 수밖에 없었다.

들소 호황기의 결과로 이 시기에만도 들소 학명이 수십 종 지정되었다. 바이슨 크라시코르니스Bison crassicornis, 바이슨 옥키덴탈리스Bison occidentalis, 바이슨 프리스쿠스Bison priscus, 바이슨 안티쿠스Bison antiquus, 바이슨 레기우스Bison regius, 바이슨 로툰두스Bison rotundus, 바이슨 타일로리Bison taylori, 바이슨 파키피쿠스Bison pacificus, 바이슨 칸센시스Bison kansensis, 바이슨 실베스트리스Bison sylvestris, 바이슨 칼리포르니쿠스Bison californicus, 바이슨 올리베라이Bison oliverhayi, 바이슨 이코울드고온포레베리Bison icouldgoonforeveri, 바이슨 위오우게트포인투스Bison yougetpointus 등이다. 하지만 20세기 말이 되자 일부 고생물학자들은 북아메리카에 살았던 들소가 사실은 단 한 종뿐이라고 확신했다. 나는 고대 DNA를 분석해 이 가설을 검증했다. 박물관의 허가를 얻고 큐레이터들의 도움을 받아 서로 다른 이름이 붙은 여러 들소 화석에서 작은 뼛조각을 구했다. 그러고는 북아메리카 전역에 있는 박물관을 방문해 화석

---

*   이 이야기는 마이크가 내게 말해준 이야기와 대략 비슷하다. 코를 왼쪽으로 했었는지 오른쪽으로 했었는지는 기억이 정확하지 않을 수도 있다. 하지만 방향이 어찌되든 간에 이런 말도 안 되는 형태학적 특성으로 종을 판단할 수 없다는 점은 사실이다. 규칙을 제대로 따르지 않아서가 아니다. 들소 뿔 모양은 어떤 종인지가 아니라 뿔이 자랄 때 얼마나 건강했는지, 평생 다른 들소와 얼마나 많이 싸웠는지 등 다양한 요소를 바탕으로 형성되기 때문이다.

수천 점이 놓인 이동식 선반으로 가득 찬 뒷방에 앉아 뼈 수백 점을 찾아 식별하고 드릴로 구멍을 뚫으며 몇 날 며칠을 보냈다. 그러다 쉬는 시간이 되면 임시 출입증을 손에 쥐고 방향감각을 잃은 채 조명이 환한 전시장으로 휘적휘적 걸어 나오곤 했다. 박물관을 찾은 방문객을 우연히라도 만나면 그들은 마스크 때문에 얼굴에는 붉은 줄이 나 있고 머리에는 허연 가루를 뒤집어쓴 나를 보곤 갇혀 있던 과학자가 갑자기 출몰했다고 매우 놀라거나 즐거워했다. 나 역시 박물관 직원들의 호의에 보답하고자 방문객들의 즐거운 박물관 체험을 돕는 의미에서 같은 장소에는 두 번 다시 등장하지 않았다.

나는 채취한 들소 뼛조각을 옥스퍼드로 가져와 DNA를 추출하고 염기서열을 분석한 다음 다른 들소 화석이나 살아 있는 들소의 염기서열과 비교했다. 고대 들소는 오늘날 들소와 유전적으로 달랐다. 특히 고대 들소 유전체는 오늘날보다 훨씬 다양했다. 고대 들소 개체수가 엄청났다는 의미다. 하지만 나는 여러 종의 고대 들소 화석이 유전적으로 다르다는 증거를 찾지 못했다. DNA에 따르면 북아메리카에는 들소가 딱 한 종뿐이었다. 그렇다면 이 종을 뭐라고 해야 할까? 답은 의외로 간단했다. 분류학 규칙에는 여러 가지가 있지만 그중에는 '종 하나에 여러 이름이 붙었다면 처음 부여된 이름이 우선한다'라는 규칙이 있다. 즉 아메리카들소는 바이슨 바이슨Bison bison이다. 다른 것도 모두 마찬가지다.

최악의 상황으로

약 3만 5,000년 전이 되자 북아메리카들소의 상황은 최악으로 치달았다. 그때까지는 빙하기이기는 했지만 기후 자체는 상당히 온화했다. 시베리아 서부 레나강에서 캐나다 유콘 매켄지강으로 이어지는 지역이자 지금은 물에 잠긴 베링육교를 아우르는 베링기아Beringia에는 들소 서식지가 많았다. 연간 강우량은 빙하를 이루기에는 부족했지만 비옥한 스텝 초원을 유지하기에는 충분해서 들소가 살기에 이상적인 환경을 만들었다. 하지만 기후가 추워지고 강우량이 줄며 풀은 영양가 적은 관목으로 대체되었다. 관목을 먹고 살 수 있던 말은 풀만 먹는 들소를 누르며 잠깐 번성했다. 하지만 기후가 계속 나빠지고 관목조차 사라지자 말이 누렸던 잠깐의 호황기도 막을 내렸다.

2만 3,000년 전 마지막 빙하기의 추위가 절정에 이르자 베링기아 지역 들소와 말은 심각한 위기에 처했다. 서식지가 부족해진 데다, 로키산맥 동쪽 기슭에 있는 코르딜레라Cordilleran 빙상과 캐나다의 방패 모양 땅을 가로지르는 로렌타이드Laurentide 빙상이라는 거대한 두 빙하가 합쳐지면서 오늘날 캐나다 서부를 이루게 되었고, 결국 더 좋은 서식지를 찾아 베링기아에서 남쪽으로 이동할 수 있는 경로가 차단되었다. 그리고 이 얼음 장벽은 1만 년 가까이 유지되었다.

마지막 빙하기의 가장 추운 시기에는 북아메리카 어느 곳도 들소가 살기에 적합하지 않았다. 초원 서식지가 거의 사라졌을 뿐만 아니라 들소를 노리는 새로운 포식자까지 등장했다. 아시아에서 베링육교를 건너온 이 포식자는 두 발로 직립보행했고 날카로운 창을 멀리까지 던질 수 있었다. 이들은 대륙에 발을 디딘 최초의 인간이었다. 들소는 이런 포식자를 만난 적이 없었다. 들소의 일반적인 포식자인 늑대나 곰, 거대고양이는 한번 사냥을 나가면 어리거나 나이 들거나 병든 들소 한두 마리를 낚을 뿐이었다. 하지만 인간은 여럿이 함께 공격해왔고 한 번에 들소 수십 마리를 잡았다. 인간은 무리에서 제일 약한 들소를 목표로 삼는 것이 아니라 가장 크고 건강하고 몸집이 큰 들소를 노렸다. 인구가 늘고 들소 사냥이 본격화하며 들소 무리는 붕괴했다. 번식기를 거칠 때 살아남은 들소가 적다면 어린 들소도 적게 태어나고, 곧 들소 개체군이 감소한다는 의미였다. 서식지마저 줄어들자 살아남은 들소 무리는 어쩔 수 없이 멀리 떨어진 좁은 초원으로 이동해야 했다. 들소에게는 불행한 일이지만 인간은 이 서식지가 어디인지도 이미 파악했다.

고생물학자라면 이 시기 들소 뼈를 세어 빙하기 동안 들소가 감소했다고 추론할 수 있겠지만 고대 DNA를 이용하면 들소가 서서히 감소했다는 훨씬 강력한 증거를 얻을 수 있다. 빙하기가 끝나고 지구가 다시 온난해질 무렵, 한때 베링기아 지역에서 큰 무리를 이루어 살던 들소는 뿔뿔이 흩어져 고립된 채 드문드문 남아 있는 초원에서 살았다. 이 개체군은 수천 년 동안 겨우 살아남았지만 풍요의 시대는 이미 끝났다. 남은 초원에 사는 들소는 유전적으로 서로 비슷했다. 개체수는 아주 적었고 이들은 초원 사이를 거의 이동하지도 않았다. 그리고 2,000년 전이 되자 북쪽에 살던 마지막 들소 개체군이 멸종했다.

코르딜레라 빙상과 로렌타이드 빙상이 합쳐질 때쯤 빙하 남쪽에 고립된 들소들도 곤경에 처했다. 빙하기가 끝날 무렵에는 남쪽에도 인간이 있었다. 인간은 흩어져 살며 새로운 도구를 개발했다. 들소 사냥을 위해 특별히 고안한 무기도 있었다. 1만 3,000년 전 빙하 남쪽에 남은 들소 무리는 고작 몇 무리 정도밖에 되지 않았다. 오늘날 살아 있는 들소는 모두 이 남쪽 개체군의 후손이다. 빙하 남쪽에 들소 몇 마리가 생존하지 못했다면 매머드나 거대한 곰, 북아메리카사자, 또는 카리스마 넘치는 다른 빙하기 동물들과 마찬가지로 들소도 멸종했을 것이다.

일시적 회복

마지막 빙하기를 벗어나 기후가 지금만큼 따뜻해지자 홀로세 Holocene*라는 새로운 지질학적 시대가 시작되었다. 북아메리카 대륙 중부에는 초원이 완전히 되돌아왔다. 매머드와 말은 멸종 위기였거나 이미 멸종했기 때문에 들소는 생태적 틈새를 두고 경쟁하지 않아도 되었다. 1만 년 전이 되자 들소는 다시 번성했다. 유전적으로 비슷한 들소 수백만 마리가 평원으로 퍼져나갔고 북쪽으로도 세력을 뻗쳤다. 각각 평원들소plains bison와 숲들소wood bison다. 초기 홀로세는 북아메리카들소에게는 천국이었다.

물론 인간도 번성했다. 북아메리카 평원에 초원이 완전히 다시 돌아올 즈음 인간은 대륙 거의 전역에 정착했다. 초기 북아메리카 정착민들은 새로운 방법으로 들소를 잡았다. 창과 활, 화살로 무장한 인간은 들소를 협곡과 우리로 몰아 눈더미로 밀어 넣거나, 매복해 있다가 강이나 호수를 건너는 들소를 공격했다. 얼어붙은 물로 몰아넣거나 물 마시는 데 정신이 팔린 들소를 공격하고 가파른 절벽에서 억지로 뛰어내리게도 했다. 이 와중에 들소들은 서로 깔려 크게 다치거나 죽었다. 버펄로 점프buffalo jump라 불리는 이 대량 학살 현장에서는 들소 수백 마리가 한 번에 절벽에서 뛰어내리는 일이 흔했다.

공동 들소 사냥은 초기 북아메리카 사람들의 중요한 사회생활이었다. 공동 사냥은 곧 공동 수확이었다. 이때가 되면 흩어져 살던 사람들

---

*   홀로세 : 신생대 제4기의 마지막 시기를 말하며 약 1만 년 전부터 현재까지를 가리킨다.

이 모여들어 말 그대로 산처럼 쌓인 죽은 들소를 활용했다. 공동 수확 기간 동안 가족끼리 화합하고, 성취를 축하하고, 결혼을 주선하고, 정치적 결정을 내렸다. 들소 가죽으로 신발, 카누, 천막 덮개를 만들고 뿔로는 방울이나 물잔을 만들었다. 북아메리카 인류와 들소가 1만 4,000년 이상 상호작용한 기억은 노래나 이야기, 춤, 그림뿐만 아니라 이런 물건에도 보존되어 있다. 인간은 들소에 의존했고 들소는 인간 진화의 역사를 바꿔 놓았다.

들소도 사람과 함께 사는 생활에 적응했다. 홀로세 초기 들소는 빙하 시대 조상보다 크기가 작았다. 페어뱅크스 알래스카 대학교 고생물학자인 데일 거스리Dale Guthrie는 《매머드 초원의 얼어버린 동물들Frozen Fauna of the Mammoth Steppe》에서 들소의 크기가 작아진 이유가 사람과 만났기 때문이라고 풀이했다. 빙하 시대 들소의 주요 포식자였던 사자, 덩치 큰 곰, 검치호랑이는 홀로 또는 작은 무리를 지어 들소를 공격했다. 들소는 먹히지 않으려고 포식자와 직접 맞서거나 큰 뿔로 반격했고 이들이 멸종하자 회색 늑대와 인간이 들소의 주요 포식자가 되었다. 늑대 무리나 인간의 집단 사냥에서 벗어나는 최선의 생존 전략은 도망치는 것이었다. 새로운 사냥 압력에 맞서려면 들소는 더 작고 민첩해져야 했다. 캐나다 생물학자인 발레리우스 가이스트Valerius Geist는 인류가 크고 용감한 황소에게 강한 선택 압력選擇壓力을 줬다는 사실을 지적했다. 창을 휘두르는 사람에게 맞서다 죽을 가능성이 가장 큰 들소는 크고 용감한 들소였다는 말이다. 5,000년 전, 즉 들소가 인간을 처음 만나고 1만 5,000년 정도가 지나자 북아메리카들소의 몸집은 빙하기 들소 몸집의 70퍼센트 정도로 줄어들어 오늘날과 상당히 비슷해졌다.

인간은 간접적으로도 들소 몸집을 줄였다. 들소 고기가 무한정 공급되자 인간은 안정적인 거주지를 찾아 영구적으로 정착했다. 무기로 무장한 인간은 당연히 영토 전쟁에서 항상 승리했고 들소는 식물과 영양분이 부족한 초목지 가장자리로 밀려났다. 이런 환경에서는 몸집이 큰 들소보다 작은 들소가 유리했다. 들소는 환경에 적응하며 살아남았지만 이전보다 몸집이 작아졌고 개체수도 줄었다.

그 뒤 들소가 한숨 돌릴 만한 시기가 찾아왔다. 약 500년 전 유럽인이 북아메리카에 도착하자 천연두, 백일해, 장티푸스, 성홍열 같은 질병이 대륙을 휩쓸었다. 원주민은 말살되었다. 사람이 너무 많이 죽어서 오랫동안 유지되었던 정착지가 사라졌고 들소를 사냥하는 횟수는 줄어들었다. 기록에 따르면 18세기 중반 북아메리카 초원에는 6,000만 마리에 이르는 들소가 살았다. 하지만 들소의 승리는 더는 이어지지 않았다.

유럽인들은 북아메리카로 들어오며 질병과 말을 가져왔다. 말은 수백만 년 전 북아메리카에서 진화했지만 아메리카 대륙에서는 마지막 빙하기가 끝날 무렵 멸종했고 이후 유럽과 아시아에서만 겨우 살아남았다. 그러다 16세기 스페인 탐험가들이 아메리카 대륙에 말을 다시 들여왔는데 들소에게는 좋지 않은 소식이었다. 18세기에 이르러 식민지 개척자와 원주민은 말이 들소를 사냥하는 데 유용하다는 사실을 발견했다. 유럽인들은 말을 들여오며 들소를 정확하고 빠르게 사냥할 총도 가지고 왔다.

1800년대 초가 되자 유럽인이 아메리카를 식민화하는 데에 속도가 붙었다. 들소 사냥도 마찬가지였다. 서쪽으로 퍼져가던 개척자들은 들소가 먹기에 좋지만 팔기에도 좋다는 사실을 발견했다. 사냥꾼과 상인들은 매년 들소 수십만 마리를 잡아 가죽을 벗겨 동부 해안으로 보냈다. 기차 회사는 19세기식 차내 오락거리를 제공했다. 열차가 평야를 통과할 때 승객들이 들소를 사냥할 수 있도록 한 것이다. 가장 안타까운 일은 정부와 군 지도자들이 들소를 적의 자원으로 간주한 일이다. 이들이 말하는 적은 들소 사냥을 멈추고 들소를 보호하는 방향으로 선회해 농사를 선택한 원주민이다. 군 지도자와 정치인은 들소를 말살해야 이 난해한 문제를 해결할 수 있다고 보았고, 그 과정에서 얼마나 많은 조약을 무시해야 하는지는 아랑곳하지 않은 채 그저 들소를 모두 죽이라고 부추겼다. 18세기 중반 수십 개에 이르던 거대한 들소 무리는 1868년이 되자 두 무리로 쪼그라들었다. 철도로 분리된 채 한 무리는 북부 평원에, 다른 무리는 남부 평원에 남았다. 1873년, 경기 침체가 시작되자 들소 가죽을 팔아 현금을 거머쥐려는 버펄로 사냥꾼들이 초원으로 몰려들었다. 사냥이 활발해지며 시장에는 들소 가죽이 넘쳐났다. 죽은 들소의 가치가 줄자 사냥꾼들은 생계를 위해 더 많은 들소를 잡아야 했다. 결국 평원에서는 들소 무리가 사라졌다. 들소가 살았던 곳에는 가죽만 벗기고 내다 버린 들소 사체가 썩어갔고 뼈가 산더미처럼 쌓였다. 1876년이 되자 들소는 남부 평원에서 완전히 사라졌다. 1884년, 북아메리카에 사는 들소는 채 1,000 마리도 되지 않았다.

들소를 구조하다

1800년대 초반, 들소 멸종이 임박하자 인간의 역할을 묻는 불만의 소리가 여기저기서 터져 나왔다. 불필요한 도살을 막아 들소를 보호하자는 첫 번째 법안이 미국 의회 양원 모두의 지지를 받아 통과된 것은 1874년이 되어서였다. 하지만 안타깝게도 대통령 율리시스 S. 그랜트

Ulysses S. Grant는 이 법안에 서명하지 않았다. 1877년, 캐나다 정부는 같은 목표로 버펄로 보호법Buffalo Protection Act을 통과시켰지만 이번에도 미국은 거절했다. 그러다 1894년이 되어서야 그로버 클리블랜드Grover Cleveland 대통령은 '엘로스톤 국립공원Yellowstone National Park의 새와 동물을 보호하고 해당 공원에서 일어나는 범죄를 처벌'하는 레이시 법Lacey Act에 서명했다. 북아메리카 유일한 방목 평원들소를 보호하자는 법이었다. 방목 숲들소 개체군은 캐나다 서부 한 곳에 살아남아 있었다. 보호법이 성문화된 지 8년 후인 1902년, 엘로스톤 국립공원의 조사에서 들소 개체수는 스물다섯 마리 미만으로 집계되었다.

다행히도 법 이외에도 들소를 보호하려는 사람들이 있었다. 1870년대에서 1880년대 민간인들은 들소가 상업화되는 것에 관심을 보였다. 이들은 야생 들소를 보이는 대로 잡아 총 백여 마리의 들소로 이루어진 여섯 개의 개별 무리를 만들었다. 엘로스톤에서 살아남은 야생 들소 스물다섯 마리에 이 백여 마리를 더하면 살아 있는 평원들소는 약 125마리가 되는 것이고 이것은 채 1만 5,000년도 되지 않아 들소가 두 번째 멸종 위기에 처했다는 뜻이다.

1905년, 멸종 위기에 처한 아메리카들소를 구하려는 보호단체인 미국 들소협회American Bison Society가 설립되었다. 과거에 열렬한 들소 사냥꾼이던 시어도어 루스벨트Theodore Roosevelt는 이 협회의 초대 명예 회장으로 취임했다.

협회는 스페인 탐험가로부터 오래전 멸종한 말을 들어왔던 첫 번째 동물 도입에 이어 2년 후에는 황무지에 두 번째로 동물 재도입을 추진했다. 그리고 브롱크스 동물원Bronx Zoo의 들소 무리 중 열다섯 마리가 오클라호마 농장에 실려 왔다. 또 1년 후 협회는 의회에 청원해 몬태

나에 국립 들소 관리구역National Bison Range을 설립했고, 1909년에는 협회에서 모금한 기금으로 개인 소유자들에게서 들소를 사들여 방목했다. 그 후 5년간 협회는 비슷한 전략으로 사우스다코타 윈드 케이브 국립공원Wind Cave National Park과 네브래스카 포트 니오브라라 야생동물 보호구역Fort Niobrara Wildlife Refuge에 들소 무리를 정착시켰다. 무리는 번성했고 그렇게 들소는 구조되었다.

오늘날의 들소

오늘날 북아메리카에는 두 종류의 들소가 산다. 평원들소와 숲들소다. 둘 다 1만 3,000년 전과 150년 전 두 번의 멸종 위기에서 살아남은 들소의 후손이다. 공식적으로 평원들소는 바이슨 바이슨Bison bison의 아종으로 바이슨 바이슨 바이슨Bison bison bison으로 분류되며 초원 평야에 산다. 반면 숲들소는 바이슨 바이슨 아타바스카이Bison bison athabascae로 분류되며 대륙 북쪽 산악지역에 산다. 숲들소는 평원들소보다 약간 크며 털이 더 적고, 특히 수염과 갈기가 가늘고 앞다리에 털이 적다. 하지만 캐나다 정부가 중부 지방에 몰린 방목 압력을 완화하기 위해 앨버타 중부 버펄로 국립공원Buffalo National Park의 평원들소 6,000마리를 앨버타 북부 우드 버펄로 국립공원Wood Buffalo National Park으로 이주시킨 후 숲들소와 평원들소를 가르는 미묘한 진화적 경계조차 희미해졌다. 사실 숲들소와 평원들소 사이에는 진화적 장벽이 없어 서로 교배할 수 있으므로 오늘날 유전적으로 순수한 숲들소 무리는 없다고 보아도 무방하다. 하지만 정부는 숲들소와 평원들소의 고유한 특성과 다양성을 보존한다는 명목으로 둘을 따로 관리한다.

　오늘날 들소는 열 마리에서 수천 마리 정도로 무리 지어 살고 있고 총 50만 마리 정도 된다. 들소는 무게가 약 1톤에 달하는 덩치 큰 동물로 시력은 좋지 않지만 성격이 온화하고 멋진 동물이다. 대체로 온순하지만 질주하는 말만큼 빨리 달릴 수 있으며, 겁먹으면 정지 상태에서 수직으로 거의 2미터나 뛰어오를 수도 있다. 지역 및 국립공원의 들소 관리자들은 방문객들에게 들소와 접촉하면 위험하다고 경고하지만, 매년 이런 경고를 무시해서 다치거나 심각한 상황에 놓이는 사람들이 몇 명씩 있다. 어쨌든 들소는 야생동물이지 잘 길든 털북숭이 소가 아니다.

　들소는 잘 보전된 성공 사례다. 들소는 19세기 후반 거의 멸종될 뻔했지만 오늘날 들소 무리는 건강하고 안정되어 있으며 고기와 털, 가죽을 원하는 수익성 높은 시장도 있다. 2016년, 버락 오바마Barack Obama 대통령은 들소를 미국 국가 지정 포유동물로 선언하기도 했다. 앞으로 북아메리카의 들소 개체군은 순조롭게 지속 가능할 것으로 보인다.

　순조롭게 지속 가능한 성공이란 어떤 모습일까? 오늘날 들소 대부분은 개인 소유의 가축이다. 이 들소들은 목장에서 관리할 수 있고 시장에서 높은 수익을 내는 특성을 지닌 품종으로 선택되고 번식된다. 잘 길들고, 번식력이 높고, 빨리 자라고, 사료를 효율적으로 섭취하는 특성을 가진 들소가 선호된다. 소의 기질을 가졌지만 들소의 강인함도 지닌 가축을 원했던 20세기 초 목장주들이 소와 들소를 교배한 덕분에 많은 들소 무리에는 소 유전자가 있다. 무리 내 번식과 무리 간 번식은 세심하게 관리된다. DNA 지문 분석DNA typing, 질병 검사, 교배 촉진 같은 서비스를 제공하는 대규모 영리·비영리 단체도 많다. 목장 울타리 안에서 보호받는 들소들은 다른 방목 무리와 경쟁할 필요가 없다. 늑대나 곰에게 잡아먹힐 염려도 없다. 계절에 따라 좋은 풀을 뜯기 위해 이동할 필요도 없다. 오늘날 들소의 생존에 도움이 되는 특성이나 유전자는 들소 조상의 생존에 유리했던 특성이나 유전자와는 전혀 다르다. 그렇다면 지금의 들소도 여전히 야생 들소라고 볼 수 있을까?

오늘날 살아 있는 들소의 약 4퍼센트가 들소 보전 구역에 산다. 이 보전된 무리가 사는 지역을 다 합해도 원래 들소가 살던 지역의 채 1퍼센트도 되지 않는다. 보전 무리 들소는 상업적 목적으로 선택 사육되지는 않지만 개인 소유 들소만큼 엄격한 관리를 받는다. 상업용 무리와 마찬가지로 보전 무리도 질병이나 포식자 같은 위험에 처할 염려 없이 울타리 안에서 안심하고 풀을 뜯는다. 관리자는 매년 일정 수의 들소를 살처분해 개체수 증가를 제한하고, 이상적인 기질을 갖지 못한 개체는 무리에서 제외하며, 무리의 성별과 연령 구조를 최적화해 번식을 통제하고 탈출 가능성을 줄인다.

대부분의 보존 들소 무리에서 소 유전자가 발견되는 상황에서 이 보존이 적합한지는 의문이다. 캘리포니아 연안 산타카탈리나섬Santa Catalina Island의 보존 무리 들소 중 약 50퍼센트는 소 미토콘드리아 DNA를 갖고 있다. 미토콘드리아 DNA는 모계로 유전되는 DNA다. 텍사스 A&M 대학교의 들소 생물학자 제임스 더리James Derr는 산타카탈리나섬의 들소 무리를 연구해 소 DNA가 들소를 어떻게 바꾸었는지 살펴보았는데 소 미토콘드리아 DNA를 가진 들소는 들소 미토콘드리아 DNA를 가진 들소보다 더 작고 짧았다. 산타카탈리나섬 들소 무리가 소 DNA를 너무 많이 가진 탓에 다양한 결과가 일어났다는 사실을 암시하는 부분이다. 이 들소를 여전히 야생이라고 볼 수 있을까?

들소 관리자들은 이런 결과를 보고 보존 무리를 보호할 방법을 고심한다. 소 계통을 가진 들소를 가려내 제거해야 할까, 아니면 거의 멸종이 임박해서 유전적으로 비슷비슷한 들소 종에 유전적 변이를 더해 줄 기회로 받아들여야 할까? 게다가 들소 무리는 좋게 보면 지역 적응으로, 나쁘게 보면 근친 교배로 인해 무리에 특화된 유전적 변이를 점차 축적한다. 무리 관리자에게는 어려운 선택이다. 무리 간에 개체를 옮기면 근친 교배를 방지해 무리 전체의 적합성이 떨어지는 일을 막을 수 있다. 하지만 이렇게 개체를 옮기면 들소가 새롭고 변화하는 환경에서 생존할 수 있게 도운 지역 적응력이 무뎌질 수 있다. 어떤 선택을 내리든 무리 관리자는 아메리카들소의 진화 운명을 결정한다.

의도된 진화

북아메리카들소 이야기는 인간이 진화 과정을 넘겨받게 된 과정을 요약해서 보여준다. 약 200만 년 동안 들소는 인간이 없는 상태에서 진화했다. 오고 가는 빙하기에 적응한 들소는 추운 시기에는 털가죽이 두꺼운 들소가 건강하게 살아남았고 포식자의 공격을 쉽게 피할 수 있었으며 따뜻한 시기에는 반대였을 것이다. 포식자는 가장 나이 많고 적합하지 않은 들소를 잡아먹었고 살아남은 들소는 번식했다. 들소는 북반구 전역에 퍼졌고 초원이 늘거나 줄어듦에 따라 번성하거나 쇠퇴했다.

그러다 인류가 그 땅에 도착했다. 인간이 빠르고 정확한 도구를 설계하고 사용하자 들소는 도망가기 힘들어졌다. 1만 4,000년 동안 인간은 식량과 오락을 목적으로 들소를 사냥했다. 그동안 들소는 두 번의 멸종 위기를 겪었다. 첫 번째 회복은 순전히 운이었다. 홀로세 초기 기후는 초원이 확장되기에 적합했고 방대한 자원을 놓고 들소와 경쟁할 초식 동물도 거의 없었다. 하지만 회복은 일시적이었다.

들소가 두 번째 멸종 위기를 맞았을 때 인간은 들소를 구하기로 했다. 한때 진화가 담당했던 역할을 야생동물 관리자가 이어받았다. 인간은 어떤 들소가 살아남고 번식할지 결정하고, 심지어 소와 들소를 함께 사육하기도 했다. 정부 관리들은 들소 보존구역을 만들고 보호하는 법을 통과시켰다. 오늘날 정부는 지금 살아 있는 들소가 채 125마리도 되지 않는 조상의 후손이라는 사실에도 불구하고 각 무리를 별개로 간주하고 보호한다. 어떤 들소 무리는 보존 대상이지만 다른 무리는 그렇지 않다. 관리자와 사육자는 서식지 내에서 들소 무리를 이동시키고, 무리 내에서 개체를 이동시킨다. 과학자는 들소 DNA를 분석해 어떤 개체를 번식시킬지, 어떤 유전자가 적합한지, 소 DNA가 얼마나 있어야 적절한지 결정하는 데 도움을 준다. 관리자는 들소를 살처분해 과도한 방목을 제한하고 백신을 접종해 질병을 예방하며 울타리를 쳐 포식자를 차단한다. 그리고 우리는 그 울타리 안에서 안락한 차를 타고 들소를 관람하며 들소의 변함없는 야생성에 감탄하고 안심한다.

북아메리카들소의 진화 이야기는 오늘날 살아 있는 모든 생물과 마찬가지로 인간과 깊이 얽혀 있다. 들소의 운명을 결정하는 우리의 역할이 포식자에서 보호자로 바뀌며 우리는 특정 요구에 맞게 야생동물을 조작하고 관리하는 법을 배웠다. 다음 장에서는 인간의 역할이 전환되는 과정을 자세히 탐구하고, 내 연구와 다른 연구의 사례를 들어 인간이 진화하며 다른 종의 진화를 어떻게 다듬고 바꾸어왔는지 살펴볼 것이다.

02

인간의 기원을 찾아서

호모 사피엔스. 바로 우리다. 1785년, 린네가 우리에게 붙인 라틴어 이명異名이기도 하다. 이 이름에 따르면 우리는 호모Homo 속 사피엔스sapiens 종이다. 오늘날 호모 속 종족은 우리밖에 남지 않았지만 예전에는 달랐다. 우리의 진화적 친척인 네안데르탈인, 즉 호모 네안데르탈렌시스Homo neanderthalensis는 약 4만 년 전 멸종될 때까지 우리 호모 사피엔스와 함께 살았다. 하지만 완전히 멸종하지는 않았다. 지금은 네안데르탈렌시스가 아니라 그냥 사피엔스라고 부르기는 하지만 아직 우리 몸 안에서 이들의 DNA가 여전히 세대를 이어 전달되고 있기 때문이다. 생각해보면 각각 다른 이름이 붙은 종을 구분하는 유용성에 의문이 들기도 한다. 하지만 분명 지금 우리는 고대 친척이나 다른 종과 다르다. 그렇다면 호모 사피엔스, 일반적으로 말하면 인간이 된다는 것은 어떤 의미일까?

지금까지 살았던 종은 대부분 멸종했다. 살아 있는 종 대부분의 나이는 50만 년에서 1000만 년 정도밖에 되지 않는다. 생명의 역사라는 규모에서 본다면 그리 오랜 시간은 아니다. 하지만 암울하기만 한 소식은 아니다. 진화 덕분이다.

종은 등장하자마자 변화를 겪는다. 각 개체는 자신의 유전체 사본을 만들어 다음 세대에 전달한다. 하지만 복사 과정은 완벽하지 않다. DNA 사본을 만들 때마다 오류가 일어나 자손의 유전체는 부모의 유전체와 40군데 정도 달라진다. 이런 차이는 대부분 아무런 효과를 일으키지 않는다. 하지만 일부 돌연변이는 자손의 외모나 행동 방식을 바꿔 같은 세대 안에서도 차이를 만든다. 이것이 진화가 만든 변이variation다. 돌연변이가 일어난 자손은 식량이나 짝을 찾기 어려워지기도 하고, 반대로 쉬워지기도 한다. 가장 성공한 자손의 유전체에서 일어난 변이, 즉 진화적으로 정의하자면 자라서 자손을 많이 낳도록 만드는 돌연변이는 종이 살아남으며 점점 더 퍼진다.

이렇게 진화한 종이 맞는 결말은 둘 중 하나다. 결국 마지막 개체가 죽어 종이 멸종하거나, 진화가 계속 이어져 분류학자가 새로 이름을 붙여야 할 정도로 완전히 달라진다. 후자와 같은 일이 일어나면 기존 종은 사라지지만 그 DNA는 이제는 다른 이름으로 불리는 개체로 계속 전달된다. 이런 결말도 멸종이라고 볼 수 있을까? 성급히 결론 내리기 전에, 오늘날 살아 있는 수십억에서 1조쯤 되는 종은 모두 약 40억 년 전 살았던 단 하나의 미생물에서 온 후손이라는 점을 기억해야 한다. 그 미생물은 멸종했지만 모든 생명체 안에 살아 있다.

새로운 종은 우연히 나타난다. 머나먼 섬으로 떠내려간 식물은 그곳에 뿌리를 내리고 새로운 개체군을 이룬다. 강 흐름이 바뀌면 거대한 하나의 개체군이 둘로 나뉜다. 일부 개체가 새로운 서식지를 발견하고 이동해 번식하기도 한다. 모두 유전적 격리genetic isolation가 일어날 기회다. 격리된 새 개체군은 다른 개체군과 다른 궤적을 따라 진화하며 다른 돌연변이를 축적한다. 결국 새로운 개체군이 눈에 띄게 달라지면 새로운 종이 된다.

시간도 유전적 격리를 일으킨다. 새로운 돌연변이는 모든 세대에 축적되므로 지금부터 수천 세대에 걸쳐 태어나는 각 개체의 유전체에는 돌연변이가 축적된다. 하지만 오늘날 개체의 유전체와는 공존할 수 없는 돌연변이도 있다. 따라서 종의 수명은 유한하다. 종은 진화의 흐름에 따라 태어나고 죽는다.

진화 법칙은 간단하다. 돌연변이가 축적된다. 돌연변이가 다음 세대로 전달될지는 대부분 우연히 결정된다. 하지만 생존과 번식에 유리한, 즉 더 적합한 유전적 변이를 갖고 태어나는 개체도 있다. 이런 돌연변이는 다음 세대까지 이어질 가능성이 크다. 시간이 지나며 돌연변이가 퍼지거나 사라지며 종의 계보는 다양해지고 환경에 적응한다. 그리고 멸종한다.

인간의 진화 역시 다른 종의 진화 과정과 크게 다르지 않다. 개체군 중 생존하고 번식한 개체가 우리 조상이 되었다. 수십억 세대에 걸쳐 인간은 유전체에 돌연변이를 축적하며 환경에 적응했다. 기후가 바뀌고 정착지가 달라지며 살 만한 틈새가 나타났다 사라졌다. 인간은 동물이었다가 포유류를 거쳐 영장류 그리고 유인원이 되었다. 그러다 다른 동물과는 다르게 진화 법칙을 넘어서는 방법을 발견했다. 인간은 서로 협동하며 기회를 이용하고 덜 적합한 개체가 죽도록 내버려 두지 않고 도우며 함께 살아가는 방법을 배웠고 환경에 얽매이기보다 환경을 바꿨다. 진화의 변덕에 끌려다니기보다 인간과 다른 종의 진화 경로를 결정하며 진화를 주도했다. 고인류학자들은 이런 일이 언제, 어디서, 어떻게 일어났는지 모두 파악하지는 못했다. 하지만 인간은 분명 이런 변화를 거치며 지구상 다른 종과 차별화되었다. 인간이 된다는 것은 바로 이런 의미다.

인간이 나타나다

약 4천만 년 전 시신세Eocene* 동안 원숭이 같은 영장류는 따뜻하고 기후가 안정된 동남아시아에서 아프리카로 이동했다. 시신세에서 점신세Oligocene**로 접어들자 지각판이 이동하며 그레이트리프트밸리 Great Rift Valley의 산을 들어 올렸다. 기후와 날씨 패턴도 달라졌다. 극지에 빙하가 형성되고 지구는 서늘해졌다. 한때 울창했던 아프리카 정글은 메말랐고 일부 서식지는 열대 초원인 사바나와 사막으로 변했다. 이런 변화에 적응한 원숭이는 새로운 전략을 개발해 식량과 안전한 잠자리를 찾았다.

유인원으로 볼 수 있는 최초의 화석은 약 2600만 년 전 그레이트리프트밸리에 살았던 루크와피테쿠스Rukwapithecus fleaglei의 화석이다. 루크와피테쿠스의 화석은 턱뼈만 남아 있지만 고생물학자들이 보기에 이 턱뼈 치아는 다른 영장류의 치아와 확연히 달랐다. 루크와피테쿠스와

---

*   시신세 : 지질 시대의 신생대 제3기를 다섯으로 나눈 가운데 두 번째에 해당하는 시기를 말하며 온난 습윤한 기후 덕분에 산림이 우거져서 석탄층이 많이 퇴적하였다.

**   점신세 : 신생대 제3기의 세 번째에 해당하는 시기를 말하며 포유류와 속씨식물이 발달하였다.

다른 유인원은 구세계원숭이Old World monkeys보다 몸과 뇌가 더 컸다. 꼬리가 없는 점으로 보아 균형을 유지하거나 나무 사이를 이동할 때 다른 방법을 이용했을 것이다.

기후가 계속 달라졌지만 유인원은 성공적으로 진화했다. 화석 기록으로 볼 때 약 1800만 년 전 턱이 단단하고 치아가 두꺼운 새로운 원숭이 종이 나타나는데, 이 유인원 아프로피테쿠스Afropithecus는 턱이 약해 과일만 먹던 다른 유인원과 달리 질긴 식물이나 껍질이 단단한 견과류, 씨앗 같은 음식을 씹어 영양분을 얻었다. 아프로피테쿠스와 그 후손은 다양한 음식을 먹을 수 있다는 진화적 이점 덕분에 아프리카를 벗어나 아시아와 유럽에서 번성했다. 적어도 초기에는 그랬다.

약 2300만 년 전 시작된 초기 중신세Miocene* 동안 유럽은 아열대 기후여서 주로 과일을 먹는 유인원에게 이상적인 장소였다. 하지만 중신세가 점점 진행되며 지구가 식기 시작했다. 유럽 정글은 숲이 되었고 여름만 이어지던 기후에 계절이 나타났다. 서식지가 줄고 자원이 부족해지며 유럽 유인원은 환경에 적응하고 다양해졌다. 진화한 일부 계보는 똑바로 서고 손가락으로 물체를 강하게 움켜쥘 수 있었고, 손목도 튼튼하고 뇌도 컸다. 유럽 유인원은 점점 줄어드는 유럽의 정글에 전략적으로 빠르게 대처하며 환경에 적응해나갔다. 그리고 1,000만 년 전쯤 되자 더 크고 다재다능한 유인원이 아프리카로 돌아왔다. 이 유인원이 우리 조상이다.

완전 이족보행 방식은 호모를 포함한 유인원의 하위범주인 호미

---

* 　중신세 : 신생대 제3기의 네 번째에 해당하는 시기를 말하며 지금으로부터 2,400만 년 전부터 520만 년 전까지의 기간을 말한다.

닌hominin이 가지고 있는 핵심 특성이다. 항상 직립 보행한 최초의 호미닌은 오스트랄로피테쿠스Australopithecus였다. 고인류학자 대부분은 약 400만 년 전 동아프리카에서 진화한 오스트랄로피테쿠스가 우리 계보인 호모의 직계 조상이라고 믿는다. 1976년, 지금의 탄자니아 북부 화산재층에서 재발견된 366만 년 된 발자국 화석은 오스트랄로피테쿠스가 두 발로 걸었다는 증거다. 오스트랄로피테쿠스 화석이 아프리카 대륙 전역에서 발견되었다는 점으로 보아 이들은 예측하기 어렵고 건조한 기후에 완벽히 적응해 다양한 집단으로 번성했다는 사실을 알 수 있다. 오스트랄로피테쿠스의 뇌 크기는 현대 인간 뇌 크기의 약 35퍼센트 정도였으며 손목과 손을 자유자재로 움직일 수 있었다. 에티오피아 아파르Afar 지역에서 발견된 320만 년 된 오스트랄로피테쿠스 아파렌시스Australopithecus afarensis인 루시Lucy는 이족보행 호미닌답게 다리는 물론 팔도 튼튼했다. 오스트랄로피테쿠스 아파렌시스는 땅 위에서도 나무 위에서처럼 민첩했다. 약 300만 년 전 사바나가 확장될 무렵, 일부 오스트랄로피테쿠스는 두껍게 진화한 어금니 덕에 사바나에서 자라는 질긴 풀의 섬유질을 씹어 영양분을 얻었다. 하지만 오스트랄로피테쿠스는 후대 호모와 달리 삼림 지대를 버리고 사바나에만 살지는 않았다. 오히려 굶주린 육식동물을 피할 수 있는 은신처가 되어 줄 울창한 숲이나, 삼림과 사바나가 섞인 거주지를 선호했다.

이족보행에는 몇 가지 이점이 있었다. 두 발로 걷는 유인원은 네 발로 걷는 유인원보다 더 높이 올라가 먼 거리를 살필 수 있었다. 높은 곳에 열린 과일을 따고 멀리 있는 먹이도 발견했으며 팔이 자유로워서 손과 손목을 이용해 작은 물체를 잡았다. 서거나 달리는 데 두 팔이 필요 없어지자 자유로운 팔을 다른 용도로 이용했다. 이족보행 유인원은 직립 보행하도록 진화하며 혁신을 일으켰고 이 발전을 서로 가르치고 배웠다. 다른 유인원과 차별화되는 언어와 협력도 개발했다. 주변 사물로 석기 도구를 만들어 무기로 이용해 먹이 사냥 효율성을 크게 높였다.

이런 혁신에는 결과가 따랐다.

이 땅은 우리 땅

약 260만 년 전 홍적세 빙하기가 시작하며 극지는 큰 영향을 받았다. 아프리카 적도 부근도 빙하의 영향을 피할 수 없었다. 빙하가 발달하고 해수면이 낮아지면 아프리카 대륙은 서늘하고 건조해졌고 빙하가 물러나면 아프리카 전역의 건조함이 덜해졌다. 이런 변화는 홍적세 동안 크게 두 번 일어났는데 한 번은 약 170만 년 전이고 다른 한 번은 약 100만 년 전이었다. 두 번의 기후 변화를 거치며 아프리카 건기는 훨씬 건조해져서, 다음 건기가 오기 전에 습한 환경에 적응한 생태계가 복원되기는 힘들었다. 아프리카 정글은 점차 삼림으로, 그다음 건조한 사바나 초원으로 바뀌었다.

아프리카 동식물은 홍적세 기후에 적응했다. 화석 기록으로 동식물계가 재편되는 과정을 볼 수 있는데 습한 기후에 사는 종은 멸종하거나 진화해 더욱 예측할 수 없는 긴 건기에 적응했다. 홍적세 초기에는 오늘날의 소, 염소, 양의 친척인 소과나 오늘날의 돼지와 멧돼지의 친척인 돼지과 동물, 원숭이 등 여러 아프리카 동물이 멸종했다. 물론 같은 아프리카 동물이라도 지역 및 분류학적 집단에 따라 차이는 있었다. 하지만 패턴은 같았다. 약 260만 년 전 홍적세 빙하기가 시작되며 국지적·지역적 기후가 크게 바뀌며 멸종률이 늘었다.

적어도 초식동물의 멸종률은 그랬다.

하지만 육식동물은 홍적세 초기 첫 수십만 년 동안에도 그다지 멸종하지 않았다. 나중에는 육식동물의 멸종률도 늘었지만 그렇게 된 시기는 홍적세 빙하기가 시작되고 50만 년쯤 지난, 지금부터 약 200만 년 전이었다. 게다가 육식동물은 일단 멸종률이 늘면 다른 아프리카 동물보다 상황이 훨씬 심각해져서 초식동물보다 멸종률이 훨씬 늘었다.

이런 반복적인 형태는 수수께끼다.

단순히 설명하자면, 육식동물이 기후 변화의 영향을 받으려면 어느 정도 시간이 걸린다고 볼 수 있다. 식물군이 변하면 아프리카 식물의 일차 소비자인 초식동물이 직접 타격을 받는다. 그리고 육식동물은 초식동물이 멸종되기 시작한 후에야 먹을 것이 없어지면서 영향을 받는 것이다. 이것은 일리 있는 설명이기는 하지만 초식동물이 멸종하기 시작하고 육식동물이 영향을 받는 데 50만 년의 큰 시차가 발생한다는 문제가 있다.

먹이사슬 구조 상 육식동물은 홍적세 기후에 덜 영향받았을 가능성도 있다. 기존 초식동물이 멸종하자 이 틈을 타 다른 초식동물이 번성하며 종류는 다르지만 육식동물에게 충분한 식량이 되어주었을 수 있다. 이런 시나리오에 따르면 기후 변화가 급격해지다 한계에 이르러 전체 초식동물 수가 감소하고 나서야 육식동물이 갑자기 멸종하는 일종의 티핑 포인트tipping point, 즉 변화 시점에 도달했다고 볼 수 있다. 역시 일리 있는 설명이기는 하지만 빙하가 처음 크게 넓어진 시기는 170만 년 전으로, 육식동물의 멸종률이 늘어나고도 30만 년이나 더 지나서였다. 그러니 이런 설명 역시 말이 되지 않는다.

고고학적 기록을 바탕으로 다르게 설명할 수도 있다. 2011년, 서부 투르카나 고고학 프로젝트West Turkana Archaeological Project는 투르카나 호수 서쪽 지역에 있는 초기 인류 거주지를 조사했다. 연구 첫해 어느 날 팀원 몇 명이 길을 잘못 들어 미발굴 지역에 이르렀는데 놀랍게도 땅에는 석기 도구가 분명한 물체가 널려 있었다. 즉각 발굴을 시작한 이들은 이듬해 말까지 백여 점이 넘는 석기 공예품과 서른 점이 넘는 케냔트로푸스 플라티옵스Kenyanthropus platyop 또는 오스트랄로피테쿠스 플라티옵스Australopithecus platyops라 불리는 계보의 화석을 수집했다. 케냔트로푸스는 약 320만 년 전 멸종했다. 330만 년 전으로 거슬러 올라가는 이곳은 홍적세 빙하기 전 가장 오래되고 현재로서는 유일한 석기 도구 발굴지다. 이 석기 도구는 기후 변화로 인해 식량이 부족한 상황에서 우리 조상과 친척이 진화해 동물을 효율적으로 사냥하고 고기를 가공했다는 증거다. 마침내 육식동물의 운명을 가른 것은 결국 우리 조상이었을까?

홍적세 이후 고고학 기록에서는 석기 도구가 자주 발견된다. 에티오피아 고나Gona 유적지에서 발견된 260만 년 된 소 비슷한 동물 뼈에는 베인 자국과 긁힌 자국이 있는데 이것은 초기 호미닌이 고기를 가공하고 골수를 추출했다는 사실을 보여준다. 약 235만 년 된 에티오피아와 케냐의 다른 유적지 세 곳에서 발견된 단서로는 초기 호모에게 석기 기술이 중요했음을 확인할 수 있다. 이들 중 한 곳인 서부 투르카나 로카랄레이Lokalalei 유적지에서 발견된 소, 돼지, 말, 멸종한 코뿔소, 다양한 거대 설치류, 파충류와 물고기 뼈에도 가공된 흔적이 있다. 235만 년 전쯤 우리 조상은 다른 아프리카 육식동물과 먹이를 두고 경쟁한 것이다.

재주꾼들

인류의 분류학적 논쟁은 들소의 분류학적 논쟁보다 훨씬 격렬하다. 하지만 인류의 경우에는 화석이 너무 많은 것이 아니라 너무 적다는 점이 문제다. 처음에는 기록조차 없었던 인류 초기의 역사는 새로운 화석이 발견될 때마다 희망과 절망을 오가며 다시 쓰이기를 반복했다. 인류 화석은 실수로 손상되는 일을 막고 수많은 경쟁자의 의심 섞인 눈초리에서 벗어나기 위해 오랫동안 개인 박물관 수장고에 보존되는 경우가 많았다. 하지만 다행히 요즘 세대 고인류학자들은 새로 발견된 화석을 비밀에 부치지 않고, 작성한 보고서와 함께 정교한 3D 사본 프린트 설명서를 내놓아 공개 연구에 도움을 주기도 한다.＊

호모는 300만 년 전 아프리카에서 진화했다. 하지만 그동안 정확히 언제, 어디서, 얼마나 많은 호모 속 계보가 공존했는지는 여전히 논란거리다. 호모에 속한다고 추정되는 가장 오래된 화석은 오늘날 에티오피아 아파르 지역에서 발견된, 280만 년 된 레디 게라루Ledi-Geraru의 아래턱뼈다. 레디 게라루 아래턱뼈 화석에는 치아 여섯 개가 있는데 이

＊ 2015년, 고인류학자 리 버거Lee Burger와 존 혹스John Hawkes는 가까운 26만 년 전까지 남아프리카에 살았던 호모 날레디Homo naledi라는 새로운 멸종 인류가 발견되었다고 발표했다. 이들이 화석을 발견했다고 발표한 지 12시간도 채 지나지 않아 여러 호모 날레디 화석의 3D 사본 프린트 설명서를 무료로 내려받을 수 있었다. 기존 고인류학 연구 표준과 상당히 다른 방식이다. 예전에는 새로운 화석이 발표되고 연구용 원본 데이터를 입수하거나 주형을 구매할 수 있게 되기까지는 보통 수년이 걸렸다. 오늘날 케냐 국립박물관National Museums of Kenya과 투르카나 분지 연구소Turkana Basin Institute 현장에서 소장한 여러 점의 오스트랄로피테쿠스 및 호모 속 화석의 3D 사본 프린트 설명서는 비영리 동일 조건을 허용하는 크리에이티브커먼즈라이센스Creative Commons Attribution Noncommercial ShareAlike License 저작권을 얻은 사이트인 AfricanFossils.org에서 내려받을 수 있다.

중 세 개는 치아머리가 부러졌다. 다른 뼈 부분은 남아있지 않으므로 레디 게라루가 분류학적으로 호모 속에 가까운지 오스트랄로피테쿠스 속에 가까운지는 이 치아에 달렸다. 당연하게도 레디 게라루 치아는 그 중간쯤이다. 레디 게라루 치아는 오스트랄로피테쿠스 치아보다는 약간 작고 모양은 오스트랄로피테쿠스 치아와 약간 다르다. 초기 호모 속 치아와도 딱 들어맞지 않는다. 레디 게라루 아래턱뼈는 초기 호모의 것일 수도 있지만 그렇지 않을 수도 있다.

1960년, 유명한 고생물학자인 루이스 리키Louis Leakey와 메리 리키Mary Leakey의 장남인 조너선 리키Jonathan Leakey는 탄자니아 올두바이 협곡Olduvai Gorge에서 발굴 작업을 하다 어린이 것으로 보이는 아래턱과 머리뼈 윗부분을 발견했다. 리키 부부는 약 30년 전 이 협곡에서 원시 석기 도구가 발견된 이래로 발굴을 계속해왔는데 1년 전 메리 리키는 얼굴이 돌출되고 뇌가 작은 청년의 머리뼈를 발견했다. 이 머리뼈 주인이 석기 도구를 만든 인간은 아닌 것 같았다. 리키 가족은 석기 도구 주인을 계속 찾았다. 그리고 조너선이 발견한 어린이 화석은 이전에 발견한 것과 확연히 달랐다. 그 뒤 3년 동안 이 어린이 화석과 같은 종으로 보이는 화석 일부가 속속 발견되었다. 어린이 손목과 손뼈, 성인 발, 작은 치아가 잘 보존된 머리뼈 일부, 위아래 턱이 온전한 머리뼈 등이다. 루이스 리키, 필립 토비아스Phillip Tobias, 마이클 데이Michael Day, 존 네이피어John Napier 등으로 이루어진 고고학자와 고인류학자 팀도 같은 결론에 이르렀다. 이 화석 일부는 현생인류와 비슷하고 남아프리카 오스트랄로피테쿠스와는 분명 다른 종이었다. 바로 석기 도구를 만든 인류였다. 연구자들은 이 새로운 종을 호모 하빌리스Homo habilis, 즉 도구를 만든 사람이라고 이름 붙였다. 최소 240만 년 전에서 170만 년 전에 살았던 호모 하빌리스는 100센티미터~135센티미터의 키에 직립 이족보행했으며, 뇌 크기는 현생인류의 절반에 불과하지만 오스트랄로피테쿠스보다는 훨씬 컸다.

1972년, 루이스 리키와 메리 리키의 차남인 리처드 리키Richard Leakey와 아내 미브 리키Meave Leakey가 이끄는 고고학자 팀이 오늘날 투르카나 호수 동쪽 기슭에서 머리뼈 하나를 발견했다. 호모 속 같았지만 호모 하빌리스와는 달랐다. 리키 가족은 투르카나 호수의 옛 이름인 루돌프호수Lake Rudolf의 이름을 따 이 화석을 호모 루돌펜시스Homo rudolfensis라 불렀다. 그 뒤 여러 해 동안 케냐에서는 호모 루돌펜시스로 보이는 화석 몇 점이 더 발견되었다. 이 호모 루돌펜시스 화석이 모두 같은 종인지, 일부는 호모 하빌리스인지, 아니면 그냥 호모 속인지에 대한 의견은 당연하게도 모두 엇갈렸다. 하지만 분류학적 이름에 상관없이 이 화석들의 연대가 다른 오스트랄로피테쿠스 종이나 호모 하빌리스와 비슷하다고 추정되는 것으로 보아, 240만 년 전 아프리카에는 직립 보행하는 인간 유사 영장류 계보가 여럿 있었음을 알 수 있다.

180만 년 전 호모 속 인류는 오늘날 조지아공화국 드마니시에도 살았다. 호모 에렉투스Homo erectus, 호모 에르가스터Homo ergaster, 호모 게오르기쿠스Homo georgicus 등으로 불리는 인류다. 이들의 뇌는 호모 하빌리스보다 약간 클 뿐이었지만 키는 훨씬 컸고 조잡하지만 엄연한 석기 도구를 만들었다. 키가 커지고 멀리 이동할 수 있게 된 최초의 인류는 아프리카를 벗어나기 시작했다. 하지만 아직 먼 곳에 정착하지는 않았다.

160만 년 전 호모 에렉투스는 케냐, 탄자니아, 남아프리카에 정착했고 100만 년 전이 되자 북동쪽으로 퍼져 중국 극동과 인도네시아까지 나아갔다. 78만 년 전에는 하이델베르크인Homo heidelbergensis이라는 호모 에렉투스의 후손이 오늘날 스페인에 정착했고, 70만 년 전에는 북쪽으로 진출해 오늘날 영국에 이르렀다. 이 후대 호미닌은 키가 145센티미터~185센티미터로 껑충하게 크고 몸무게는 40킬로그램~68킬로그램에 이르며 뇌가 컸다. 현생인류와 마찬가지로 같은 화석 유적지에서도 매우 다양한 형태의 화석이 발견된다.

게다가 호모 에렉투스는 현생인류처럼 강력한 생태적 힘을 지녔다. 최초로 완전 이족보행한 호모 에렉투스는 절묘하게 먹잇감을 잡았다. 지구력이 있어 네발 동물보다 먼 거리를 달릴 수 있고 훨씬 빨리 땀을 식힐 수도 있었다. 지적이고 협동적이며 창의적이기도 해서 서로 협력해 사냥 성공 가능성을 높였다. 조상들처럼 석기를 만들었지만 호모 에렉투스는 기술을 한층 다듬어 석기 디자인을 개조하고 개선했다. 진화를 거듭하며 찌르거나 던질 수 있는 나무 창 같은 도구도 만들었다. 배로만 건널 수 있는 섬에 정착해 고기를 도축하고 식물을 기르고 잠을 잘 수 있는 별도의 공간을 마련한 정착촌을 세웠다. 호모 에렉투스는 현생인류 같은 언어를 사용하지는 못했지만, 이런 복합적인 행동으로 미루어 볼 때 복잡한 언어를 이용해야만 가능한 협동, 교육, 학습을 했으리라 추정된다. 호모 에렉투스는 진화의 법칙에 도전하기 시작했다.

네 이웃을 사랑하라

70만 년 전이 되자 호모 속 계보는 북아프리카 남단에서 유럽과 아시아 전역에 분포했다. 뇌가 크고 손재주가 있어 정교한 도구를 이용할 수 있던 호모 속은 점차 주변 세계를 바꿔 놓았다. 너무 대략적으로 요약해 고인류학자분들께는 미안하지만, 화석 증거로 보아 대략 다음과 같은 사실을 알 수 있다.

호모 에렉투스에서 이어진 하이델베르크인은 아프리카와 유럽으로 퍼져 70만 년 전부터 20만 년 전까지 살았다. 하이델베르크인은 40만 년 전 유럽과 중동에 살았던 우리의 친척 네안데르탈인Homo neanderthalensis, 그리고 30만 년 전 아프리카에 살았던 우리 호모 사피엔스Homo sapiens로 이어졌다. 오늘날 우리 호모 사피엔스를 제외하고 지금까지 설명한 모든 호모 속은 멸종했다. 마지막까지 살아남은 여러 계보의 마지막 연대를 추적해보면, 우리 호모 사피엔스가 그들의 거주지에 도착한 시기는 그들의 마지막 시기와 일치한다. 이 기이한 우연의 일치는 다음과 같이 간단히 설명할 수 있다. 우리 조상 사피엔스 종은 아프리카에서 다른 호모 종을 죽이고, 아프리카를 떠나 유럽으로 건너가 네안데르탈인을 죽인 다음, 나머지 호모 종을 모두 죽이며 전 세계로 퍼져나갔다고 하면 된다. 이 이야기는 나중에 다시 살펴보기로 하고 여기서는 이쯤 해두는 것으로 하자.

이렇게 뭉뚱그려 설명하면 너무 거칠지만, 기본적으로 고대 DNA라는 분야가 처음 확립되었을 때는 비교적 최근에 살았던 인류를 대체로 이렇게 설명했다. 우리의 인간 중심 성향을 볼 때 고대 DNA 연구의 첫 번째 목표는 네안데르탈인과 초기 호모 사피엔스였다는 사실은 당연하다. 하지만 초기 연구 결과는 놀라웠다.

최초의 네안데르탈인 DNA 염기서열은 1997년에 발표되었다. 네안데르탈인을 연구하는 다른 유전학 연구와 마찬가지로 이 연구 역시 당시 뮌헨 대학교 교수였고 지금은 라이프치히 막스 플랑크 진화인류학 연구소의 유전학 부서장인 스반테 파보가 주도했다. 1997년, 파보와 동료들은 네안데르탈인의 미토콘드리아 DNA에서 얻은 작은 염기서열 단편을 분석한 결과를 발표했다. 미토콘드리아 DNA는 다음과 같은 몇 가지 이유로 고대 DNA 연구가 주목하는 표적이다. 첫째, 미토콘드리아는 세포핵 외부에 있는 소기관으로 자체 유전체를 지니는데, 단 두 개뿐인 핵 유전체 사본과 달리 모든 세포에는 미토콘드리아 유전체 사본이 수천 개 있다. 미토콘드리아 DNA가 핵 DNA보다 화석에 남아 있을 가능성이 더 크다는 의미다. 둘째, 미토콘드리아는 모계로 유전되므로 미토콘드리아 DNA를 이용하면 진화사를 쉽게 해석할 수 있다. 파보가 1997년에 발표한 미토콘드리아 DNA는 현생인류 미토콘드리아와 전혀 달라서, 화석 연구 결과와 마찬가지로 네안데르탈인과 현생인류가 다른 경로로 진화했음을 밝혔다. 다른 네안데르탈인의 뼈에서 회수한 미토콘드리아 DNA 단편도 곧 진화 계통도에 추가되었다. 모든 데이터가 가리키는 결론은 같았다. 네안데르탈인과 현생인류는 아주 비슷하지만 적어도 수십 만년은 따로 진화해온, 분명 다른 진화적 계보다.

거의 10년 동안 네안데르탈인과 현생인류의 관계에 대해 밝힌 고대 DNA는 이것이 전부였다. 그 후 2000년대 초 DNA 염기서열분석이라는 경제적이고 실용적인 새로운 방법으로 네안데르탈인 핵 유전체 염기서열을 분석할 수 있게 되었다. 2006년, 당시 파보 연구팀의 박사후연구원이던 에드 그린Ed Green이 이끄는 팀은 네안데르탈인의 전체 핵 유전체 지도화가 곧 가능해지리라는 개념 증명 논문을 발표했다. 이들이 이용한 염기서열분석 데이터는 네안데르탈인 핵 유전체의 약 0.04퍼센트밖에 되지 않았지만, 이 논문은 오늘날 모든 고대 DNA 연구에서 이용하는 방법을 확립했다는 의미가 있다.

2010년, 에드 그린과 스반테 파보 및 여러 팀이 협력해 고대 DNA로 완벽한 네안데르탈인 유전체 염기서열 초안을 만들어 인간 진화의 역사를 새로 썼다. 처음이지만 분명 마지막은 아닐 성과였다. 연구팀은 이 최초의 유전체 염기서열 초안을 바탕으로, 화석 기록상 전형적인 네안데르탈인 외양을 갖춘 최초의 호미닌이 유럽에 나타난 약 46만 년 전에 네안데르탈 개체군과 현생인류 개체군이 분리되었음을 확인했다. 하지만 데이터는 놀라웠다. 네안데르탈인 DNA로 확인된 일부 단편이 현생인류 유전체에도 나타난 것이다. 즉 진화 계통도가 실은 깔끔하게 갈라진 것이 아니라 네안데르탈인과 현생인류가 갈라졌다가 다시 합쳐진 것이라고밖에 설명할 수 없다.

2010년 이후 고대 DNA를 추출해 염기서열을 분석하고 유전체로 조합하는 기술이 계속 발전하며 12만 년 전에서 3만 9,000년 전 사이 유럽과 시베리아에 살았던 네안데르탈인 십수 명의 유전체를 얻었다. 유전체 분석 결과에 따르면 네안데르탈인은 작은 개체군을 이루어 살았고 다른 네안데르탈인 개체군과는 지리적으로 서로 떨어져 있었다. 최초의 네안데르탈인 유전체에서 밝혀진 사실도 다시 확인했다. 네안데르탈인과 호모 사피엔스는 진화적으로 깊이 얽혀 있다는 사실이다. 유전체 데이터에 따르면 화석 기록보다 두 계보가 더 자주 접촉해서 짝짓기하고 유전자를 교환했다는 증거를 볼 수 있다. 그 결과 오늘날 우리 유전체에는 네안데르탈인 DNA가 일부 들어 있다.

DNA를 연구하기 시작하자 인간 진화의 비밀을 담은 보관소였던 화석의 지위가 위협받았고, 고대 DNA를 분석한 다음과 같은 두 가지 결과가 발표되자 화석의 지위는 완전히 땅에 떨어졌다. 첫째, 시베리아 데니소바 동굴Denisova Cave에서 발견된 약 8만 년 된 손가락뼈를 염기서열분석한 결과 네안데르탈인도 현생인류도 아닌, 지금까지 밝혀지지 않은 다른 호미닌의 뼈로 밝혀졌다. 둘째, 스페인 동굴에서 발견된 42만 년 된 호미닌 뼈 유전체를 염기서열분석하자 더욱 혼란스러운 결과가 나타났다.

2008년, 러시아 고고학자들은 시베리아에 있는 알타이산맥의 데니소바 동굴을 발견했다. 그리고 그곳에서 수만 년 된 어린 소녀의 손가락뼈 일부를 발굴한 것이다. 뼈는 커피콩 크기에 불과했지만 DNA 보존 상태는 놀라울 정도로 양호했다. 이 뼈의 DNA를 현생인류 및 네안데르탈인 DNA와 비교하자 그때까지 화석 기록에 전혀 등장하지 않았던 완전히 새로운 호미닌 종의 뼈라는 사실이 밝혀졌다. 파보 팀은 이 새로운 인간 계보를 뼈가 발견된 동굴의 이름을 따 데니소바Denisova인이라고 불렀다.

소녀의 뼈에서 나온 유전체 데이터를 분석한 결과 네안데르탈인 계통이 지금의 현생인류로 이어지는 계통과 갈라진 직후인 39만 년 전, 네안데르탈인 한 무리가 유럽을 떠나 아시아 전역으로 퍼져나가기 시작했음이 밝혀졌다. 이들이 데니소바인이다. 물론 이야기는 이것이 전부는 아니다. 이후 발굴된 화석에서 고대 DNA를 분석한 결과 네안데르탈인은 수십만 년 후 다시 유럽에서 아시아로 잠시 돌아와 데니소바 동굴에 머물렀다는 사실이 밝혀졌다. 동굴에서 네안데르탈인은 데니소바인과 공간 이외의 다른 것도 공유했다. 2018년, 파보 팀은 데니소바 동굴에서 발견된 약 9만 년 된 여성 화석을 분석한 결과 어머니는 네안데르탈인이고 아버지는 데니소바인이라고 설명했다. 이 뼈는 길이 3센티미터, 너비 1센티미터에 불과해 형태학적으로 완전히 알아보기는 힘들었다.

데니소바인은 후기 홍적세 동안 널리 퍼졌다. 데니소바인이 살았다는 화석 증거 대부분은 데니소바 동굴에서 나왔다. 이곳에서 발견된 치아 네 점과 여러 뼛조각을 DNA 및 단백질 기반 분석법으로 확인한 결과 데니소바인의 뼈로 확인되었다. 하지만 2019년 티베트고원 동굴에서 발견된 16만 년 된 턱뼈를 단백질 서열분석한 결과, 데니소바인이 알타이산맥 바깥에서도 살았다는 확실한 증거를 최초로 얻었다. 하지만 이 화석이 발견되기 전에도 현생인류 유전체 데이터로 볼 때 데니소바인, 또는 데니소바인과 비슷한 호미닌이 널리 퍼져 있음을 알 수 있었다. 오늘날 오세아니아 원주민 유전체 중 약 5퍼센트는 오늘날 파푸아뉴기니에 퍼져 현생인류가 된 데니소바인 비슷한 호미닌이 뒤섞인 유전체에서 왔다.

화석의 지위를 위협한 두 번째 일격은 몇 년 후 찾아왔다. 역시 파보 팀의 마티아스 마이어Matthias Meyer가 이끄는 팀은 스페인 아타푸에르카산맥Atapuerca Mountains의 시마 데 로스 우에소스Sima de los Huesos 동굴계에서 발견된 42만 년 된 호미닌 뼈를 통해 고대 DNA를 회수했다. 시마 데 로스 우에소스에서 발견된 스물여덟 명의 호미닌 뼈는 골격이 거의 완벽하게 보존되어 있었는데, 이 뼈 주인의 분류학적 정체성은 항상 논쟁거리였다. 마드리드 콤플루텐세 대학교의 고인류학자 후안루이스 아르수아가Juan-Luis Arsuaga는 수십 년 동안 이 잔해를 발굴하고 연구해 이들이 초기 네안데르탈인이라고 확신했다. 하지만 다른 연구자들은 이건 하이델베르크인이 맞다고 주장했다. 마이어 팀이 이 뼈 중 하나에서 미토콘드리아 유전체와 핵 유전체 일부를 조합했지만 아무것도 입증할 수 없었다. 미토콘드리아로 볼 때 시마 데 로스 우에소스에서 발견된 인간은 후기 네안데르탈인보다는 데니소바인과 비슷했다. 하지만 핵 유전체로 보면 전형적인 네안데르탈인이었다.

대체 어떻게 된 일일까?

가설일 뿐이지만 한 가지 가능성은 후기 네안데르탈인에게서 발견된 미토콘드리아 DNA가 네안데르탈인이 아닌 다른 계보에서 유래되었다고 볼 수 있다. 2017년, 과학자들은 모로코 제벨 이르우드Jebel Irhoud 유적지에서 약 31만 5,000년 전 현생인류 화석을 발견했다. 현생인류가 당시 이렇게 북쪽까지 올라와 살았다면 그들은 더 북쪽으로 나아갔을 것이고 아마 도중에 네안데르탈인을 만나 짝짓기했을 것이다. 당시 네안데르탈인의 개체군은 작았기 때문에 미토콘드리아 DNA 같은 네안데르탈인 유전체 일부가 이 초기 현생인류 DNA로 대체되었을 수도 있다. 이 가상 시나리오는 시마 데 로스 우에소스 네안데르탈인이 후기 네안데르탈인과 다른 미토콘드리아 염기서열을 지니는 이유를 설명할 수 있다. 후기 네안데르탈인은 현생인류로 이어지는 계통에서 진화한 미토콘드리아 DNA를 갖고 있다가 제벨 이르우드에서 발견된 것과 같은 초기 현생인류와 교배한 뒤 네안데르탈인 개체군에 포섭된 것과 달리, 시마 데 로스 우에소스 네안데르탈인은 '오리지널' 네안데르탈인 미토콘드리아 DNA를 갖고 있었다. 이것이 사실이라면 우리 계통은 지난 수십만 년 동안 한 번 이상 아프리카를 떠났다는 의미다.

자, 이제 고대 DNA 이야기를 요약해보자.

유전 기록으로 추정해보면 46만 년 전쯤, 아마도 아프리카에서 현생인류와 네안데르탈인이 두 계보로 분리되었다. 이들 중 하나는 아프리카에 남아 현생인류로 진화했고, 다른 하나는 유럽을 향해 북쪽으로 퍼져나가 원시 네안데르탈인으로 진화했다. 시마 데 로스 우에소스 뼈가 발견된 42만 년 전 어느 시점에서 원시 네안데르탈인 계보는 둘로 갈라졌다. 하나는 뒤에 남아 서부 네안데르탈인으로 진화했고, 다른 하나는 동쪽으로 퍼져나가 동부 네안데르탈인이라 불리는 데니소바인으로 진화했다. 서부 네안데르탈인과 데니소바인은 분리되었지만, 진화적으로 우리와 미토콘드리아 염기서열이 비슷한 독일 네안데르탈인이 발견된 12만 5,000년 전, 현생인류는 화석 기록이 시사하는 것보다 훨씬 일찍 아프리카를 빠져나와 이주했고 서부 네안데르탈인과 짝짓기하고 사라졌다. 일부 서부 네안데르탈인은 이 초기 현생인류에서 미토콘드리아 DNA를 물려받았다. 초기 현생인류 미토콘드리아 DNA를 지닌 네안데르탈인은 동쪽으로 흩어져 데니소바인을 만나 짝짓기했다. 7만 년 전 어느 시점에서 현생인류는 아프리카에서 다시 유럽으로 옮겨가 이번에는 더 오래 머무르며 번성했다. 그곳에서 현생인류는 다시 네안데르탈인을 만나 짝짓기했다. 그다음 동쪽으로 흩어지며 네안데르탈인과 데니소바인을 만나 짝짓기하고 이들을 대체했다.

그렇다면 우리 진화의 역사에는 왜 이렇게 여러 번의 교배가 있었을까? 표면적으로는 간단하다. 그럴 수 있으니까. 당연하지 않은가? 이 개체군이 서로 만났을 때 유전적 흐름을 막을 장벽이 없었기 때문에 유전자 교환은 당연히 일어날 수밖에 없었다. 하지만 생식 장벽이 없었다는 점에서는 진화적 이점도 있다. 개체군이 잠시라도 한곳에 정착하면 생존을 위해 지역 병원체에 대한 면역부터 지역 기후나 식량에 대한 다양한 적응력을 얻게 된다. 그리고 우리 조상은 진화적으로 먼 친척과 짝짓기하며 새로운 환경에서 생존하고 번성하는 데 도움이 되는 유전자를 물려받았다.

가까운 과거에 일어난 교배와 유전자 흐름이 진화적으로 유용했다면 진화 역사 전체에서도 종간 유전자 이동이 유용했을까? 화석 기록에 따르면 호모 에렉투스 개체군은 초중기 홍적세 동안 아시아 여러 지역에 살았다. 흩어진 네안데르탈인이나 데니소바인이 이런 초기 호미닌과 만났다면 아마 서로 짝짓기했을 것이다. 일부 연구자들은 실제로 이미 정착하고 있던 호모 에렉투스와 동쪽으로 퍼진 네안데르탈인 사이에서 데니소바인이 탄생했을 가능성을 제기한다. 화석 기록도 이 가설을 일부 뒷받침한다. 데니소바 동굴에서 발견된 치아 두 점은 DNA가 데니소바인과 비슷하지만 너비가 약 1.5센티미터로 네안데르탈인의 것이라고 보기에는 너무 크다. 이 치아의 주인은 후대 호미닌과 달리 풀 같은 질긴 음식을 이로 갈아 먹었으리라 추정되므로 더 오래된 것으로 보인다. DNA 데이터도 이 가설에 힘을 보탠다. 남쪽에 데니소바인이 살았다는 화석 기록은 없으므로 현생인류는 데니소바인 같은 호미닌을 만나기보다는 오세아니아로 퍼져 나중까지 살아남은 호모 에렉투스와 교배하거나 아직 발견되지 않은 계보를 만나 교배했을 수 있다. 이 시나리오에 따르면 호모 에렉투스 계보를 지닌 네안데르탈인인 데니소바인과, 네안데르탈인과 데니소바인 계보를 모두 지닌 현생인류인 현생 오세아니아인이 왜 다른 지역 현생인류의 계보와 비슷하지만 똑같지는 않은 패턴을 보이는지 설명할 수 있다.

물론 이 시나리오는 지금까지 얻은 데이터를 나나 다른 연구자들이 해석한 추측일 뿐이다. 새로운 화석이나 고대 유전체 서열분석 결과가 밝혀진다면 필연적으로 인류 역사를 지우고 새로 써야할 것이다. 분명한 사실은 우리가 아직 우리 인류의 역사를 자세히는 알지 못한다는 점이다.

한편 아프리카에서는

유라시아에서 네안데르탈인과 데니소바인이 번성하는 동안 아프리카에서는 여러 호모 속이 진화했다. 데이터에 따르면 우리 종 호모 사피엔스는 35만 년 전에 진화했다. 그로부터 적어도 십만 년 동안 아프리카에는 적어도 호모 속이 두 계보 공존했다. 우리 호모 사피엔스와 호모 날레디Homo naledi다. 호모 날레디는 2015년 남아프리카 라이징스타Rising Star 동굴계에서 발견된 호미닌인데 몸집과 뇌가 작다. 호모 사피엔스가 정확히 아프리카 어디에서 처음 등장했는지는 알 수 없지만 20만 년 전에서 10만 년 전쯤이 되는 호모 사피엔스 화석은 아프리카 대륙 전역에서 발견된다. 살아 있는 사람의 유전체 데이터를 보면 이 초기 인류는 작고 서로 떨어진 개체군을 이루었지만 거주지를 옮겨가며 개체군이 늘었다 줄었고 때로 DNA가 개체군을 넘나들며 이어지기도 했다.

다른 일도 벌어졌다. 약 30만 년 전 중석기시대 동안 아프리카 전역 고고학 유적지에서는 인간이 점점 복잡한 행동을 했다는 증거가 나타났다. 31만 5,000년 전 초기 현생인류가 살던 모로코 제벨 이르우드에는 돌을 구워 쉽게 조각낸 후 도구로 만든 인간이 나타났다. 약 10만 년 전 북부와 동부, 남부 아프리카에 살던 호모 사피엔스는 조개껍데기나 타조알로 구슬을 만들고 염료로 정교한 기하학적 디자인을 그려 장신구를 꾸몄다. 중석기시대 초기 호모 사피엔스가 이룬 혁신에는 낚시, 작은 동물을 잡는 덫의 제작, 흑요석 같은 재료의 장거리 운송, 장례 의식 개발, 발사되는 무기 같은 복합적인 도구 제작 등이 있다. 모두 기술, 행동, 문화의 복잡성이 늘었다는 증거다.

행동 현대성이라고도 하는 이 행동 복잡성은 어떻게, 얼마나 빨리 이루어졌을까? 최근까지 많은 고인류학자는 오늘날 현생인류의 행동이 한 번의 유전적 변화로 단번에 발생했다고 믿었다. 하지만 아프리카 대륙 전역에서 더 오래된 고고학적 기록이 완벽한 상태로 발견되자 이런 믿음은 뒤집혔다. 오늘날 이 분야의 많은 연구자는 행동 현대성이 수백만 년은 아니더라도 수십만 년에 걸쳐 점진적으로 진화하며 문화와 기술에서 변화를 이루고 혁신을 거듭해왔다고 생각한다. 고고학적 기록에 따르면 10만 년 전에서 5만 년 전 사이 기술이 급격히 발전했다. 과학자들은 인구 증가, 장거리 이동 및 이에 따른 문화 교류, 유전 등이 최종적으로 행동 복잡성을 지닌 현생인류를 만드는 데 어떤 역할을 했는지 탐구한다.

네안데르탈인과 데니소바인의 DNA는 이런 변화를 탐색하기 위해 우리 유전체 어디를 살펴보아야 할지 몇 가지 단서나 지침을 준다. 우리 대부분의 유전체 중 1퍼센트~5퍼센트는 고대 친척과 혼혈인 조상으로 거슬러 올라간다. 하지만 우리 모두가 같은 고대 DNA를 물려받지는 않았다. 우리는 각자 다른 고대 DNA 신장부stretch를 물려받았다. 사실 오늘날 우리에게 퍼져 있는 고대 유전체를 모두 합치면 네안데르탈인과 데니소바인 유전체의 거의 93퍼센트를 구성할 수 있다.

그렇다면 나머지 7퍼센트는 어디에서 왔을까? 흥미로운 지점은 바로 여기다.

우리를 인간으로 만드는 유전자

네안데르탈인과 현생인류 부모에게서 태어난 아이는 각 부모 유전체의 완전한 사본을 하나씩 갖고 태어난다. 아이가 남성인지 여성인지에 따라 이 아이의 정자나 난자 유전체는 분열한 다음 염색체chromosome당 대략 한 번씩 재조합recombine해 부모의 유전체가 결합한 새로운 유전체를 만든다. 따라서 각 정자나 난자 세포에는 네안데르탈인 50퍼센트와 현생인류 50퍼센트로 된 유전체가 들어 있다. 이 아이가 자라 현생인류와 짝을 이루면 그 자손은 부모로부터 물려받은 네안데르탈인 50퍼센트와 현생인류 50퍼센트 잡종인 유전체 사본 하나와 현생인류 100퍼센트인 유전체 사본 하나를 갖는다. 이 유전체가 재조합되면 평균적으로 네안데르탈인 유전체 25퍼센트를 지닌 정자나 난자가 만들어진다. 네안데르탈인과 더 교배하지 않아 네안데르탈인 DNA가 더 끼어들지 않는다면 유전체는 세대를 거치며 계속 희석된다. 오늘날 우리 대부분의 유전체에는 고대 DNA가 약간씩 있으며, 이 DNA는 양쪽 부모로부터 물려받았을 가능성이 크다.

　　고대 조상과 현생인류 조상은 교배하며 각자 수십만 년 동안 별개의 경로로 진화해온 DNA를 교환했다. 그런데 시간이 지나며 DNA 신장부에 돌연변이가 일어났다. 이 돌연변이 일부는 각 계보를 독특하게 만들었다. 하지만 두 계보가 교배하고 유전체가 재조합될 때, 중요한 계보 특이적 돌연변이를 갖지 않은 아기가 태어날 수도 있다. 현생인류 어머니에게서 태어난 아기가 중요한 인간 고유 돌연변이를 갖지 못하고 대신 고대 조상 유전체 일부를 물려받았다면 이 아기는 행동 복잡성을 가진 인간 개체군에서 살아남지 못하고 죽었을 것이다. 인간 고유 DNA 신장부가 없는 아기는 살지 못하므로, 시간이 지나며 이 작동 불능 DNA 신장부는 자연 선택에 따라 결국 인간의 유전자 풀gene pool에서 사라진다. 이런 사라진 DNA 신장부가 오늘날 인간에 남지 않은 7퍼센트의 고대 유전체일 것이다. 무엇이 인간을 다르게 만들었는지 밝히기 위해 살펴보아야 하는 유전체는 바로 이 지점이다.

최근 과학자들은 수만 가지 인간 유전체와 잘 보존된 고대 유전체 일부를 서열분석했다. 이 결과를 이용해 우리가 고대 DNA에서 거의 물려받지 않은 유전체 신장부 목록을 얻었다. 앞서 언급한 결정적인 7퍼센트다. 다음 할 일은 이 7퍼센트를 우연히 사라진 DNA 신장부와, 사람과 공존할 수 없어 폐기된 DNA 신장부로 분류하는 일이다. 유전체의 모든 부분이 실제로 어떤 역할을 하는지 모두 알지는 못하므로 이 단계는 특히 어렵다. 유전자를 찾거나 혹은 유전자가 언제 켜지고 꺼질지 제어하는 유전체 부위를 확인하는 일은 가능하다. 하지만 유전자 간의 상호작용이나 유전자 사이의 공백 또는 알 수 없지만 중요한 기능을 할지도 모르는 유전체 요소의 중요성은 여전히 연구 중이다.

우리 연구팀이나 다른 연구팀은 과학자들이 가장 잘 아는 유전체 부분을 먼저 살펴보았다. 바로 유전자gene다. 유전자 내에서 일어난 어떤 돌연변이는 다른 돌연변이보다 영향력이 크다. 예를 들어 전사transcription서열을 바꾸는 돌연변이는 단백질 서열을 바꾸지 않는 돌연변이보다 기능적으로 더 큰 차이를 만든다. 돌연변이가 우리에게 얼마나 널리 퍼져 있는지 알아내면 이 돌연변이의 영향력을 측정할 수 있다. 어떤 사람이 자신의 DNA 신장부에 고대 DNA가 아닌 특정 돌연변이를 갖고 있다면, 이 돌연변이는 초기 인간에게 어떤 식으로든 이로운 돌연변이였을 가능성이 크다.

최근 나와 에드 그린, 네이선 셰퍼Nathan Schaefer는 이 방법을 이용해 인간의 고유 유전체를 밝혔다.

사람 대부분이 가지고 있는 어떤 DNA 신장부에 고대 DNA는 없지만 인류가 고대 친척에서 갈라진 뒤 진화한 돌연변이가 있다면 이 부분이 인간 고유 유전체일 것이다. 그런데 인간 고유 유전체는 우리 DNA의 1.5퍼센트에 불과했다. 예상했던 7퍼센트보다 훨씬 적었다. 이제 우리와 다른 연구진은 이 1.5퍼센트의 유전체에 있는 유전자를 상세히 살펴 무엇이 우리를 인간으로 만드는지 알려줄 단서를 찾기 시작했다.

인간 고유 유전체에 있는 유전자 중 하나는 바로 신경종양성복부항원1(NOVA1, Neuro-Oncological Ventral Antigen 1)이라는 유전자다. NOVA1은 유전자 단편을 접합해 여러 단백질을 만드는 과정을 제어하므로 마스터 조절 유전자master regulator라고 불린다. 재미있게도 NOVA1은 뇌 발달 초기에 가장 활성화되므로 NOVA1 유전자에 돌연변이가 일어난 사람은 흔히 신경 장애를 겪는다.

살아 있는 사람은 모두 단일한 NOVA1을 지니는데, 이 NOVA1은 네안데르탈인이나 데니소바인을 포함한 모든 척추동물의 NOVA1과 다르다. 하지만 차이가 크지는 않다. 우리 NOVA1에는 돌연변이가 하나 있는데 모든 인간이 가지고 있는 인간 고유 유전체에 이 돌연변이가 존재한다는 사실은 우리의 NOVA1이 고대 친척의 NOVA1과 달리 작동한다는 좋은 증거다. 에드 그린과 나는 이 돌연변이가 어떤 역할을 하는지 밝히기 위해 샌디에이고 캘리포니아 대학교의 알리손 무오트리Alysson Muotri 연구실과 협업했다. 무오트리 팀의 박사후연구원인 클레버 트루히요Cleber Trujillo는 인간 세포에 고대 NOVA1 유전자를 유전체에 삽입한 다음 이 세포를 실험실 배양접시에서 자라는 뇌 오가노이드organoids에 옮겨심었다. 클레버는 뇌 오가노이드가 자라며 세포 크기, 모양, 유동성이 어떻게 달라졌는지 추적한 후 우리에게 데이터를 보내 어떤 단백질이 생성되었는지 분석하게 해주었다. 클레버는 고대 NOVA1을 지닌 뇌 오가노이드가 유전자 편집하지 않은 뇌 오가노이드보다 느리게 자란다는 사실을 확인했다. 인간 NOVA1을 지닌 세포에서 배양된 뇌 오가노이드는 표면이 매끄러웠지만, 고대 NOVA1을 지닌 뇌 오가노이드는 특이하게도 표면이 푹신했다. 에드워드 라이스Edward Rice와 네이선 셰퍼, 에드 그린 그리고 내 실험실 학생들은 데이터를 분석해 오가노이드에 어떤 NOVA1이 들어있느냐에 따라 수백 개의 유전자가 달리 접합된다는 사실을 확인했다. 다양하게 접합된 여러 유전자는 신경 세포의 성장 및 분화, 시냅스 간 연결 형성처럼 중요한 뇌 발달 기능에 관여한다. 흥미진진한 연구이지만 지금까지 완료된 실험은 여기까지다. 우리 연구를 포함해 앞으로 더 연구가 진행되어야 다양한 인간 세포주에서 서로 다른 유전체가 얼마나 널리 퍼져 있는지, 이런 차이가 인간의 신체적·인지적 발달에 어떤 역할을 하는지 밝힐 수 있을 것이다. 무엇이 우리를 인간으로 만드는지 답하기에는 아직 부족하지만 가능한 방향으로 나아가고 있음은 분명하다.

인간 고유 유전체 1.5퍼센트에는 우리를 고대 친척과 구별하는 흥미롭고 중요한 단서가 많이 포함되어 있다. 인간 고유 유전체에 있는 여러 유전자는 어떤 식으로든 뇌 발달에 관여한다. 식습관, 소화, 면역 체계, 체내 시계 등 중요한 과정에 영향을 미치기도 한다. 하지만 여기서 잠깐, 다른 인간은 물론 고대 친척에게서 물려받은 93퍼센트의 유전체로 다시 돌아가보자. 우리 유전체의 일부인 이 부분에는 두 가지 중요한 의미가 있다.

첫째, 전 세계 인구가 물려받은 DNA 패턴을 살펴보면 특정 고대 유전자를 물려받는 일이 때로 인간에게 도움이 된다는 사실이 분명해진다. 예를 들어 오늘날 티베트 고지대 사람들은 저지대 사람들보다 데니소바인 같은 고대인에서 온 내피세포PAS도메인단백질 1(EPAS1, endothelial PAS domain protein 1) 유전자를 갖고 있을 가능성이 크다. 고대 EPAS1은 적혈구를 변형해 공기 중 산소가 희박한 환경에 적합하게 만드는데, 고대 EPAS1을 물려받은 오늘날 티베트인의 조상은 인간 EPAS1을 물려받은 조상에 비해 고지대에서 더 잘 생존했다는 의미다.

EPAS1은 고대 DNA가 현생인류에게 도움이 된다는 유일한 증거는 아니다. 여러 현생인류 개체군의 면역 관련 유전자에는 고대 변이체가 있다. 고대 유전자를 물려받은 사람이 지역 병원체에 노출되었을 때 유리하기 때문일 것이다. 피부나 머리카락 색소 유전자, 신진대사 관련 유전자에서도 고대 유전자가 일부 인간 개체군에 널리 퍼져 있으며 일부 유럽인에서 파란 눈 빈도가 높은 것은 네안데르탈인에서 인간으로 이어진 DNA 때문이다.

둘째, 네안데르탈인과 데니소바인이 정착지에 적용하며 진화한 돌연변이를 포함해 고대 친척의 유전체가 오늘날 인간에게도 그렇게 많이 남아 있다는 사실은 조금 의외다. 고생물학자들은 흔히 행동 복잡성을 지닌 호모 사피엔스가 멸종시킨 최초의 종 중 하나가 네안데르탈인이라고 주장한다. 하지만 우리 유전체를 살펴보면 이런 주장은 너무 단순하다. 우리 조상은 단순히 네안데르탈인을 멸종시키지 않았다. 조상들은 네안데르탈인을 이용해 자신을 개선한 것이며 네안데르탈인 멸종은 앞으로 다가올 일의 전조였다.

03

전격전을 펼치다

2007년 여름, 러시아 모스크바에 있는 특별한 박물관을 방문했을 때 나는 후회할 만한 행동 한 가지를 했다. 동료들이 말렸는데도 5만 년 된 화석을 손으로 만진 것이다. 그것은 한때 시베리아에 살던 털북숭이 코뿔소에 달려 있던 뿔이었다. 뿔을 손에 쥔 순간 엄청난 경외심이 일었다. 수천만 년 이어진 진화적 혁신의 후예이자 오늘날 지구상에서 가장 위협받는 종의 오랜 친척인, 그리고 오래전 사라진 동물 일부가 내 손에 있었다. 이 코뿔소의 죽음, 그리고 코뿔소 종 전체의 죽음이 우리 인간의 잘못일 수도 있다는 생각이 들었다.

움직이도록 조립된 동굴사자 뼈와 화려한 현대 상아 조각품 판매대에 둘러싸인 채 북적이는 박물관 맨 아래 선반에 놓인 털북숭이코뿔소 뼈는 인공 노을 볕을 쬐고 있었다. 우리 조상이 위협한 생물 다양성이 인간의 탐욕과 나란히 놓여 있는 설정은 너무나 완벽하고 부당했다. 10여 년이 지난 지금도 그 뿔을 만진 후 끈질기게 손에 남아 있던 악취를 떠올리면 여전히 당혹감과 후회가 뒤섞인 불편한 감정이 일어난다.

박물관 방문은 실망스럽지는 않았다. 나는 매머드 진화의 여러 면에 관심 있는 몇몇 과학자들과 함께 모스크바를 방문했다. 우리는 일주일 뒤 야쿠츠크에서 열릴 제4차 국제 매머드학회에 참가할 예정이었는데 그전에 아프리카, 북아메리카, 유럽에서 온 우리는 빙하기 동물을 오랫동안 연구해온 러시아 고생물학자 안드레이 셰르Andrei Sher와 그의 동료인 기업가이자 매머드 애호가 표트르 시드롭스키Fedor Shidlovskiy의 초대를 받아 일주일 동안 모스크바에서 관광하며 지내기로 했다.

모스크바에서 보낸 일주일은 예측할 수 없는 모험의 연속이었다. 관광객으로 보낸 첫날, 우리는 성 바실리 대성당으로 가던 중 복잡한 골목을 겨우 빠져나오다 인도 위로 차를 모는 바람에 경찰의 제지를 받았다. 다음날에는 전날의 교훈을 싹 잊고 보행자 전용 공원을 가로질러 운전해 가다가 보스토크 로켓 복제품 옆을 걸어가는 코끼리를 만나기도 했다. 일행이지만 그날 함께 가지 않았던 코끼리 전문가이자 보전론자인 헤이지 쇼샤니Hezy Shoshani에게 그 일을 이야기하자 그는 놀라거나 다급한 목소리가 아니라 무심하게 "아프리카코끼리요? 아니면 아시아코끼리요?"라고 물었다. 우리는 모스크바 교외에서 호화로운 저녁 식사를 대접받았고 아르바트 거리에서 쇼핑도 했다. 하지만 모스크바에서 일주일을 보낸 진짜 이유는 시드롭스키가 박물관에 모아둔 화석을 살펴보고 연구에 도움이 될 표본을 얻기 위해서였다.

시드롭스키의 빙하기 박물관은 시베리아 툰드라 고생물에 바치는 열정을 물리적으로 구현한 장소였다. 이 박물관은 한때 호화로웠을 전시장, 금과 청동을 입힌 동상이 있는 화려한 분수, 그리고 소비에트 시대 기술적 성취를 재현한 복제품으로 가득 찬 널찍한 시내 공원인 전러시아 박람회장에 있었다. 2000년대 초반까지는 중고 의류, 기관총, 수제 마트료시카 인형 등 잡다한 물건을 판매하는 작은 상점이 빼곡한 오래된 건물이 박물관 주변에 늘어서 있어서 박물관 입구가 거의 보이지 않을 지경이었다. 좁고 가파른 계단참에는 파란 종이 신발 커버가 가득 들은 커다란 종이 상자가 빼곡히 배치되어 빼꼼 열린 박물관 문을 막고 있었다. 상자 위쪽 담벼락에는 신발 커버를 씌우지 않은 사람의 출입을 금한다는 내용을 손으로 써 붙인 안내문이 붙어 있었다. 우리는 계단참에 다닥다닥 붙은 채 벽에 부딪히거나 옆 사람을 팔꿈치로 찌르지 않도록 주의하며 뒤뚱뒤뚱 일회용 종이 신발 커버를 신었다. 그러고는 그다음 계단을 올라 박물관 중앙 홀로 들어선 우리는 깜짝 놀랐다.

2018년에 문을 닫기 전까지 박물관 극장이라고 불렸던 이 박물관은 빙하기에 관심 많은 어린이 가족과 학생들의 단체 관람지로 인기 있는 장소였다. 2007년, 우리가 박물관을 방문했을 때는 방문객들이 입구에서 중앙 홀로 물밀듯 밀려와 멸종한 빙하기 동물의 실물 크기 박제 위로 마음껏 기어 올라갔다. 더 깊이 들어가면 동물들의 머리뼈와 큰 뼈가 놓여 있고, 이어 시드롭스키와 친구들이 시베리아에서 조금씩 발굴한 뼛조각으로 만든 대초원들소, 동굴사자, 매머드의 완벽한 골격이 전시되어 있었다. 중앙 홀에는 새끼 매머드가 구덩이에 빠져 필사적으로 빠져나오려는 모형이 있었고 그 주위에는 시베리아를 탐험하는 시드롭스키를 보여주는 영상이 반복 재생되고 있었다. 안쪽 홀 상점에는 상아 공예품, 상아 탁자, 상아 체스 세트, 상아 조각상, 상아 장신구는 물론 상아를 조각해 만든 실물 크기의 화려한 왕좌도 있었다. 모두 매머드 뼈로 만들었다고 시드롭스키의 비서가 넌지시 알려주었다.

나는 이 감각의 홍수에 정신이 혼미해진 탓에 어리석은 실수를 저질렸다. 박물관 벽에는 특이한 표본이 줄지어 있었는데 거대한 매머드 넓적다리뼈, 완벽하게 온전히 보존된 동굴사자 머리뼈, 거대한 밝은 황백색 매머드 어금니 몇 점, 다양한 크기의 매머드와 마스토돈 치아, 그리고 털북숭이코뿔소 뿔 한 점이 보였다. 나는 털북숭이코뿔소 뿔을 그렇게 가까이서 본 적이 없었다. 그때까지 대부분의 박물관 작업은 우리가 아는 한 털북숭이코뿔소가 하나도 없는 북아메리카에서만 했기 때문이다. 털북숭이코뿔소 뿔은 너무나 아름다웠다. 짙은 회갈색에, 털북숭이코뿔소의 뿔 두 개 중 작은 뿔이었는데도 생각보다 훨씬 컸다. 뿔을 집어 들자 상상했던 것만큼 무거웠다. 표면은 거칠고 울퉁불퉁했다. 그때까지 보았던 수백 점의 빙하기 동물 뼈와는 전혀 달랐다.

나는 얼어붙은 듯 꼼짝하지 않고 털북숭이코뿔소 뿔을 한참 바라보았다. 내가 본 최초의 살아 있는 코뿔소였던, 케냐 올페제타 보호구역이-Pejeta Conservancy에 사는 검은코뿔소 모라니Morani를 떠올렸다. 겁에 질린 채 잠자는 거대동물에 기대어 사진을 찍는 나를 보고 웃던 모라니 보호 경비원의 모습이 떠올랐다. 그 뒤 나는 올페제타 등에서 죽어간 코뿔소들을 떠올렸다. 대부분은 밀렵꾼에게 잡힌 후 절망에 빠진 사람들을 꾀어내 가짜 약을 파는 사기꾼들 손에 넘어가 암시장에서 팔렸다. 나는 마지막 빙하기의 절정과 멸종 위기에서도 살아남은 털북숭이코뿔소가 교묘한 인간 포식자의 손에 놀아나고 있다는 사실을 깨달았다.

나는 동료들도 나처럼 이 강렬한 순간을 느끼거나 그 뿔을 만질 차례를 애타게 기다리고 있으리라 생각하며 뒤돌아보았다. 하지만 동료들의 얼굴에 떠오른 감정은 공포, 혐오, 경악, 놀람이었다. 나는 어색하게 미소 지으며 몇 년간 함께 일했던 고대 DNA 연구원인 이언 반스에게 뿔을 건넸다. 이언은 두 손을 번쩍 들고 고개를 절레절레 흔들며 종이 커버를 씌운 신발로 나무 바닥 위를 미끄러지듯 주춤주춤 뒤로 물러났다. 그제야 동료들의 목소리가 들렸다. "그거 만지지 마!" "너 왜 그래?" "그러지 마, 샤피로." "모스크바에 있는 비누를 몽땅 써도 그 냄새 못 없앨걸." 나는 당황해서 아름다운 화석을 선반에 되돌려 놓고 그날 두 번째 최악의 행동을 했다. 손을 바지에 문질러 닦은 것이다. 동료들이 나를 멍하게 쳐다보았다. 이언은 키득키득 웃었다. 다른 말을 하려는 걸까 싶어 뒤돌아보았다. 하지만 내 뒤엔 아무것도 없었다. 자신만만했던 나는 약간 혼란스러워하며 이언을 노려보고 팔을 허공에 거칠게 휘저었다. 두 팔을 공중에 휘젓자 폭발적인 공기가 코로 훅 들어왔다. 지독한 냄새였다.

그 순간 털북숭이코뿔소의 뿔은 털로 만들어져 있다는 생각이 떠올랐다. 케라틴이 빽빽하게 채워진 털이다. 시간이 흐르며 털은 분해되며 썩는다. 한 번도 빨지 않고 땅에 파묻혀 있다가 발굴되어 따뜻한 실내 선반에 놓여 있는 5만 년 된 털 덩어리라니, 맨손으로는 일 초도 만지고 싶지 않은 물건이었다.

화장실로 직행해 손을 씻고도 온종일 비누 여러 개를 소진하며 손을 박박 닦았지만, 내 얼굴에서는 미소가 떠나지 않았다. 어쨌든 나는 멸종한 털북숭이코뿔소 일부를 직접 만져 보았지 않은가.

여섯 번째 대멸종

코뿔소는 오랫동안 살았다. 적어도 최근 5,000만 년 동안 약 250종의 코뿔소가 진화하다 멸종했다. 어떤 코뿔소는 작고 뚱뚱해서 땅딸막

한 말처럼 보였다. 지구상에 지금까지 살았던 가장 큰 육지 포유류는 코뿔소의 일종이었다. 코뿔소는 열대지방, 온대지방, 고지대, 심지어 북극에도 살았다. 육지에 사는 코뿔소도 있고, 강에 몸을 담그고 살며 현대하마의 틈새를 채운 코뿔소도 있었다. 어떤 코뿔소는 아래턱에서 어금니가 튀어나왔고, 어떤 코뿔소는 어금니나 뿔이 없었다. 하지만 뿔이 있는 코뿔소가 가장 유명하다. 코 윗부분에서 나와 위쪽으로 구부러진 뿔 하나만 있는 코뿔소도 있고, 나란히 뿔이 두 개 난 코뿔소도 있었다. 약 2,300만 년 전 중신세 초기가 되자 코뿔소 종의 숫자와 다양성은 줄었지만 살아 있는 코뿔소도 이 조상들 못지않게 경외심을 불러일으킨다.

오늘날 코뿔소는 다섯 종이 살아남았지만 대부분 그저 버티고 있는 정도다. 수마트라코뿔소인 디세로리누스 수마트렌시스Dicerorhinus sumatrensis는 인도네시아와 말레이시아의 열대 및 아열대숲에 서식하며, 개체수는 1980년대 중반 800마리 정도였다가 현재는 100마리 미만으로 줄었다. 자바코뿔소인 리노세로스 손다이쿠스Rhinoceros sondaicus는 인도네시아 자바 서쪽에 약 60마리로 된 단일 개체군을 이루고 있다. 인도코뿔소 또는 거대 외뿔코뿔소라 불리는 리노세로스 우니코르니스Rhinoceros unicornis 역시 개체수는 줄고 있지만 지금은 성공적으로 보전한 사례로 여겨진다. 인도와 네팔 전역에서 발견되는 인도코뿔소 개체수는 20세기 초반 200마리 미만이었지만 오늘날 약 3,500마리로 회복되었다. 아프리카에는 두 종의 코뿔소가 산다. 검은코뿔소인 디세로스 비코르니스Diceros bicornis와 흰코뿔소인 세라토테리움 시뭄Ceratotherium simum이다. 1970년에는 검은코뿔소 약 6만 5,000마리가 아프리카 남부와 동부에 살았다. 하지만 안타깝게도 코뿔소 뿔을 가짜 약으로 삼는 수요가 늘며 21세기 들어 이 숫자는 96퍼센트나 감소했다.

다행히 밀렵을 막은 덕에 개체군이 천천히 회복되어 오늘날 검은코뿔소 개체수는 약 5,000마리에 이른다. 흰코뿔소의 이야기는 두 갈래로 나뉜다. 두 아종subspecies 중 남부 흰코뿔소의 상황은 다른 코뿔소 종에 비해 양호해 약 2만 마리가 남아프리카 사바나에 산다고 추정된다. 하지만 북부 흰코뿔소는 기능적으로 거의 멸종한 상태다. 살아남은 나진Najin과 딸 파투Fatu 단 두 마리는 케냐 올페제타 보호구역에서 24시간 보호받으며 산다. 나진의 아버지이자 파투의 할아버지인 수단Sudan은 45년 살다가 2018년 3월에 죽었다.

북부 흰코뿔소의 멸종은 약 1만 4,000년 전 마지막 털북숭이코뿔소인 코에로돈타 안티쿠타티스Coelodonta antiquitatis가 시베리아 툰드라 스텝 지대에서 사라진 이래 처음 발생한 코뿔소 멸종이다. 털북숭이코뿔소라는 이름은 홍적세 빙하기의 가장 추운 기간 동안 극북 지방에서 따뜻하게 지낼 수 있던 두꺼운 털 덕분에 붙은 이름이다. 빙하기에 살던 다른 코뿔소인 머크코뿔소Merck's rhino 스테파노리누스 커크베르겐시스Stephanorhinus kirchbergensis는 털북숭이코뿔소보다 약간 더 따뜻한 서식지를 선호한 탓에 더 이른 약 5만 년 전 사라졌다.

긴 뿔 하나가 있어 시베리아유니콘이라는 이름이 붙은 엘라스모테리움 시브리쿰Elasmotherium sibricum은 중앙아시아 스텝 지역의 한랭한 초본식물 초원에 살다 약 3만 6,000년 전 멸종한 세 번째 계보 코뿔소다.

추위에 적응한 이 코뿔소 세 종이 멸종한 이유는 무엇일까? 빙하기를 대표하는 다른 동물의 멸종과 마찬가지로 코뿔소 멸종의 주요 원인이 기후 변화와 인간 중 무엇인지를 두고 논쟁이 일었다. 어느 쪽 잘못이 더 큰지 따져보는 일은 수십 년 동안 고생물학 및 고고학 연구의 중심이었고, 최근에는 고대 DNA 연구자들의 관심사로 떠올랐다.

인간의 잘못은 크다. 네안데르탈인, 데니소바인, 현생인류는 모두 5만 년 전 유라시아에서 거대동물을 사냥해 잡아먹고 살았다. 3만 6,000년 전 시베리아유니콘이 멸종했고 유럽에서는 털북숭이코뿔소가 사라졌다. 네안데르탈인도 사라지자 현생인류는 털북숭이코뿔소 서식지에서 크게 번성했다. 털북숭이코뿔소는 현생인류가 전역에 퍼져나갔던 1만 4,000년 전 멸종했다. 현생인류는 심지어 시베리아와 베링육교를 건너 신대륙으로 퍼져나갔다. 털북숭이코뿔소가 멸종한 시기와 인간 개체수가 늘어난 시기가 일치한다는 사실은 부인할 수 없다. 하지만 인간이 털북숭이코뿔소를 적극적으로 사냥했을까? 시베리아에서 발견된 고고학적 증거에 따르면 인간은 코뿔소를 자주 먹지는 않았다.

털북숭이코뿔소 잔해는 2만 년 미만의 고고학 유적지 11퍼센트에서 발견되지만 코뿔소는 유적지에서 발견되는 인간의 주된 식량은 아니었다. 인간이 털북숭이코뿔소를 거의 먹지 않았기 때문인지, 코뿔소가 줄고 있어 먹을 수 있는 량이 줄었기 때문인지는 알 수 없다.

기후 탓도 못지않다. 약 3만 5,000년 전 유라시아 기후는 빙하기라고 보기에는 그다지 춥지 않은 아간빙기로 바뀌었다. 여름은 더 서늘해지고 겨울은 더 불규칙해졌으며 영양이 풍부한 초원은 이끼, 지의류, 기타 툰드라 식물로 대체되었다. 툰드라에 살던 동물 뼈에서 나온 탄소 및 질소 동위원소 신호를 보면 시베리아유니콘과 함께 대초원에 살던 사이가영양saiga antelopes이 기존 식물 대신 툰드라 식물을 먹었음을 알 수 있다. 하지만 시베리아유니콘은 먹이를 바꾸지 않았다. 아마도 그렇게 할 수 없었을 것이다. 시베리아유니콘의 치아, 큰 뿔, 낮은 머리는 땅 가까이 낮게 자라는 풀을 먹는 데 절묘하게 적응했기 때문이다. 기후가 점점 추워지며 2만 년 전 마지막 빙하기의 가장 추운 시기가 찾아왔다.

풀 외에도 이끼류와 지의류를 먹을 수 있었던 털북숭이코뿔소는 극북 지방에 살아남은 유일한 코뿔소였다. 하지만 이들의 서식 범위는 동부 시베리아에 흩어져 있는 일부 초원으로 줄었다. 마지막 털북숭이코뿔소는 우연히도 기후가 가장 온난해지는 단계로 접어든 약 1만 4,000년 전까지 살았다. 그리고 털북숭이코뿔소가 살던 초원 서식지는 관목과 나무로 대체되었다.

그렇다면 털북숭이코뿔소 멸종은 과연 누구의 책임일까? 추위에 적응한 코뿔소의 멸종은 인간 탓일까, 아니면 기후 변화 탓일까? 현재로서는 둘 다 책임이 있다는 가설이 우세하다. 3만 5,000년 전 기후가 아간빙기로 바뀌며 코뿔소 서식지가 줄었고, 네안데르탈인이나 현생인류가 코뿔소를 사냥해 코뿔소 개체군이 줄며 코뿔소가 바뀐 서식지에 적응할 기회는 사라졌다. 시베리아 북동부에서 빙하기 정점 이후 초원이 관목과 나무로 대체된 시기도 인간의 사냥 압력이 증가한 시기와 일치한다. 유죄가 입증될 때까지는 무죄이므로, 유라시아 화석과 고고학적 기록으로 볼 때 지금으로서는 인간이 털북숭이코뿔소 멸종의 주범이라고 판결하기에는 무리가 있다. 물론 시기적으로 일치한다는 점은 주목한 만하다. 하지만 앞으로 계속 살펴보겠지만 시기적 일치는 표면적인 이유에 불과하다.

지난 5만 년 동안 종의 멸종률과 멸종한 종 수는 부인할 수 없을 정도로 급증했다. 발표된 추정치는 다양하지만 대부분의 과학자는 지질학 역사상 정상 멸종률인 배경 멸종률보다 오늘날 종의 멸종률이 스무 배 이상 높다는 데 동의한다. 우리는 지구 역사상 여섯 번째 대멸종The Sixth Extinction의 한가운데에 살고 있다. 털북숭이코뿔소나 매머드 같은 거대동물군 멸종으로 시작한 대멸종은 오늘날 물고기, 노래하는 새, 야생화, 나무뿐만 아니라 달팽이나 꿀벌 같은 미세 동물군의 멸종으로 이어진다. 멸종은 연쇄 효과를 일으킨다. 멸종은 먹이 그물을 파괴하고 생태계 상호작용을 해체하며 지형을 파괴한다.

최근 발생하는 멸종 일부가 우리 탓이라는 점은 부인할 수 없다. 사람들은 20세기 첫 25년간 캘리포니아 황금곰을 마구잡이로 사냥해 멸종시켰고, 1970년대까지 카스피해 호랑이 서식지 전체를 경작지로 바꿔놓았으며, 2020년까지 코르테즈해에 남은 거의 모든 바키타돌고래를 불법으로 어획했다. 최근 일어난 이런 멸종은 우리 주변 먹이 그물에도 파급효과를 낸다. 거대 육식동물이 사라지면 이들의 먹이였던 거대 초식동물이 넘쳐나 풀이나 나무, 관목을 마구 먹는다. 이렇게 되면 작은 초식동물의 서식지가 줄고 개체군이 파괴되어 연이어 이들을 잡아먹는 작은 육식동물도 줄어든다. 최근 일어난 멸종으로 볼 때, 우리 행동이 종의 진화 궤적을 멸종으로 이끌 뿐만 아니라 근본적으로 우리를 포함한 여러 종이 사는 진화의 지형을 바꾼다는 점은 분명하다.

첫 번째 희생자

2017년, 호주 북부 마제베베Madjedbebe 바위 동굴에서 발굴된 석기 도구를 새로 연대 분석한 결과 6만 5,000년 전 인간이 그곳에 살았다는 사실이 증명되자 고인류학계는 충격에 빠졌다. 이 연대는 그전에 인간이 호주에 도착했다고 추정한 시기보다 1만 5,000년이나 앞섰다. 새로 확인된 시기가 옳다면 이 초기 호주인들은 일찍이 이미 목표를 향해 바다를 건넜거나 아프리카에서 더 일찍 빠져나온 인류 무리였을 것이다.

불과 십여 년 전만 해도 아프리카에서 인간이 두 번 퍼져나갔을 것이라는 가설을 발표했다면 비웃음을 받았겠지만 유전학·고고학적 증거가 축적되며 점차 이 가설에 힘을 보탰다. 독일에서 발견된 20만 년 된 네안데르탈 화석의 DNA로 볼 때 이들의 조상은 이스라엘 동굴에서 발굴된 18만 년 된 호모 사피엔스 턱뼈나 중국 동굴 네 곳에서 발견된 12만 5,000년 전에서 7만 년 전 사이의 호모 사피엔스 치아 및 골격과 밀접한 관련이 있다. 이 화석 연대 측정 결과나 고대 DNA 데이터가 실제로 아프리카에서 흩어져 나온 초기 현생인류의 증거라면 이 현생인류 일부는 고대 초대륙이었던 사훌 지역을 거쳐 6만 5,000년 전 마제베베에 도착했을 가능성이 크다.

그렇다면 그다음 무슨 일이 일어났을까? 호주에는 아직 마제베베와 1만 년 내로 시기가 비슷한 유적지가 없으며, 이 초기 호주인에게서 발견된 DNA 증거도 없다. 마제베베 인류는 이곳으로 와 멸종했거나 다른 인류로 대체된 초기 인류의 일부일 수도 있고, 처음 이곳으로 퍼져 온 인류의 선두주자였을 수도 있다. 하지만 빠르면 5만 5,000년 전, 확실하게는 4만 7,000년 전이 되면 분명 호주 대륙 전역에는 인간이 살았고 지금까지 계속 살고 있다.

호주에 최초의 인간이 도착했을 때는 몇 번의 빙하 주기를 거치며 대륙이 건조해진 상태였다. 초중기 홍적세를 거치며 빽빽하고 광범위하게 자라 불타기 쉬웠던 유칼립투스 숲은 7만 년쯤이 되자 화재에 좀 더 강한 성긴 관목으로 대체되었다. 다양한 토착 동물군이 이곳에 정착했고 대륙 전역에 퍼진 사람들은 거대한 웜뱃을 마주쳤다. 웜뱃은 방목 초식동물로, 가장 큰 개체는 체중이 2,700킬로그램도 넘었다. 거대한 캥거루, 오늘날 양 크기의 가시두더지, 주머니사자도 만났을 것이다. 거대한 뱀과 악어, 터무니없이 커서 날지 못하는 700킬로그램이 넘는 파멸의 악마 오리를 만났을 수도 있다. 4만 6,000년 전이 되자 이 동물들은 모두 멸종했다.

호주 거대동물군이 소멸한 시기와 인간이 호주에 정착한 시기가 일치한다는 사실은 그저 우연일까? 인간이 도착하기 수십만 년 전 호주는 광범위한 산불과 천천히 악화하는 기후로 충격을 받았다. 하지만 화석 기록으로 볼 때, 인간이 도착하기 전에는 거대동물군이 이 충격으로 영향을 받아 감소하지는 않았다. 정작 호주 거대동물군이 급격히 감소한 시기는 인간이 대륙 전반에 퍼졌을 무렵이다. 인류가 호주에 처음 등장했을 당시 호주 기후가 전반적으로 급격한 변화를 겪었다는 기록은 없다. 국지적으로 기후가 변하기는 했지만 거대동물군은 분류학적으로 다양했고 여러 식물이나 먹이를 먹고 다양한 서식지에서 생존할 수 있었기 때문에 이동하거나 피난해서 생존할 기회가 있었다. 하지만 거대동물군은 그렇게 하지 않았다.

식물군 변화, 화재 빈도 변화, 인간의 도착 및 거대동물군의 멸종처럼 고대 호주에서 일어난 사건의 시기와 순서를 정확히 파악하기는 어렵다. 20세기 후반이 되자 호주 거대동물군 일부가 3만 년 전까지도 살았다는 방사성탄소연대측정 증거가 쌓였다. 이런 결과는 호주 거대동물군과 인간이 1만 5,000년 이상 공존했으므로 인간이 이들의 멸종에 책임이 없다는 주장을 뒷받침했다. 하지만 새로운 방법으로 동물 화석 연대를 측정하자 실제로는 훨씬 더 오래된 것으로 드러났다. 적어도 4만 7,000년 전 인간은 호주에 널리 퍼졌고, 호주 거대동물군은 지역과 측정 오차에 따라 수천 년 정도 차이가 있지만 대략 4만 6,000년 전 멸종했다. 인간은 호주 토착 거대동물군과 공존했지만, 그 시간은 그리길지 못했다.

인간이 호주 거대동물군 멸종에 책임이 있다는 정곡을 찌르는 가장 큰 증거 중 하나는 거대동물군의 배설물이다. 몇 년 전 호주 빅토리아 모나시 대학교의 산데르 판데르카르스Sander van der Kaars, 그리고 북극 고산 연구소Institute of Arctic and Alpine Research와 미국 콜로라도 대학교에서 일하는 지프 밀러Giff Miller가 이끄는 연구팀은 새로운 방법으로 호주 홍적세 역사를 재구성했다. 이들은 호주 남서부 인근 해저에 거대한 코어링coring 기계를 꽂고 긴 관으로 진흙을 빨아들였다. 관에 쌓인 진흙 덩어리는 대륙에서 바다로 쓸려가 해저에 가라앉은 흙, 꽃가루, DNA, 기타 유기체 잔해로 층을 이루고 있었다. 연구팀은 진흙 관 맨 아래 가장 오래된 층에서 맨 위 가장 최근 층까지 각 층을 조사해 인근 대륙의 서식지 변화 연대를 재구성했다.

연구팀은 방사성 탄소 및 기타 화학 신호를 조합해 진흙층에는 지난 1만 5,000년 간의 호주 남서부 동식물 역사가 담겨 있다고 결론 내렸다. 진흙에 보존된 꽃가루로 볼 때 호주 남서부 숲은 약 12만 5,000년 전 마지막 온난한 간빙기 동안 따뜻하고 습했으며, 7만 년 전 빙하기가 시작될 무렵에는 건조한 기후에 적응한 초목으로 전환되었다는 사실이 밝혀졌다. 7만 년 전에서 2만 년 전까지 퇴적물 침적 속도를 보면 그동안 기후가 매우 건조하고 서늘했음을 알 수 있다. 이 건조한 시기 동안 발견된 목탄 층을 살펴보면 언제 대형 화재가 발생했고 어떤 초목이 불 탔는지 알 수 있다. 7만 년 전은 그동안 빈번하고 강하게 일어났던 유칼립투스 숲 화재가 줄어들었으며 약한 초목 화재로 바뀐 시기다. 연구진은 다량의 배설물도 찾아냈다. 정확히 말하면 배설물의 증거인 스포로미엘라Sporormiella 곰팡이다.

스포로미엘라는 절대 분생류coprophilous인 균류다. 배설물에서만 자라는 곰팡이라는 의미다. 배설물 자체와 달리 스포로미엘라 포자는 강하며 퇴적물에 쉽게 축적된다. 상당히 자주 발견되고 초식동물과 연관이 깊으므로 고생태학 연구에서 초식동물 대신 흔히 이용된다. 스포로미엘라가 발견되면 거대동물군이 있다고 볼 수 있고, 마찬가지로 스포로미엘라가 없다면 거대동물군도 멸종했다는 의미다.

몇 년 전 나는 스포로미엘라를 이용해 알래스카 본토 서쪽 베링해에 있는 작은 섬인 세인트폴섬에서 매머드가 언제, 왜 멸종했는지 알아내는 연구팀의 일원으로 활동했다. 세인트폴섬은 약 1만 3,500만 년 전 해수면이 상승하며 본토와 단절되었다. 섬이 되며 본토 개체군과 단절된 후에도 매머드는 약 8,000년 동안 세인트폴섬에서 생존했다. 세인트폴섬에는 매머드의 포식자나 경쟁자가 없었다. 사실 매머드는 섬에 사는 유일한 육상 거대 포유류였고, 인간은 수백 년이 지나서야 이 섬에 도착했다. 따라서 이 섬에서 매머드가 멸종한 원인은 수수께끼였다.

우리는 이 수수께끼를 풀기 위해 호주 연구팀처럼 세인트폴섬에 있는 유일한 담수호인 오래된 화산 칼데라호 바닥에서 퇴적물 진흙을 채취한 다음 퇴적물 층을 아래층부터 위층까지 조사했다. 우리는 초목이 바뀌어 매머드의 먹이가 떨어졌는지 알려줄 꽃가루와 식물 거대화석을 찾았고 물이 탁하거나 염분이 있는지 알려줄 작은 곤충과 갑각류도 발견했다. 매머드가 민물을 마시러 호수로 걸어 들어가며 쌓인 DNA도 발견했다. 스포로미엘라도 있었다.

진흙층 바닥에서는 매머드 DNA와 스포로미엘라 포자가 많이 나왔지만 갑자기 약 5,600년 전이 되자 아무것도 나오지 않았다. 5,600년 전까지는 세인트폴섬의 유일한 거대 초식동물인 매머드가 있었지만 그

후 사라졌다는 의미다. 꽃가루는 큰 변화가 없었으므로 식물 군집이 변해 매머드가 굶어 죽은 것은 아니었다. 하지만 다른 변화가 있었다. 진흙층 침전 속도가 늘었고 호수가 얕아지며 염도도 높아졌다. 진흙층에서 발견한 곤충과 갑각류는 깊고 깨끗한 민물에서 사는 종에서 부유 입자가 많은 물에서도 살 수 있는 종으로 바뀌었다. 이런 결과가 답을 주었다. 약 5,600년 전, 세인트폴섬의 유일한 담수원이었던 호수는 거의 말라버렸고 결국 매머드는 극심한 가뭄 때문에 멸종했다.

호주 연구팀은 초식 포유류가 여전히 대륙에 살고 있었으므로 스포로미엘라가 진흙층에서 사라지리라 생각하지는 않았다. 하지만 진흙층에서 스포로미엘라 포자의 수를 세어 시간에 따른 초식동물 개체수 변화를 추론해 개체군이 증감한 시기를 밝힐 수 있었다. 연구팀은 진흙층 바닥에 있는 해양 토양층에서 스포로미엘라가 전체 꽃가루 및 포자의 10퍼센트를 차지한다는 사실을 발견했다. 하지만 약 4만 5,000년 전이 되면 진흙층의 스포로미엘라는 급격히 감소해 4만 3,000년 전쯤 되면 전체 꽃가루 및 포자의 2퍼센트까지 떨어졌다. 데이터에 따르면 4만 3,000년 전 인간이 처음 남서부 호주 숲 지역에 도착한 후에는 배설한 초식동물이 훨씬 줄었다.

이제 사건 종결인가? 그럴 수도 있다. 하지만 인간이 유죄라는 증거는 대부분 우연의 일치다. 인간이 호주 거대동물군을 사냥해 잡아먹었다는 고고학적 증거는 몇 가지 있다. 초기 고고학 유적지에서는 거대 웜뱃 뼈가 여럿 발견된다. 하지만 지금까지는 인간이 만든 절단 흔적은 보이지 않았다. 초기 호주인이 거대동물을 사냥했다는 가장 강력한 증거는 대륙 전역에 있는 유적지 몇 곳에서 발견된 멸종 거대 물새인 천둥새의 불탄 알껍데기다. 이 물새는 거대해서 몇 마리만 잡아도 호주 거대동물군에 불균형적으로 큰 영향을 미쳤다. 큰 동물은 작은 동물보다 자손을 적게 낳고 개체군 증가 속도도 느리므로, 한 사람이 10년에 한 마리만 잡는 비율로 사냥 압력을 가한다 해도 작은 동물보다 더 빨리 멸종한다. 호주 생태학자인 베리 브룩Barry Brook과 크리스토퍼 존슨Christopher Johnson은 이런 현상을 '감지할 수 없는 과잉 치사imperceptible overkill'라 불렀다. 이 시나리오에 따르면 초기 호주인이 미친 영향은 고고학 기록에 남지 않았지만 호주 거대동물을 멸종시키기에 충분했다.

호주 거대동물군이 멸종한 것에 인간이 직간접적으로 책임이 있는지, 혹은 전혀 책임이 없는지와 상관없이 대형 초식동물이 급격히 줄자 호주 생태계는 금방 지속적인 영향을 받았다. 큰 초식동물이 식물을 많이 먹으면 숲과 관목 생태계가 성글게 유지되고 화재 발생 시 불에 탈 연료가 줄어든다. 큰 초식동물은 씨앗을 멀리 퍼뜨리고 식물을 소화하며 영양분을 재활용하고, 땅 위를 걸어 다니며 토양 최상층을 뒤엎는다. 그런데 거대동물이 사라지자 호주 산림 생태계가 바뀌었다. 숲은 건조하고 빽빽해졌으며, 화재는 더 자주, 더 광범위하고 더 강하게 일어났다. 빈번해진 화재를 견디지 못하거나 바뀐 산림 생태계에 적응하지 못한 동식물은 이동하거나 멸종했다. 인간과 동식물이 살던 호주 생태계는 근본적으로 바뀌었다.

새로운 세계, 새로운 먹이

가장 최근 빙하기 동안 동북아시아인 일부는 이전에 아무도 가본 적 없는 방향으로 모험을 떠났다. 날씨는 춥고 식량은 부족해서 소규모 집단을 이루어 식량을 찾아 떠나야 했다. 동쪽으로 이동하는 길에는 큰 나무도 없고 초원도 적었으며 모기는 너무 많았다. 사람들은 해안선을 따라 이동하며 바다에서 먹을 것을 얻거나, 내륙으로 이동하며 들소나 매머드 같은 사냥감을 얻었다. 하지만 이들은 자신이 걸어가는 길이 다른 인간은 전에 가본 적 없는 길이라는 사실을 몰랐다. 지구가 더워지며 대륙 빙하가 녹고 해수면이 다시 상승하며 자신들이 걷는 이 땅이 언젠가는 해수면 수십 미터 아래에 잠기리라는 사실도 몰랐다. 곧 신대륙을 발견하리라는 사실도 물론 몰랐을 것이다.

베링기아에서 인간의 고고학적 증거가 발견되는 일은 드물다. 가장 오래된 것으로 알려진 유적지는 시베리아 북동쪽 베링기아 최서단에 있는 야나 코뿔소 뿔 유적지Yana Rhinoceros Horn Site다. 야나 유적지를 연구하는 고고학자들은 석기 끌, 도구, 늑대 뼈나 코뿔소 뿔 또는 매머드 상아로 만든 창 자루는 물론 도살된 매머드, 사향소, 들소, 말, 사자, 곰, 작은 곰 울버린의 뼈를 발견했다. 이 뼈와 도구 대부분은 3만 년도 넘은 것이었다. 베링육교 반대편 베링기아 최동단에 있는 캐나다 유콘 블루피시 동굴Bluefish Caves 유적지에서는 인간이 머물렀음을 알려주는 가장 오래된 증거가 나왔다. 이곳에서는 인간이 손질한 말, 들소, 양, 순록, 북아메리카 큰사슴 뼈가 발견되었고, 그중 일부는 2만 4,000년 전으로 거슬러 올라간다. 야나와 블루피시 유적지는 모두 베링기아에서 가장 오래된 고고학 유적지이자 마지막 빙하기 정점 근처까지 거슬러 올라가는 유일한 베링기아 유적지다. 이 두 곳의 데이터만으로는 인간이 언제 베링육교를 건너 대륙으로 흩어졌는지, 초기 이주민은 얼마나 많았는지 정확히 알 수 없다. 하지만 마지막 빙하기의 가장 추운 시기에 인간이 이곳 어딘가에 있었다는 사실만은 분명하다.

빙하기였지만 베링기아에서 생활하기는 그다지 나쁘지 않았다. 건조한 탓에 빙하로 뒤덮이지 않았을뿐더러 매년 비와 눈이 충분히 내려 비옥한 스텝 툰드라steppe tundra 생태계를 유지했다. 몇 안 되는 검치호랑이나 사자, 곰 같은 인간의 천적도 있었고 적당한 정착지도 드물어서 인간 가족이 다른 가족과 마주치는 일은 드물었다. 하지만 빙하기 베링기아 인의 정착지에는 먹을 수 있는 식물이 풍부했고 매머드, 들소, 말, 순록 같은 적당한 먹잇감도 많았다. 잡아먹히지만 않으면 그럭저럭 괜찮은 삶이었다.

마지막 빙하기의 가장 추운 시기쯤 인간은 베링기아 전체를 점령한 듯했다. 하지만 동쪽이나 남쪽으로 더 나아간 시기는 빙하기가 끝날 무렵이었다. 블루피시 동굴에 인간이 정착할 무렵, 이곳에는 오늘날 알래스카 남쪽 해안에서 시작해 워싱턴 주 서쪽 해안에서 대륙을 가로질러 동쪽 해안에 이르는 4,000킬로미터 너비의 빙상이 뻗어 있었다. 이 빙상 때문에 인간은 기후가 따뜻해지고 얼음이 녹기 전까지 베링기아를 벗어나지 못했다. 고고학자들은 유전 정보를 바탕으로 인간이 대륙 나머지 지역으로 나아가기 전까지 7,000년 이상 이 얼음 장벽에 갇혔다는 이론을 펼쳤다. 결국 인간은 베링기아를 벗어나기는 했지만 언제, 몇 번이나, 어떤 경로로 벗어났는지는 미국 고고학계에서 가장 오래된 논쟁 중 하나다.

인간이 남쪽으로 퍼져나갈 수 있는 길 중 하나는 서해안을 따라가는 경로다. 이곳 해양 기후는 상당히 온화했으므로 인간은 바다와 연안 담수 생태계에서 갖가지 자원을 얻을 수 있었다. 좀 더 논란의 여지가 있지만 서해안 경로와 다른 길은 대륙 중심부를 통과하는 경로다. 이 경로에는 들소 같은 사냥감이 풍부했다. 대륙 경로는 빙하기 정점 동안 이어진 작은 두 빙상이 맞붙은 지점을 통과하는 길이다. 두 빙상은 대륙 상단 중동부에 걸친 로렌타이드Laurentide 빙상과 서부 해안산맥을 따라 길쭉한 코딜레란Cordilleran 빙상이었다. 기후가 따뜻해지며 이 두 빙상이 서서히 녹아 서로 멀어졌고, 베링기아에는 오늘날의 앨버타와 서부 브리티시컬럼비아를 거쳐 남북으로 미국 본토에 이어지는 얼음 없는 통로가 생겼다.

인간이 어떤 경로로 대륙에 퍼졌는지에 대해 내가 처음 의문을 가졌을 때만 해도 1만 3,000년 전 인류가 북아메리카와 남아메리카 모두에 널리 퍼져 있었다는 생각이 지배적이었다. 두 대륙의 고고학 유적지 수십 곳에서 나온 증거로 볼 때 인간이 적어도 그때쯤에는 대륙에 정착했음이 분명했다. 이 유적지 중 하나인 오리건의 페이즐리 동굴Paisley Caves에서는 1만 4,000년 된 인간 배설물 화석이 여러 점 발견되었다. 덴마크 자연사 박물관Natural History Museum of Denmark의 고대 DNA 연구팀을 이끌며 거의 모든 것에서 DNA를 추출해서 유명해진 내 친구 톰 길버트Tom Gilbert가 확인해 준 사실이다. 인간이 자신이나 이웃의 동굴에 왜 배설물을 남겼는지는 의문이지만, 페이즐리 동굴에서 발견된 인간 배설물은 1만 4,000년 전 빙상 남쪽 오리건에 인간이 살았다는 증거다.

1만 4,000년 전이라는 확실한 연대를 볼 때, 다음과 같은 간단한 질문만 해결하면 인간이 어느 경로를 통해 북아메리카 대륙 중부에 도달했는지 알 수 있다. 당시 얼음 없는 통로를 인간이 건널 수 있었을까? 통로는 1만 4,000년 전보다 일찍 빙하가 녹기 시작하자마자 나타났음이 분명하다. 하지만 빙하 사이에 새로 난 길을 인간이 곧바로 건넜을 리는 없다. 베링기아를 통해 걸어서 빙하를 건너는 길은 멀고 험난했을 것이다. 통로에 들어간 사람은 자신이 어디로 가고 있는지, 빠져나가는 데 얼마나 걸릴지 알 수 없었다. 녹아내리는 거대한 두 빙상 사이 통로를 건너고 있는지조차 몰랐을 수도 있다. 인간이 이 얼음 없는 통로를 건너려면 식량이 될 동식물이 먼저 이 통로에 있어야 한다.

이 질문을 염두에 두고 두에인 프로즈와 나는 우리 연구실 사람들, 그리고 여러 고고학자 및 고생물학자 동료들과 함께 인간이 언제 이 얼음 없는 통로를 건널 수 있었는지 알아보기 시작했다. 이 연구는 독특한 들소 유전자 덕분에 속도가 붙었다. 들소는 통로를 언제 지날 수 있게 되었는지 알아보기에 이상적인 동물이었다.

빙상이 합쳐진 후 베링기아와 북아메리카 나머지 지역 사이의 이동이 차단되자, 초원은 줄어들었고 빙상 남부 들소는 매머드나 말 같은 다른 초식동물과 경쟁하며 거의 멸종했다. 남부 들소 개체군이 거의 멸종하며 미토콘드리아의 유전적 다양성은 사라졌다. 변종은 딱 하나만 남았다. 빙하기가 지나고 남부 들소 개체수가 회복되었지만 수만에서 수백만에 이르는 남부 들소는 모두 이 하나의 미토콘드리아 변이체를 갖고 있었기 때문에 베링기아에서 빙하기를 보낸 들소와 쉽게 구별되었다. 들소가 언제 통로를 지나갈 수 있었는지 알아보려면 통로에서 들소 뼈를 수집해 DNA를 추출하고 남부 들소인지 북부 들소인지만 확인하면 된다. 빙상 북쪽에서 남부 들소가 발견되거나 남쪽에서 북부 들소가 발견된 가장 이른 연대를 추정하면 들소가 언제 통로를 지나 정착했는지 알 수 있다. 그리고 들소 서식지는 인간 정착지와 비슷하므로 이 결과를 토대로 인간이 처음 통로를 지나간 시기를 확인할 수 있다.

들소 뼈 수십 점의 유전자를 분석한 결과 우리는 얼음 없는 통로가 양 끝에서 지퍼처럼 천천히 열렸다고 결론 내렸다. 1만 3,500년 전 북부 들소는 남쪽으로, 남부 들소는 북쪽으로 이동하기 시작했다. 1만

3,000년 전이 되면 북부 들소와 남부 들소가 통로 중간쯤에 함께 살았고 이어 1만 2,200년 전이 되면 남부 들소가 통로의 북쪽 끝에 있었다. 통로가 열리고 통과할 수 있게 된 시기는 불과 1만 3,000년 전이라는 의미다. 인간이 남쪽으로 퍼져나갈 때 이 길을 택했다고 보기에는 너무 늦게 열린 셈이다. 결과적으로 인간은 통로가 열리기 수천 년 전쯤 해안 경로를 따라 베링기아에서 남쪽으로 흩어졌음이 틀림없다.

홍미롭게도 실제로 들소가 통로를 통과했다는 증거를 보면 들소는 예상과 반대 방향으로 움직였다. 들소는 북쪽에서 남쪽이 아니라 남쪽에서 북쪽으로 이동했다. 생태적 측면에서 보면 남쪽에서 북쪽이 맞다. 얼음이 물러난 후 통로의 중남부 지역은 초원, 탁 트인 삼림 지대, 한대 초원이 빠르게 퍼져 다양한 초식동물군이 살 수 있는 비옥한 땅이 되었다. 반면 통로 북쪽 지역은 대체로 고산과 관목 툰드라가 점령했고 울창한 가문비나무 숲이 드문드문 있을 뿐이었다. 북쪽 관목 지역에는 영양분이 훨씬 적어서 큰 포유동물이 건너기 어려웠을 것이다. 이런 생태적 데이터를 고려하면 들소처럼 초원을 좋아하는 동물이 통로 남쪽을 거쳐 북쪽으로 이동한 것은 당연하다.

이 초원 애호가를 잡아먹는 종도 먹잇감을 따라 통로를 거쳐 남쪽에서 북쪽으로 이동했다. 들소를 잡아먹는 오늘날 알래스카 늑대는 빙상이 녹은 뒤 북쪽으로 흩어진 늑대의 후손이다. 마침내 통로를 통과할 수 있게 된 인간도 남쪽에서 북쪽으로 나아갔다. 남쪽 인간이 들소를 사냥할 때 이용하려고 일찍이 개발한 세로로 홈이 팬 화살촉은 인간이 통로를 지날 수 있게 된 지 500년 뒤 알래스카에서 발견된다.

인간이 아메리카 대륙에 퍼진 과정은 빙하가 후퇴하고 인간이 번성했다는 증거가 나온 후에야 분명히 드러났다. 1만 3,000년 전 아메리카 대륙 전역에 퍼진 인간은 큰 토착 사냥감을 잡는 숙련된 사냥꾼이었다. 그리고 그 결과가 나타났다. 인간이 베링기아에서 북아메리카 대륙을 거쳐 남아메리카로 이동하자 토종 거대동물군이 멸종하기 시작했다. 거대동물 화석에서 얻은 수천 가지 방사성탄소연대측정 결과에 따르면, 베링기아에서 거대동물군이 처음 멸종한 시기는 약 1만 5,000년 전~1만 3,300년 전이다. 빙상 남쪽 북아메리카에서는 1만 3,200년 전~1만 2,900년 전, 남아메리카에서는 1만 3,900년~1만 2,600년 전이다.

내가 여기서 인용한 연대 범위는 좁은 편이다. 특히 북아메리카에서는 고작 400년 만에 분류학적·생태학적으로 많은 종이 멸종했다. 평생 애리조나 대학교에서 연구한 지구과학자 고故 폴 마틴Paul Martin은 방사성 탄소 기록을 이용해 최초로 거대동물의 멸종 원인을 명료하게 이론화했다. 문자 그대로 '과잉 치사 가설overkill hypothesis' 또는 '번개처럼 급작스러운 전쟁'으로 번역되는 독일어 단어인 '전격전blitzkrieg'을 따서 마틴이 이름 붙인 이론이다. 마틴의 이론에 따르면 이미 큰 동물을 다루는 데 능숙한 사냥꾼인 인간은 기회를 잘 타서 처음 보는 먹잇감을 만나도 사냥을 했고, 결국 동물의 번식력을 뛰어넘어 개체수를 줄였다. 마틴의 전격전 이론blitzy theory에 따르면 실제로 지구 전역에 우연히도 인간이 도착하며 일어난 거대동물 멸종에는 인간이라는 공통 원인이 있고, 방사성 탄소 기록에 그 증거가 남아 있다.

하지만 당시의 기후를 알아보거나 인간이 신대륙에서 일어난 멸종에 어떤 역할을 했는지 살펴보는 고생물학자들은 까다로운 다른 문제에 직면했다. 거대동물군이 사라지기 시작했을 때 기후가 변하지 않은 호주와 달리, 북아메리카에서는 기후가 변화하고 서식지가 달라진 시기와 거대동물군이 멸종한 시기가 일치했다. 마지막 빙하기의 가장 추운 시기는 약 1만 9,000년 전에 끝났지만 기후는 그 뒤 수천 년 동안에도 계속 서늘했다. 그 후 약 1만 4700년 전, 기후는 갑자기 따뜻하고 습한 간빙기로 바뀌었다. 따뜻한 기간은 수천 년 동안 이어지다 이번에는 영거 드리아스Younger Dryas라는 추운 기간으로 되돌아갔다. 이 두 번째 변화는 고작 10년이라는 짧은 기간 동안 기후가 빙하기 같은 조건으로 되돌아가는 매우 급격한 변화였다. 영거 드리아스 동안 계절적 편차가 늘어 겨울은 더 춥고 여름은 더 더워졌다. 동식물이 성장할 기간은 줄었다. 초식동물의 먹이도 줄었을 뿐만 아니라 대기 중 탄소도 적어진 탓에 그나마 먹을 수 있는 식물의 영양가도 줄었다. 그다음 약 1만 1,700년 전, 기후가 세 번째로 변했다. 이번에는 갑자기 따뜻해지며 지금의 온난한 기후인 홀로세가 시작되었다. 기후가 급변하며 기온과 강수 패턴이 바뀌자 몸집이 크고 번식이 느린 포유동물이 가장 큰 피해를 보았다. 이때 멸종한 동물이 바로 이 종이다.

나는 베링기아 거대동물군 멸종에 북아메리카 전역으로 퍼져나간 인간과 기후 변화 중 어느 쪽의 역할이 상대적으로 큰지 오랫동안 살폈다. 나와 동료들은 거대 포유류가 이런 스트레스 요인에 얼마나 영향을 받았는지 밝혔는데 모든 종이 서식지 변화에 같은 방식으로 동시에 반응하지는 않았다. 유라시아에서는 서식지의 증감에 따라 사향소나 털북숭이코뿔소 개체군이 늘거나 줄었지만, 말과 들소 개체군은 기후 변화에 그다지 영향을 받지 않았다. 물론 여러 종이 번성하거나 멸종한 원인을 기후만으로 예측하기는 힘들다. 공룡을 멸종시킨 소행성 충돌 같은 거대 재난이 아니고서야 번성한 종이 갑자기 멸종하지 않는다. 적은 비용으로 쉽게 고대 DNA 데이터를 얻을 수 있게 되자 우리는 같은 종이지만 지리적으로 먼 개체군의 고대 DNA를 살펴보았다. 이런 데이터를 살펴보면 종 멸종에 국지적 기후 변화가 미친 영향과 인간이 미친 영향을 구별하는 데 도움이 된다.

이런 방법으로 연구한 최초의 종 중 하나는 매머드였다. 북반구 전역에서 발견되는 매머드 화석에서 추출한 고대 DNA를 살펴보면 매머드는 갑자기 멸종되기보다는 지난 5만 년 동안 서서히 줄었음을 알 수 있다. 그 기간 지리적으로 먼 개체군은 서로 다른 시기에 멸종했다. 북아메리카 대륙 중부에 살던 매머드는 영거 드리아스 동안 멸종했지만, 알래스카 최북단에 살던 매머드는 약 1만 500년 전까지 살아남았다. 하지만 이것이 매머드의 종말은 아니었다. 섬에는 작은 개체군 두 군이 나중까지 살았다. 세인트폴섬 개체군은 약 5,600년 전까지, 시베리아 북동쪽 끝 브란겔섬Wrangel Island 개체군은 약 4,000년 전까지 생존했다.

북반구에서 일어난 매머드의 느린 멸종은 전격전 모델을 따르지는 않지만, 그렇다고 인간이 매머드의 멸종에 책임이 없다는 의미는 아니다. 브란겔섬에서 매머드가 사라진 시기는 인간이 이 섬에 정착한 시기와 일치한다. 하지만 브란겔섬 매머드 일부의 유전 정보에 따르면 매머드 개체군은 인간이 도착했을 때 이미 위기에 처해 있었다. 여러 세대에 이어진 근친 교배로 인해 유전체에 돌연변이가 일어나 적합성이 줄었기 때문이다. 인간이 브란겔섬에 도착하지 않았더라도 마지막 매머드 개체군은 멸종했을 것이다. 하지만 우리 조상이 본토 매머드를 멸종으로 몰아가면 매머드가 본토에서 섬으로 이주해 브란겔섬의 유전자 풀을 다양하게 만들어 이 마지막 개체군을 구할 가능성도 사라진다. 인간은 브란겔섬 매머드가 유전적 멸종이 되도록 간접적이나마 영향을 준 것일까?

어느 쪽인지는 아직 알 수 없다. 나는 북아메리카 거대동물 멸종이 복잡한 문제라고 본다. 홀로세로 이행하며 기후가 크게 변했고 그다음 인간이 도착해 매머드를 멸종으로 몰아넣었다. 아마 거대동물군이 이미 위기에 처해 있었다면 인간 개체군이 엄청난 영향을 준 것은 아니다.

우리 연구실에서는 인간이 대륙 전체에 퍼지기 시작했을 때 북아메리카 거대동물이 얼마나 위기에 처해 있었는지 알아보는 대규모 프로젝트를 수행했다. 우리는 과거 베링기아 동부 지역에서 지난 4만 년 동안 살았던 들소, 매머드, 말 뼈 수백 점에서 고대 DNA를 추출했다. 기온과 강수 체계의 지표가 되어 줄 딱정벌레 화석도 수집했다. 땅다람쥐 집을 찾아 이 집에 쓰인 식물을 확인하고, 뼈와 영구 동토층에서 탄소, 산소, 질소 동위원소를 측정하고, 고대 토양에서 얻은 식물 DNA 서열을 분석했다. 이런 데이터로 기후에 따라 우세 종이 달라지는 역동적이고 유연한 생태계를 살펴볼 수 있었다. 기후가 추워지면 풀이 드물어지지만 먹기 어려운 풀에도 잘 적응한 말과 매머드는 들소보다 더 잘 생존한다. 하지만 기후가 따뜻해지면 상황이 바뀐다. 땅다람쥐가 들어오고 초원이 확장되며 들소가 다시 우세해져 다른 초식동물을 압도한다. 들소는 번식 기간이 짧아 확장된 초원을 더 많은 들소로 빨리 채울 수 있기 때문이다. 생태계는 끊임없이 변화한다. 종은 왔다가 사라지고, 번성했다 소멸하며, 기후 변화와 다른 종의 영향을 받아 적응하며 다양해진다.

우리가 가진 데이터가 북아메리카에 한정되어 있고 불과 4만 년 전 자료이기는 하지만, 나는 이 과정이 홍적세 전반에 걸쳐 베링기아 전역에서 진행되었다고 생각한다. 간빙기 동안 서식지는 온난한 기후에 적응한 동식물로 가득 찼다. 기후가 서늘해지면 한랭한 기후에 적응한 종이 자리 잡았고 온난한 기후에 적응한 종은 일부 따뜻한 서식지로 옮겨 간간히 살아남았다. 온난한 기후에 적응한 종은 얼마 남지 않은 따뜻한 서식지에 모여 험난한 삶을 이어갔으며 살아남은 개체는 기후가 다시 따뜻해질 때 새로 종이 확장될 수 있는 기반이 되었다.

홍적세 동안 온난기와 한랭기가 왔다 갔다 하며 서식지가 늘었다 줄고 이에 따라 거대동물 개체군도 늘었다 줄었다 하기를 반복했다. 하지만 분류학적으로 다양한 거대동물군이 광범위하게 멸종한 시기와 일치하는 것은 가장 최근에 일어난 기후 변화뿐이다. 영거 드리아스가 찾아오자 수백만 년 동안 세 개의 대륙에 걸쳐 온대, 한대, 툰드라 서식지에서 번성했던 매머드는 갑자기 먹을 것도, 갈 곳도 없어졌다. 빙하 주기를 두 번이나 거친 짧은얼굴곰도 온난한 초기 홀로세 기후에는 부적합했다. 홍적세 동안 십수 번의 기후 변화를 겪으며 살아남았고 오늘날 북아메리카 서부에서 번성한 말도 마지막 빙하기가 지나자 북아메리카 어디에서도 적합한 서식지를 찾을 수 없어 멸종했다. 이전의 비슷한 주요 기후 변화에서는 몇 번이고 살아남았던 아메리카 대륙의 30여 종은 마지막 빙하기 이후 갑자기 멸종했다. 이런 멸종이 시기적으로 우연히 동시에 나타나려면 스트레스 요인이 더 필요한데 이번에는 자원과 서식지를 놓고 경쟁하며 생존을 위해 다른 종을 사냥하는 인간이 더해졌다.

북아메리카 거대동물군이 멸종하며 북아메리카 지형은 근본적으로 바뀌었다. 북아메리카 평원에서 매머드와 말이 사라지자 들소가 다시 나타나 번성했다. 캘리포니아 해안을 따라 거대동물이 멸종하자 빽빽한 관목 지대가 돌아왔고, 이 지역 인간의 주요 식량이었던 캘리포니아 헤이즐넛이 사라졌다. 거대동물이 없는 환경에서 성긴 삼림 지대를 만들기 위해 인간은 불을 놓아 초목을 통제했다. 영양분을 재활용하고 씨앗을 퍼트리고 땅을 밟아 헤집어놓던 거대동물이 사라진 베링기아에서는 비옥한 스텝 툰드라가 오늘날의 덜 비옥한 툰드라 생태계로 대체되었다.

마틴의 전격전 모델은 여전히 논쟁의 여지가 있다. 이에 반대하는 사람들은 고작 몇몇 인간이 거대동물의 다양성을 없앨 수 있는지에 의문을 제기하며, 지구 역사상 극적인 생태 변화가 일어나 대량 멸종이 발생한 사례를 든다. 하지만 마틴이 보기에 기후 변화 모델은 이전의 빙하주기 동안 비슷한 기후 변화가 있었어도 대량 멸종이 일어나지 않았다는 사실을 간과했을 뿐만 아니라, 멸종이 전 지구적으로 일어났다는 사실에 대해서도 공통의 원인을 제시하지 못한다. 다양한 영향으로 멸종이 일어났다고 보는 타협적인 견해도 등장했다. 인구가 늘고 기후가 변화하며 서식지가 파괴되었고, 인간 개체군이 늘며 식량 요구량과 사냥강도도 늘어났다는 주장이다. 마틴은 이 타협적인 견해도 거부했다. 전지구적으로 일어난 멸종을 설명하기에는 여전히 충분하지 않기 때문이다. 북아메리카에서 기후가 변화한 시기는 거대동물이 멸종하고 인간이 아메리카, 유럽 및 북아시아에 도착한 시기와 일치한다는 점은 사실이다. 하지만 급격한 기후 변화가 일어나 호주 거대동물이 갑자기 멸종되었다는 증거는 아직 없다.

계속되는 맹공격

마오리족의 폴리네시아 조상이 처음 뉴질랜드에 정착한 것은 약 700년 전인 13세기 후반이다. 그리고 600년 전이 되자 500만 년 이상 섬에서 번성했던 새의 전체 목이 멸종했다. 이 목에는 분류학적으로 세 가지 과와 아홉 가지 종이 포함되어 있었다.

모아Moa새 목에 속한 새는 거대했다. 모아새알 1개는 달걀 90개 정도의 크기였다. 모아새는 수컷보다 암컷이 큰데, 가장 큰 종의 암컷 모아새는 체중이 약 250킬로그램이나 되었다. 모아새 포식자는 거대한 하스트독수리인 하르파고니스 무레이Harpagornis moorei 하나뿐이었다. 하스트독수리는 공중에서 거대한 발톱으로 모아새를 낚아 날아갔다.

수백 점의 뼈, 깃털, 알껍데기에서 얻은 유전 정보를 보면 거대한 모아새 개체군이 멸종되기 전 적어도 4,000년 동안 번성했던 이야기를 들을 수 있다. 개체군이 감소하거나 질병이 돌거나 먹이가 사라지는 등 멸종을 이끈 다른 위협이 있었다는 유전적 증거는 없다. 모아새 멸종 시기나 그 직전 뉴질랜드섬에 급격한 기후 변화가 일어났다는 고생태학적 증거도 없다. 다른 지역과 마찬가지로 이 섬의 기후도 홍적세와 홀로세를 거치며 바뀌었지만, 모아새가 기후 변화로 영향을 받았다는 유전적 증거도 거의 없다. 그런데 그러다 어느 순간, 뉴질랜드섬에서 모아새가 사라졌다.

모아새의 운명이 갑자기 바뀐 이유는 무엇일까? 이쯤에서 대답은 분명해진다. 뉴질랜드섬의 초기 고고학 유적지에는 모아새 뼈와 알껍데기가 넘쳐난다. 인간이 모아새를 광범위하게 이용했다는 증거로 볼 때 모아새 멸종은 인간과 직접 관련 있다는 결론을 쉽게 내릴 수 있다. 마틴의 모델이 예측한 대로 뉴질랜드섬에 도착한 인간은 엄마 모아새, 아빠 모아새, 새끼 모아새를 몽땅 먹어 치웠다. 모아새는 이런 포식자에 적응하지 못했고 탈출할 준비도 되어 있지 않았다. 모아새는 인간의 탐욕스러운 식욕을 유지할 만큼 빠르게 번식하지 못했고 결국 사라졌다.

뉴질랜드섬 모아새의 멸종 이야기는 다른 섬에서 일어난 멸종 이야기와 비슷하지만 대륙에서 일어나는 멸종과는 몇 가지 점에서 다르다.

첫째, 섬의 거대동물 멸종은 대륙의 거대동물 멸종보다 더 빠르다. 인간이 처음 섬에 도착한 시기와 마지막 거대동물이 사라진 시기 사이의 기간은 대륙에서보다 더 짧다. 대륙보다 숨을 곳이 적은 섬의 크기, 멸종될 위험이 큰 작은 개체수, 포식자가 없는 섬에서 자란 종 자체의 특성 때문일 것이다. 게다가 섬에 사는 인간은 바다에서 식량을 얻을 수도 있기 때문에 육지에 사는 먹잇감이 줄었다고 포식자인 인간 개체군이 줄지는 않는다. 둘째, 섬에서 일어나는 멸종은 지질학적으로 나중에 일어났다는 점에서도 대륙에서 일어나는 멸종과 다르다. 당연히 사람이 섬에 도착하는 데는 더 오랜 시간이 걸렸기 때문이다.

섬에 인간이 출현했다는 사실은 토착 동물군에는 언제나 나쁜 소식이었다. 인간이 태평양 제도를 발견하고 거주하기 시작한 직후 토착 조류 중 약 10퍼센트가 멸종했다. 다른 곳과 마찬가지로 몸집이 크고 번식 속도가 느린 종은 멸종될 가능성이 가장 컸다. 새가 특히 취약했지만 섬에서 일어나는 멸종은 한 가지 종에 그치지 않았다. 1만 2,000년 전 키프로스섬Island of Cyprus에 인간이 처음 등장한 뒤 난쟁이하마는 사라졌다. 서인도나무늘보는 본토에서보다 쿠바와 아이티섬에서 더 오래 살아남았지만 인간이 섬에 처음 등장한 고고학적 증거가 나타난 시기에 개체수가 줄기 시작했다. 마지막까지 생존한 카리브 영장류인 자메이카원숭이는 인간이 자메이카에 도착한 지 250년 만에 멸종했다.

하지만 섬에서 일어난 멸종이 모두 인간의 사냥 때문은 아니었다. 인간이 도착하며 토지를 개간하거나 환경파괴가 일어나 토착종 서식지가 줄었다. 또 인간은 배를 타고 들어오며 여러 가지를 함께 들여왔다. 식용 식물이나 개, 돼지, 닭 같은 가축처럼 자신들이 좋아하는 것을 들여오기도 했지만, 모르고 묻혀 온 것도 있었다. 특히 쥐는 섬에 사는 종에 치명타를 입혔다. 쥐를 식량으로 들여온 경우도 있기는 했지만 사람들 모르는 새에 쥐가 배에 몰래 숨어들어 오기도 했다. 사실 쥐의 확산과 인간의 확산은 매우 밀접한 관련이 있어서 태평양 제도에 인간이 정착한 시기와 순서를 재구성할 때 태평양 쥐의 유전 정보를 이용하기도 한다.

인간이 마지막으로 정착한 섬 중 하나는 현재 멸종한 가장 유명한 종이 살던 서식지이기도 하다. 날지 못하는 비둘기 도도dodo새는 마다가스카르에서 약 1,200킬로미터 떨어진 인도양의 작은 섬인 모리셔스섬Mauritius Island에 사는 토착종이었는데 세계적으로 인간 때문에 멸종했다는 의심스러운 불명예를 얻은 새다. 모리셔스섬에서 도도새가 발견되었다는 가장 오래된 기록은 1507년, 태풍에 휩쓸려 항로를 벗어나 이 섬에 도착한 포르투갈 선원들이 남긴 글이다. 당시 선원들은 섬에 오래 머무르지 않았고 도도새를 특별히 언급하지도 않았다. 그저 1638년, 네덜란드 항해사와 상인들이 최초로 모리셔스섬에 정착했고 그로부터 24년 후 도도새는 멸종했다. 도도새 멸종 이야기는 인간의 행동이 얼마나 끔찍하고 잔인한지 묘사한다. 도도새는 도망가지 않고 걸어 다니며 직접 사람에게 다가가는 어리석은 새였다. 어떤 책에는 사람들이 스포츠나 오락 삼아 도도새를 곤봉으로 내려쳐 죽였다고 기록되어 있다. 하지만 인간은 도도새를 먹지는 않았다. 맛이 그다지 없었기 때문이다. 또한 도도새는 번식 능력이 없었는데 암컷 도도새는 번식기마다 땅에 둥지를 틀고 알 하나를 낳을 뿐이었다. 인간이 데려온 쥐나 돼지 같은 종은 그런 도도새알을 먹어 치웠다. 새끼 도도새는 더 이상 태어나지 못했고 결국 도도새는 멸종했다.

도도새, 모아새, 키프로스섬의 난쟁이하마, 서인도나무늘보, 자메이카원숭이가 멸종한 것은 모두 인간 책임일까? 증거는 인간에게 불리해 보인다. 하지만 몇 가지 반박할 만한 증거도 있다. 최근 쿠바섬에서는 4,200년 된 서인도땅늘보 치아가 발견되며 이 종이 인간과 3,000년 이상 공존했음을 증명했다. 인간이 땅늘보의 멸종에 책임이 없다는 증거는 아니지만, 두 종이 오랫동안 공존했다는 증거로 볼 때 이 사실을 설명하려면 전격전 가설이 아닌 다른 가설이 필요하다.

섬 동물군은 대륙 동물군에 비해 훨씬 위협받았다. 하지만 종 개체군이 작고 희박하다는 점 덕분에 초기에 동물 자원을 보존하려는 인간의 노력을 이끌어냈다. 인간은 지난 4만 5,000년 동안 스리랑카에서 토크원숭이, 회색랑구르, 보라색얼굴원숭이를 사냥했지만 세 종 모두 오늘날에도 여전히 살아 있다. 독일 예나에 있는 막스 플랑크 인류역사과학 연구소Max Planck Institute for the Science of Human History의 패트릭 로버츠Patrick Roberts는 토착 스리랑카인과 토착 영장류의 상호작용을 연구해, 이 영장류들이 오늘날까지 살아남은 유일한 이유는 초기 스리랑카인의 노력 덕분이라고 주장한다. 로버츠와 동료들은 파이엔 레나 동굴Fa-Hien Lena Cave에서 사냥감 수천 점의 뼈를 얻었는데, 건강 상태가 좋은 다 자란 개체는 사냥하기 어려운데도 초기 스리랑카인이 잡은 동물 대부분은 다 자란 개체였다. 사냥감의 번식 주기와 영역에 대해 상당한 지식을 쌓은 정교한 사냥 문화 덕분에 인간은 다 자란 개체를 주로 사냥했다. 로버츠는 스리랑카 사냥꾼들은 사냥이 영장류에 미치는 영향을 충분히 알고 있어 사냥을 의도적으로 제한했다고 주장한다. 그의 주장이 사실이라면 초기 스리랑카인들은 지속 가능한 사냥을 실천한 최초의 인간이었던 셈이다.

외로운 조지

2019년 새해 첫날, 작고 눈에 띄지 않는 나무달팽이 한 마리가 마노아 하와이 대학교 사육시설에서 죽었다. 조지George라는 이름의 이 달팽이는 14년 전 이 사육시설에서 태어나 평생 이곳에서 살았다. 연구자들은 조지의 친척이 모두 죽자 섬에서 조지의 짝이나 친구를 찾아 주려 했지만 같은 종에 속한 다른 달팽이는 하나도 보이지 않았다. 2019년 1월 1일 조지가 죽자 그의 종인 아카티넬라 아펙스폴바Achatinella apexfulva는 가장 최근에 세계 자연보전 연맹(IUCN, International Union for Conservation of Nature) 경계 목록Red List의 '멸종' 범주로 옮겨진 종이 되었다.

하와이 나무달팽이의 멸종 이야기는 코뿔소 같은 거대한 종의 멸종 이야기보다 관심을 끌지 못한다. 하지만 눈에 띄지 않는 종의 멸종도 거대 초식동물의 멸종만큼 생태계에 피해를 준다. 이들의 멸종 또한 우리의 잘못이 크다. 사실 일부 과학자들은 1500년대 이후 멸종한 종의 거의 40퍼센트가 육지달팽이와 민달팽이라고 추정한다. 하와이 달팽이는 생태계에서 중요한 역할을 한다. 분해자 역할을 하며 본토 지렁이가 남긴 틈새를 채우기도 하고 잎에서 자라는 조류를 먹어 치워 질병 확산을 막기도 한다. 하지만 하와이 제도에 달팽이 포식자가 유입되자 하와이 토착 달팽이는 무서운 속도로 사라졌다. 섬에 들어온 쥐가 달팽이를 먹기도 하고, 사람이 달팽이를 채집하거나 먹기도 했다. 하지만 최악의 주범은 다른 달팽이인 장미늑대달팽이다.

거대 아프리카 육지달팽이는 1936년에 우연히 하와이에 들어왔다. 그 후 육지달팽이는 섬 전체 농작물을 비롯해 석고벽까지 갉아 먹기 시작했다. 사람들은 이 달팽이의 확산을 막기 위해 1955년에 장미늑대달팽이를 들여왔다. 장미늑대달팽이는 다른 달팽이를 마구 잡아먹기 때문에 일단 문제는 해결된 것 같았다. 하지만 안타깝게도 장미늑대달팽이는 하와이 토종 달팽이를 더 좋아했다. 그래서 오늘날 거대 아프리카 육지달팽이는 살아남았지만 하와이 토종 달팽이는 멸종하고 있다. 좋은 의도로 인간이 개입했지만 마침 하와이 기후도 바뀌며 하와이 토종 달팽이에게 결정적인 타격을 주었다. 오늘날 토종 하와이 달팽이는 장미늑대달팽이가 살기에 너무 춥고 건조한 높은 고도에서만 일부 발견된다. 하지만 기후가 점점 따뜻하고 습해지며 이런 서식지에도 장미늑대달팽이가 침입한다.

조지의 이야기는 해피엔딩이 아니지만 하와이 달팽이 문제는 포식자에서 보호자가 되기 위해 노력하는 인간의 현재 모습을 여실히 보여준다. 인간은 종이 사라지는 이유를 알고 멸종을 멈추려 하지만 아직 해결책은 알지 못한다. 우리는 포획 번식 프로그램captive breeding programs을 만들 수 있지만, 알맞은 짝이 없거나 종이 포획 상태에서 번식하지 않는다면 아무 소용이 없다. 침입종을 제거할 전략을 설계하고 실행할 수 있지만 전략이 실패하거나 의도치 않은 결과를 초래할 수도 있다. 멸종위기종을 도울 새로운 방법을 상상하는 동안 이들 종의 서식지는 계속 무너지고 있다.

멸종위기종을 도울 새로운 기술이 눈앞에 있다. 조지가 다른 달팽이 종과 비슷하다면 살아 있는 동안 짝을 지어 자손을 낳았을 것이다. 하지만 이 자손은 조지가 속한 종의 계보 중 50퍼센트만 갖고 있으므로 분류학자나 보존생물학자들이 이 자손을 조지와 같은 종으로 볼지는 불분명하다. 또한 외부 유전자가 유입되면 달팽이의 행동이 달라질 수도 있다. 결국 조지가 속한 종이 채웠던 생태학적 틈새를 잡종 자손이 채우지 못한다면 멸종이라는 결과를 피할 수 없었을 것이다.

　언젠가 조지를 복제하는 일이 가능할 수도 있다. 사실 조지가 죽은 직후 조지의 발을 조금 잘라냈고 그것을 샌디에이고 냉동동물원San Diego Frozen Zoo에 저온 보관하고 있다. 멸종한 종을 부활시키는 기술이 결실을 볼 경우를 대비해서다. 하지만 멸종생물복원de-extinction은 멸종위기를 즉시 해결할 수 있는 방법이 아니며, 조지의 경우는 특히 더 불가능한 선택지다. 멸종한 종을 복원하려면 생존 가능한 배아로 변형될 수 있는 생존 가능한 세포, 배아가 발달할 환경을 제공하는 모성 숙주, 같은 종에 속한 개체가 하나도 없을 때 복제된 동물을 사육하고 방사할 확실한 전략이 필요하다. 복원하려는 모든 종은 그 과정에서 여러 기술적·윤리적·생태적 장벽을 만난다. "생존 가능한 세포를 찾을 수 있을까?"에서부터 "이상적인 난자 혹은 모성 숙주가 있을까?", 또는 "곧바로 다시 멸종하지 않도록 생물을 방사할 서식지가 있을까?" 같은 문제다. 냉동동물원에 보관된 조지의 세포는 다시 생존할 수 있을지도 모른다. 하지만 생물학자들은 조지나 다른 달팽이의 번식 또는 발달 주기에 대한 지식이 거의 없어 효과적인 복제 및 사육 전략을 개발할 수 없다. 물론 시간이 지나면 상황이 바뀔지도 모른다. 하지만 나는 달팽이 복제 기술 개발은 생명공학 기술 개발 목록의 맨 아래에 있고, 멸종 위기 대응책에 투입되는 자금은 조그만 달팽이를 부활시키는 연구보다 카리스마 넘치는 거대 멸종 동물군을 되살리는 데 주목할 것이라는 데 전 재산을 걸겠다. 나는 조지의 복원에 희망을 걸지는 않지만, 어쨌건 만일을 위해 조지의 발은 보존되어 있다.

진화하는 진화의 힘

인간이 주변 종의 진화 궤적을 망친 방법 중에서 가장 가슴 아픈 일은 멸종이다. 이것은 우리가 면죄부를 얻으려 애쓰고, 멸종을 유발한 다른 이유를 찾고, 책임을 회피할 수 있는 복원 같은 기술을 개발하려고 상당한 노력을 기울이는 이유일 것이다. 하지만 책임을 전가하기보다는 과거에 인간이 멸종시켰거나 혹은 멸종하도록 도운 것이 고의가 아니었음을 인식하는 편이 더 유익할 것이다. 최초의 호주인과 미국인은 거대 웜뱃과 매머드를 모두 죽이려 하거나 이들을 말살하려 애쓰지 않았다. 그저 인간이 도착하며 까다로운 거대동물군 서식지 지형이 완전히 바뀌었다. 키 큰 풀이 자라는 초원에서 사냥하기에는 네발로 걷는 친척보다 이족보행 유인원이 신체적으로 더 적합했던 것처럼, 홍적세 동안 인간의 조준을 벗어난 행동적·생리적 특성이 있는 동물은 그렇지 않은 동물보다 신체적 이점을 누렸다. 모아새나 도도새처럼 나중에 일어난 멸종도 인간의 고의는 아니었다. 지금은 멸종한 다른 종처럼 모아새나 도도새의 멸종도 서식지가 극적으로 변하며 일어난 일이다. 인간이 일부 직접적인 영향을 주었을 수도 있지만 전적으로 인간의 잘못은 아니다.

하지만 인간 행동의 심각함과 파괴력이 점점 늘었다는 사실은 분명하다. 인간이 너무 많아졌기 때문이기도 하다. 소수의 가족 집단은 그저 생계를 위해 사냥했다. 하지만 배를 타고 섬에 도착한 인간 집단은 쥐나 고양이, 돼지도 데려왔고 배에서 내리며 작물화된 식물의 씨앗과 해충, 거대 아프리카 육지달팽이도 묻혀 왔다. 인간 자체도 점점 강력해졌다. 기초적이었던 도구는 창 발사기와 엽총에 이어 슈퍼컴퓨터로 대체되었다. 기술이 발달하며 더 많은 기술 발전을 가속했다. 인간은 새로운 방법을 개발해 종을 죽이며 생태계를 바꿔 왔고 지금도 그렇게 하고 있다. 이 변화는 다른 종이 적응할 유일한 메커니즘인 자연 선택이 따라올 수 있는 속도보다 훨씬 빠르다. 오늘날 명백히 진행되는 여섯 번째 대멸종은 분명 인간이 진화한 결과다.

하지만 나쁜 소식만 있는 것은 아니다. 기술력과 함께 사회적 양심도 발달했다. 우리는 다른 종을 멸종으로 몰아가고 싶어 하지 않는다. 우리는 서식지와 생물 다양성을 보호하려 한다. 인간이 세계의 중심이 되어야 한다는 욕망으로 자연을 보전하려는 사람도 있다. 이들은 자연의 미학적 아름다움과 그것을 누릴 다양한 선택지를 보고자 한다. 이타적인 목적으로 자연 자체에 가치를 부여하는 사람도 있다. 동기야 어찌되었든 우리는 최근 150년 동안 인간 행동이 종 멸종을 유발할지도 모른다는 사실을 점차 인식하는 동시에 더 이상 멸종을 일으키지 않도록 적극적으로 행동했다. 하지만 우리가 멸종을 막는 새로운 역할을 받아들인다고 해도 뒤로 물러서서 인간 발달 이전처럼 다른 종을 그저 내버려 둘 수는 없다는 점도 분명하다. 우리는 이미 너무 깊이 들어와 있고, 기술은 너무 발달했으며, 지난 20만 년 동안 우리가 침략한 서식지와 연을 끊기에는 인구가 너무 많아졌다. 이제 인간은 홍적세에서 시작된 우리 행동이 다른 종에 어떤 영향을 미쳤는지 이해하고 과거로부터 교훈을 얻어야 한다. 생물학적 다양성이 보존되며 인간이 번성하는 앞으로의 세상은 어떤 모습일지 상상해보자. 점점 발전하는 기술을 이용해 인간과 다른 종이 함께 번성할 미래를 모색할 때다.

04

락타아제 지속성

내가 어머니에게서 물려받은 2번 염색체 사본의 긴 팔 끝에서 중심부의 동원체centromere 방향으로 약 3분의 2 지점에는 MCM6(minichromosome maintenance complex component 6)라는 유전자가 있다. 이 유전자의 인트론 13에는 구아닌(G)뉴클레오티드 하나가 아데닌(A)으로 바뀐 돌연변이가 있다. MCM6는 세포가 분열할 때 DNA를 푸는 단백질 복합체 생성에 관여하는 중요한 유전자다. 하지만 내 돌연변이는 유전자가 단백질로 번역될 때 무시되는 DNA 문자열인 인트론에 있으므로 단백질 생성에는 전혀 영향을 미치지 않는다. 인트론은 본질적으로 유전체에서 그다지 영향을 주지 않는 부분이다. 따라서 우리 조상 유전체의 이 부분에 특정 돌연변이가 일어나 인간의 진화 과정을 크게 바꾸었다는 사실은 놀랍다.

MCM6 유전자의 인트론 13 중 구아닌이 아데닌으로 바뀐 돌연변이는 인간에게 잠깐 일어났을 뿐이지만 지금도 많은 사람에게 남아 있다. 나는 어머니에게서 물려받은 사본 하나가 있지만 북유럽 가계를 이어받은 많은 사람은 부모 양쪽에게서 물려받은 사본 두 개가 있다. 남유럽에서 북유럽으로 갈수록 이 돌연변이의 빈도가 늘어나는 연속 변이cline가 나타난다. 중서부 유럽인 60퍼센트 이상이 MCM6에 돌연변이 사본을 하나 이상 갖고 있으며, 이 비율은 영국에서 스칸디나비아로 올라가면 90퍼센트 이상으로 늘어난다. 짧은 진화 기간 큰 개체군에서 돌연변이가 높은 빈도로 발생하는 이런 패턴은 우연히 일어날 수 없다. 이 돌연변이를 물려받은 사람에게 신체적 이점이 있었음이 틀림없다. 실제로 이 돌연변이가 있는 사람과 없는 사람의 적합성을 비교해보면, 이 돌연변이는 인류 진화 역사상 지난 3만 년 내에 발생한 돌연변이 중 가장 큰 이점을 준 돌연변이라는 사실이 밝혀진다.

MCM6 인트론 13에 있는 구아닌이 아데닌으로 바뀐 돌연변이가 이처럼 중요하다면 많은 사람은 과학자들이 이 돌연변이의 기능을 정확히 이해하리라 생각할 것이다. 이 돌연변이가 일으키는 표현형phenotype은 잘 알려져 있다. 이 돌연변이를 가진 사람은 우유에 들어 있는 당의 일종인 락토스lactose, 즉 유당을 성인이 되어서도 잘 소화한다. 이 돌연변이가 없는 일반인은 다른 포유동물처럼 젖을 떼고 나면 유당을 분해해서 소화하는 능력을 잃는다. 돌연변이가 없는 성인은 유당 불내증lactose-intolerant을 일으켜 우유를 마시면 복부 팽만감이 들고 가스가 찬다. 하지만 돌연변이가 있는 성인은 아무런 불편 없이 우유 몇 리터쯤은 거뜬히 마실 수 있다. 음, 몇 리터까지는 아닐지도 모르지만 말이다.

성인이 될 때까지 유당 분해 락타아제 효소가 계속 만들어지는 락타아제 지속성lactase persistence을 유발하는 분자 메커니즘에 대해서는 잘 알려지지 않았다. MCM6의 인트론 13에서 구아닌이 아데닌으로 바뀌는 돌연변이는 락타아제 유전자에서 1만 4,000개 뉴클레오티드만큼 떨어진 부분에서 발생하는데, 이렇게 먼 곳에서 일어난 돌연변이가 어떻게 락타아제 유전자에 영향을 미칠 수 있는지는 의문이다. 돌연변이가 일어나면 인트론 13의 서열이 바뀌어 락타아제 유전자를 켜는 단백질의 2차 결합 부위가 된다. 이 2차 활성화 부위 때문에 정상 경로가 꺼져도 락타아제가 계속 만들어지므로 돌연변이가 생긴 사람은 계속 우유를 잘 마실 수 있다.

락타아제 지속성이 인간에서 처음 진화한 정확한 시기는 알 수 없다. 고고학적 기록에 따르면 돌연변이가 나타난 후 낙농이 빠르게 퍼졌지만, 이 최초의 낙농 인구가 이미 락타아제 지속성을 갖고 있었는지는 아직 밝혀지지 않았다. 낙농이 확립된 후에야 돌연변이가 나타났을 수도 있다. 게다가 전 세계인의 유전 정보를 분석한 결과 락타아제 지속성을 유발하지만 서로 관련 없는 돌연변이가 여럿 있다는 사실도 밝혀졌다. 이상하게도 어떤 개체군에 락타아제 지속성이 널리 퍼졌다고 해서 유제품을 소비하는 문화와 절대적인 상관관계가 있지는 않았다. 오늘날 일부 개체군에서 락타아제 지속성이 높은 빈도로 나타나는 현상은 단순히 우연일 수도 있다. 락타아제 지속성이 퍼지기에 이상적인 환경을 만든 여러 요인이 모인 결과일 수 있다는 뜻이다. 하지만 언제, 어떻게 우리 유전체에 나타났는지와 관계없이 락타아제 지속성 돌연변이는 인간의 진화 궤적을 바꾸었을 뿐만 아니라 여러 야생종을 순화된 방향으로 완전히 바꾸어놓았다.

이 이야기는 마지막 빙하기가 끝나는 시점에서 시작한다.

사냥꾼, 목동이 되다

1만 4,000년 전 무렵 마지막 빙하기가 끝나고 인류가 전 세계로 퍼져 나갔다. 기후가 따뜻하고 습해지자 식용 식물과 살찐 먹잇감을 더 많이 얻을 수 있었다. 식량을 얻기 쉬워지자 인간의 생활은 이동하는 생활에서 머무는 생활로 바뀌었다.

세계에서 특히 식량 생산량이 높은 지역 중 하나는 레반트Levant 해안에서 타우루스Taurus 산기슭과 그에 인접한 자그로스산맥Zagros mountains을 거쳐 페르시아만Persian Gulf까지 이어지는 초승달 모양 지역인 비옥한 초승달 지대Fertile Crescent다. 이 비옥한 초승달 지대 지역에 살았던 초기 주민들은 야생동물을 사냥하고 주변에 넘쳐나는 과일, 씨앗, 잎, 덩이줄기를 채취했다. 식량 걱정이 없어지자 사람들은 실험을 시작했다. 인간은 암컷보다 수컷을 잡아먹는 선택이 더 유리하며 또한 먹잇감의 개체군을 늘릴 수 있다는 사실을 발견했다. 따뜻하고 습한 조건에서 잘 자라는 견과류 나무, 풀, 콩과 식물 수가 늘며 확실한 영양 공급원도 얻었다. 넘쳐나는 견과류를 채집해 처리할 수 있는 숫돌 같은 도구도 개발했다. 풍요와 혁신의 시대였다.

그러다 갑자기 운명이 바뀌었다. 약 1만 2,900년 전, 지구는 빙하기인 영거 드리아스로 되돌아갔다. 땅은 황량해졌고 땅에서 나는 탄소와 질소를 많은 사람이 먹을 영양소로 바꾸는 데에는 시간이 오래 걸렸다. 사정이 나빠졌지만 초승달 지대는 다른 지역에 비해 그나마 여건이 좋은 편이어서 사람들이 몰렸다. 힘겨운 기간은 천년 넘게 이어졌다.

기후가 회복되고 홀로세가 시작되자 비옥한 초승달 지대 사람들은 다시 한번 실험을 시작했다. 그들은 땅의 천연자원을 활용하고 조상으로부터 이어 온 혁신을 개선해 생존에 도움이 되는 새로운 전략으로 바꿨다. 인간이 실험을 이어가며 개입하자 동식물이 바뀌었다. 인간은 실험을 시작한 이 새로운 시대를 맞아 가장 적합한 동식물 개체를 선택해 번식시켰다. 신석기Neolithic 시대의 서막이었다.

신석기 시대는 말 그대로 새로운 석기가 개발된 시기이며 인류 역사에서 동식물의 순화가 시작된 시기를 말한다. 신석기 시대는 천년 넘게 이어진 영거 드리아스가 끝날 무렵 시작되었다. 1만 년 전이 되자 인간은 밀, 보리, 렌즈콩, 완두콩, 아마, 병아리콩 등을 심고, 가꾸고, 보살피고, 수확했다. 농작물을 일년내내 가꿔야 했으므로 일을 할 사람이 더 많이 필요했고, 이들을 먹일 식량도 더 많이 필요했다. 황무지는 농지로 바뀌었다. 작은 공동체는 농경 문화 마을이 되고, 마을은 도시가 되었다. 정착촌의 기반 시설을 만들고 유지하기 위해 땅에서 자원을 더 많이 채취했고, 기반 시설을 유지하는 사람들을 먹이기 위해 더 많은 야생지를 경작지로 바꾸었다.

식물 채집이 농작물 재배로 전환되며 굶주릴 걱정은 조금 덜었지만 작물 수확량은 들쭉날쭉했다. 먹일 입이 늘어 흉년을 견디기 힘들었다. 흉년이 닥쳤을 때 굶주림을 벗어나 자신을 보호하려면 식량을 저장해야 했다. 수확한 곡물을 저장할 기반 시설을 세웠지만 쥐나 해충이 꼬였고 저장한 식량도 오래가지 못했다. 다행히 방법이 있었다. 이때쯤에는 이미 인간이 동물을 잘 다룰 수 있었고, 동물은 믿을 만한 열량 저장고였다. 풍년에는 여분의 곡물을 가축에게 먹여 개체수를 늘렸다. 그리고 수확량이 줄거나 고기를 먹어야 할 때면 가축을 잡아먹었다.

사냥에서 목축으로 전환되는 과정은 온갖 시도와 발견이 합세한 느린 과정이었다. 멀리 흩어진 먹잇감보다 한곳에 모인 먹잇감을 잡기가 더 쉽다는 사실을 깨닫자 인간은 동물의 이동을 제한했다. 동물이 하는 행동을 해석하는 법을 배운 인간은 기질에 따라 어떤 개체를 먹고 어떤 개체를 번식시킬지 선택했다. 어떤 종이 인간과 더 잘 지내는지도 알아냈다. 어떤 종은 사육해도 도망치거나 불안해하지 않았고 본래 우세한 개체를 잘 따르는 종은 사람이 보내는 비슷한 신호도 잘 따랐다.

인간이 야생동물을 조작했다는 가장 오래된 증거는 식물을 조작한 증거와 마찬가지로 비옥한 초승달 지대 근처에서 나타났다. 홀로세가 시작될 무렵 비옥한 초승달 지대 북서쪽 사냥꾼들은 새로운 전략을 구사해 가축 양의 조상인 동물을 사냥했다. 그들은 번식력 있는 2살에서 3살 사이의 어린 숫양만 잡았다. 이 전략에는 두 가지 이점이 있었다. 첫째, 암컷 대신 수컷을 잡으면 무리가 계속 번식할 수 있고 둘째, 한 지역의 수컷을 집중적으로 잡으면 무리 근처에 있는 수컷을 유인할 수도 있다. 새로운 전략을 이용하자 사냥꾼은 양을 잡아 키우며 먹을 수도 있게 되었다.

9,900년 전 오늘날 이란의 고원 지대인 간즈 다레Ganj Dareh 지역의 염소 목동들은 사냥물을 최대한 활용하기 위해 비슷한 전략을 썼다. 그들은 수컷과 나이 든 암컷만 잡고 무리를 보충할 번식력 있는 암컷은 그대로 두었다. 그로부터 약 500년 후, 인근 저지대의 고고학적 기록에 염소가 등장한다. 인류 역사상 중요한 전환이다. 원래 야생 염소는 고원 지대에 살며 고원 지대에서 아슬아슬한 절벽을 올라가 포식자를 피하고 다른 동물이 접근할 수 없는 먹이를 얻는다. 이와 달리 저지대는 염소가 살기에 그다지 적당한 장소가 아니었다. 그런데 염소가 저지대에 사는 이유는 사람들이 데려왔기 때문이다. 그렇게 염소는 가축화되고 있었다.

전환

순화된 종을 야생종과 구분해 정의하는 구체적인 규칙은 없다. 보통은 인간이 진화 궤적을 통제할 수 있게 된 종을 순화된 종으로 정의한다. 오늘날 우리는 어떤 암컷이 어떤 수컷과 짝짓기할지, 어떤 씨앗을 심고 어떤 씨앗은 버릴지 선택하며 종을 순화한다. 수천 년 동안 얻은 번식 지식과 수십 년 동안 얻은 유전체 실험 결과를 바탕으로 현명하게 선택한다면 종의 외양과 행동, 그리고 맛을 우리 입맛에 맞게 바꿀 수 있다. 물론 초기 신석기 시대 조상들은 다른 종을 의도적으로 조작한 경험이 없었다. 우리 조상이 다른 종을 야생종에서 순화된 종으로 전환한 일은 처음에는 순전히 우연이었다.

첫 번째 가축인 개를 생각해보자. 유전 증거에 따르면 개는 유럽과 아시아에서 최소 1만 5,000년 전 가축화되었다. 하지만 빙하기에는 늑대를 오두막으로 데려와 침대에서 함께 재우고 따뜻하게 보살피는 일이 재미있겠다고 생각한 사냥꾼은 아무도 없었다. 늑대에서 개로 전환된 사건은 인간 거주지 근처에 살던 늑대가 인간을 잠재적인 식량 공급원으로 인식했을 때 우연히 시작되었다. 물론 늑대가 사람을 잡아먹지는 않았다. 그랬다면 우리 조상들은 늑대를 죽이고 늑대가 인간의 가장 친한 친구가 되는 일은 절대 일어나지 않았을 것이다. 대신 늑대는 인간 거주지를 청소했다. 인간이 버린 것을 먹어 치우고, 버려진 것을 먹어 치우는 다른 종도 잡아먹었다. 애초에 늑대와 인간의 관계는 상생mutualistic이 아니라 공생commensal이었다. 늑대는 인간 주변에서 잘 지냈지만 인간은 이를 눈치챘을 수도 혹은 그렇지 못했을 수도 있다.

곧 인간과 늑대의 상호작용이 강화되었다. 인간 정착지에 늑대가 살자 인간은 늑대의 혜택을 받았다. 인간 근처에 사는 늑대는 음식물 쓰레기를 먹어 해충을 막았다. 위험한 포식자가 접근하면 놀란 늑대가 경보를 보냈다. 게다가 새끼 늑대는 생물학적으로 꽤 귀여웠을 것이다. 관계가 무르익으며 늑대와 인간은 점차 서로에 대한 두려움을 버리고 상생으로 나아갔다. 인간은 공격성이 낮고 도망갈 가능성이 적은 늑대에게 먹이를 주고 사육했다. 결국 늑대는 개로 진화했고 인간은 일꾼이자 동반자인 개에게 의지하게 되었다.

개는 공생 경로를 따라 가축화된 최초의 종이지만 유일한 종은 아니다. 가장 먼저 가축화된 종 중 하나인 고양이도 인간 정착지에서 나오는 쓰레기를 좋아했다. 고양이는 초기 농업의 부산물인 쓰레기를 탐하는 쥐도 좋아했다. 하지만 개와 달리 고양이는 야생에서 가축으로 전환되어도 외모가 그다지 변하지 않았다. 하지만 야생 고양이에 비해 길들이기는 마찬가지였다. 개와 마찬가지로 고양이는 특히 인간의 사회적 신호에 맞추어 진화했다. 고양이는 자신의 이름을 분명하게 알아듣고 반응하기도 하고, 주인이 가리키는 것을 선택하는 비언어적 지시를 따르기도 한다. 물론 그들이 하고 싶으면 말이다.

개와 고양이는 모두 인간 사회에서 인간의 동반자로 승격했다. 인간은 처음부터 개나 고양이는 거의 먹지 않았다. 하지만 공생 경로로 가축화된 동물이 모두 그런 동반자 역할을 하지는 않았다. 중국에서는 버려진 음식물 찌꺼기를 먹는 야생 정글 가금류가 가축 닭으로 진화했다. 가축 닭은 현재 전 세계 농장에서 기르는 육지 동물 300억 마리 중 230억 마리를 차지한다. 때로 움직일 수 없을 정도로 좁은 닭장에서 사육되기도 한다. 야생 칠면조는 오늘날 멕시코와 미국 남서부에서 가축화되었고, 큰 칠면조 가슴살을 선호하는 인간 때문에 몸집이 너무 커져 스스로 걷거나 번식하기 힘든 계보가 탄생하기도 했다. 서남아시아와 동아시아에서 쓰레기를 먹으며 인간과 인연을 맺은 돼지는 오늘날 식육 목적으로 사육되거나 인체 장기 대체물로 이용되고 반려동물로 길러지기도 한다. 하지만 돼지는 거의 부정적인 이미지와 엮여 전 세계 문화에서 놀림감이 되기도 한다.

소, 양, 염소, 낙타, 버펄로처럼 우리가 가축으로 여기는 종 대부분은 두 번째 경로인 먹이 경로를 따라 가축화되었다. 먹이 경로는 우연히 시작되었다는 점에서 공생 경로와 비슷하지만 인간이 야생동물을 관리하며 시작되었다는 점에서 다르다. 기후 변화나 동물 남획에 따라 지역에 먹잇감이 부족해지면서 동물 관리가 시작되었을 것이다. 먹잇감 수를 늘리고 사냥 가능성을 높이기 위해 사냥 전략을 다듬는 과정에서 동물 관리를 시작했을 수도 있다. 시작이야 어떻든 번식을 끝낸 나이 든 개체나 수컷만 잡는 전략은 먹잇감 개체수를 유지하거나 늘렸으며 식량을 안정적으로 확보하는 데 도움이 되었다. 그렇게 관리된 먹잇감 종이 인간 사회에 추가로 편입되었다. 사람들은 먹잇감이 언제 어디로 이동할지, 무엇을 먹을지, 어떻게 번식할지 통제하기 시작했다.

동물의 삶이 야생의 삶에서 인간이 통제하는 삶으로 바뀌며 동물은 다양한 진화적 압력을 받았다. 사육 상태에서는 자기 보호나 짝짓기 경쟁을 하느라 뿔이 필요 없을 뿐만 아니라, 뿔을 키우고 달고 다니는 데도 열량이 많이 소모되었다. 하지만 더 중요한 점은 기질이었다. 공격적인 동물은 인간이나 다른 동물에게 위험해서 사육 동물로 받아들여지지 않았다. 쉽게 겁먹고 도망가는 동물도 다음 세대에 이바지하지 못한다. 시간이 지나면서 인간은 가장 유순하고 순종적인 동물을 선택해 번식시켜 목동을 두려워하지 않고 의존하는 무리를 만들었다. 오늘날 일부 과학자들은 가축화된 동물의 뇌에 유전적 변화가 일어나 공격적인 행동을 저해하고, 전혀 관련 없어 보이지만 가축에 흔한 신체적 특성이 나타났다고 믿는다. 얼룩덜룩한 털 색깔, 작은 치아, 늘어진 꼬리와 귀, 작은 뇌, 비계절성 발정 주기 같은 특성이다.

공생 경로와 먹이 경로는 우연히 시작되었지만 인간이 의도한 선택이기도 하다. 처음 사육된 동물은 첫 세대가 지나며 뿔이 작아지고 더 유순해졌다. 이런 특성이 있는 개체가 사육 환경에 더 적합하기 때문이다. 하지만 목동이 특정 크기나 털 색깔을 지닌 동물을 선호하거나, 쟁기를 끌고 젖을 많이 짤 수 있는 동물을 만들고 싶다고 결정하면 의도가 개입해 선을 넘는다. 우연한 변형에서 의도한 변형으로 바뀌는 이런 전환은 가축화를 다른 상생 요소와 구별하는 것이며 인간을 다른 동물과 구별하는 요소이기도 하다.

언뜻 가축화와 비슷해 보이는 상생은 생명의 나무The tree of life 전반에서 흔히 나타난다. 가장 흥미로운 사례는 개미다. 열대 잎자르기개미는 숲을 가로질러 잘 닦은 길을 따라 자기 몸 크기의 몇 배나 되는 잎사귀를 나른다. 잎은 개미가 먹으려는 것이 아니라 개미가 서식지에서 재배하는 거대한 버섯에 주려는 것이다. 이 상생 관계에서 개미는 농부와 비슷하다. 개미는 버섯 정원에 먹이를 주고 가지치기하며, 기생 곰팡이나 해충을 제거해 버섯을 건강하게 기른다. 심지어 화학적 신호를 이용해 특정 식물이 버섯에 독성이 있는지 알아낸 다음 그 식물은 버린다. 버섯은 상생 관계가 아니면 얻을 수 없는 안전한 서식지를 얻는다. 상생 관계는 개미의 놀라운 행동 덕분에 다음 세대로 이어진다. 평소와 다름없는 어느 날 날개 달린 개미 수천 마리가 갑자기 일제히 하늘로 날아오른다. 일단 공중에 날아올라 여러 번 짝짓기한 개미는 날개를 떨구고 겸은 눈송이처럼 떨어진다. 학부생 시절 파나마 열대 우림에서 연구할 때 우연히 목격한 이 지옥 같은 풍경은 현대 전염병이 아니라 잎자르기개미의 결혼 비행이었다. 그러면 버섯은 어떻게 될까? 비행이 끝나고 개미 떼가 하늘하늘 떨어지는 동안 다음 세대의 희망을 안고 있는 여왕개미는 옛 버섯 정착지를 단단히 붙들고 있다. 여왕개미가 살아남는다면 이 버섯을 이용해 버섯 정원을 일구고 상생을 이어갈 것이다.

어떤 개미는 농사라기보다 목축에 가까운 상생을 발전시켰다. 유럽 노란초원개미인 라시우스 플라부스Lasius flavus는 진딧물을 기르며 진딧물이 식물을 먹을 때 보호해 준다. 그 대가로 개미는 진딧물이 꿀물처럼 영양가 많은 배설물을 뱉어낼 때 그것을 먹고, 진딧물을 더듬이로 쓰다듬어 꿀물 배설물을 더 방출하도록 착즙하기도 한다. 희귀한 아프리카개미인 멜리소타르수스 에메리이Melissotarsus emeryi는 비늘곤충 서식지를 보호해주는 대가로 이들을 쥐어짜고 핥아서 몸을 덮은 밀랍을 먹는다. 식물에서 비늘곤충을 잡아 운반하기도 하는 것으로 보아, 때로 비늘곤충을 잡아먹기도 하는 듯하다.

다른 동물의 상생 관계는 반려동물과 주인의 관계와 비슷하다. 독이 있는 거대 독거미 제네시스 이마니스Xenesthis immanis는 윙윙거리는 작은 점선무늬개구리인 치나모클레이스 벤트리마쿨라타Chiasmocleis ventrimaculata와 굴에서 함께 지낸다. 독거미가 개구리를 먹을 수도 있지만 그렇게 하지 않는다. 대신 개구리는 거미와 함께 굴에서 지내고, 거미가 먹이를 다 먹으면 개구리는 굴에 들어가서 남은 것을 먹어 치운다. 개구리는 안전한 곳에서 살 수 있고, 독거미는 음식물 찌꺼기가 남지 않아 거미알을 먹는 해충을 유인할 염려가 없는 깨끗한 굴을 확보한다.

표면적으로 이런 상생은 농사, 목축, 반려동물 키우기 같은 순화와 비슷해 보인다. 하지만 중요한 차이점이 있다. 순화에는 목적이 있다. 개미, 거미, 개구리는 우연히 그런 관계에 이르렀다. 수천 세대에 걸쳐 각 계보는 서로 공존했고 결국 생존을 위해 상생했다. 관계가 진화하는 어느 시점에서도 서로 상생하게 되었다는 사실을 알아차리지 못했다. 두 종 모두 상생으로 서로에게 유용한 특성을 향상한다는 대안적인 미래 시나리오를 떠올리지도 않았다. 의도적으로 다른 종을 수정하지도 않았다.

하지만 인간은 계획을 다듬고 보완한다. 그것도 재빨리 한다. 인간은 야생 들소를 잡으려고 마음먹으면 곧 다양한 전략을 시도한다. 전략이 효과가 없다면 마음을 바꿔 즉시 다른 전략을 실행하거나 야생 들소의 행동과 자연사 지식을 기반으로 전략을 개선한다. 효과적인 전략을 발견하면 진화를 거쳐 그 혁신을 자손이나 손자 세대에 물려줄 때까지 기다릴 필요가 없다. 배운 것을 자손에게 말해주기만 하면 그만이다. 부모나 이웃, 친구에게 말해줄 수도 있고 이들이 자신이 하지 못한 부분을 보완할 수도 있다.

1만 년 전 우리 조상이 주변 환경과 다른 종을 조작하기 시작했을 때만 해도 동식물을 순화할 생각은 아니었다. 하지만 인간은 목표가 있었다. 인간은 자원을 확보할 미래를 위해 사냥 전략을 세워 무리를 유지하고, 번식 전략을 실험해 작물 수확량을 늘렸다. 이것은 더 적은 노력으로 예측이 가능했으며 무엇보다 안전했다. 이런 미래를 염두에 두고 인간은 점점 더 의도적으로 종을 바꾸고 조작했다. 울타리를 세워 먹잇감을 가두고 관개시설을 만들어 농작물에 물을 주었다. 인간은 스스로 생각하고, 생각과 전략을 빠르게 바꾸고, 발견한 사실을 친구나 가족에게 말해주며 다른 종과 맺은 역학관계에서 우위를 점했다.

세 번째 가축화 경로

가축화는 진화의 규칙을 바꾸지 않았다. 야생종과 마찬가지로 가축이 키우기 좋은지 아닌지는 번식한 자손 수로 결정된다. 사육 상태에서도 자손을 성공적으로 기르려면 자원과 짝에 접근할 수 있어야 한다. 자연 상태에서는 가축이 사는 환경이 진화의 방향을 유도해 자원이나 짝을 많이 얻을 수 있는 특성을 결정하는 진화적 압력으로 작용한다. 하지만 가축화 과정에서는 자연 대신 인간이 이런 특성을 결정하는 진화적 압력이 된다.

인간 조상은 동식물을 조작할 수 있다는 사실을 깨닫자마자 더 많은 것을 원했다. 식량이나 옷, 도구 또는 건축 자재로 이용할 식물을 더 많이 원했고, 음식이나 작업 또는 수송에 이용할 동물도 더 많이 원했다. 식물 재배와 축산업에 대한 새로운 지식으로 무장한 사람들은 인간의 입맛을 최대한 반영하고 이미 가축화한 종을 개선할 효율적인 방법을 발견했다. 가축화는 또 하나의 기회였다.

공생 경로와 먹이 경로로 길든 종은 인간이 통제하기 좋은 특성을 지녔다. 이 종들은 지배적 위계질서에 따라 큰 무리 내에서 소임을 다하며 살았다. 짝짓기에도 개방적이었고 아무거나 잘 먹어서 이 종에 관한 결정을 내리기도 쉬웠다. 인간을 그다지 두려워하지도 않았다. 하지만 이런 성향이 부족한 종도 있었다. 이런 종을 순화하려면 세 번째 방법이 필요했다. 바로 유도 경로directed pathway다.

유도 경로로 길들인 최초의 종은 말이다. 인간이 말을 가축화했다는 최초의 증거는 중앙아시아 보타이Botai 문화에서 나온다. 고고학자들은 이곳에서 발견된 5,500년 된 말의 뼈와 치아가 약간 손상되어 있다는 점으로 미루어 말이 고삐나 마구로 묶여 있었다고 추정했다. 진흙 항아리에 묻은 단백질 잔류물을 추적해 당시 인간이 암말의 젖을 마시거나 가공했다는 사실도 밝혔다. 인간이 야생마 젖을 짤 가능성은 거의 없으므로 이는 보타이 말이 가축화되었다는 강력한 증거다.

프랑스 리옹의 고대 DNA 과학자이자 말 가축화 전문가인 루도빅 오를랑도Ludovic Orlando는 국제 연구팀을 구성해서 말이 언제, 어디서, 어떻게 가축화되었는지 10년 이상 연구해왔다. 나도 이 연구팀에 속해 있다. 우리는 보타이 말의 고대 DNA를 분리해 살아 있는 말의 DNA와 비교하면 보타이 말이 오늘날 가축 말의 직계 조상임이 드러나리라 예상했다. 하지만 놀랍게도 그렇지 않았다. 대신 보타이 말은 오늘날 유일하게 남아 있는 야생마 프제발스키 말과 유전적 계보가 비슷했다. 보타이 말의 DNA는 말 유전자 풀에는 남아 있지 않다. 고고학적 기록으로 볼 때 보타이 인은 말을 길들였지만 보타이 말의 계보는 살아남지 못했다.

2019년, 우리 팀은 살아 있는 가축 말의 조상이 누구인지 확인하기 위해 북반구에서 얻은 약 300마리의 고대 말 DNA와 살아 있는 가축 말 DNA를 비교했다. 그 결과 인간이 약 4,000년 전 보타이 말 외에도 최소한 다른 말 두 군을 길들였다는 증거를 발견했다. 이런 가축화 중 하나는 유럽 남동부에서, 다른 하나는 북아시아에서 발생했다. 하지만 이 두 군의 계보도 보타이 말과 마찬가지로 살아남지 못했다. 오늘날 알려진 말의 계보가 언제, 어디서 인간에게 길들었는지는 아직 모른다.

인간은 왜 그렇게 다양한 문화권에서 말을 가축화했을까? 처음 말을 길들인 문화에서는 다른 말을 쉽게 사냥하기 위해 말을 길들였다고 널리 알려져 있다. 하지만 일단 말을 통제할 수 있게 되자 인간은 말이

고기와 가죽 이외에도 쓸모 있다는 사실을 알게 되었다. 말은 소처럼 젖을 짤 수 있지만 질이 좋지 않은 풀을 먹고도 살 수 있었다. 하지만 더 중요한 사실은 말을 탈 수 있다는 점이었다.

말타기는 여러 이점이 있다. 야생동물과 가축을 가두는 데는 걷기보다 말타기가 효율적이었다. 말에 올라 키가 커지자 다른 사람을 지배하는 데도 유리했다. 게다가 말은 강하고 발이 튼튼해서 험난한 지형에서도 먼 거리를 걸을 수 있었다.

말타기를 처음 받아들인 아시아는 스텝 초원의 문화가 달라졌고, 그다음에는 모든 인간 사회가 바뀌었다. 약 5,000년 전 얌나야Yamnaya 문화 유목민이 말을 타고 유럽에 도착했다. 그들이 새로 발명한 수레에는 바퀴나 구리 망치 같은 무기와 도구가 가득 채워져 있었다. 얌나야 족은 일부 언어학자들이 오늘날 모든 인도유럽어족의 근원이라고 믿는 언어도 가져왔다. 얌나야 족은 유럽에 진입하며 4,000년 전 비옥한 초승달 지대에서 북쪽으로 먼저 확장해온 정착 농경인을 만났다. 이렇게 말은 유럽 신석기 시대를 청동기 시대로 이끈 다양한 문화를 한데 모았다.

오늘날 사람들은 끊임없이 야생종을 데리고 와서 순화하려고 애쓴다. 개나 고양이를 기르는 데 만족하는 사람도 있지만 좀 더 특이한 반려동물을 원하는 사람도 있는 것이다. 중세 시대에는 쥐를 잡는 평범한 고양이에 시들해진 귀족들이 여우원숭이, 치타, 족제비를 비롯해서 고양이의 잡종으로 보이는 작은 아프리카 육식동물이나 사향고양이를 길렀다. 사향고양이는 그다지 사랑스럽지는 않지만 확실히 이국적이어서 현재 미국과 아시아에서 사향고양이 인기가 다시 높아지고 있다. 중앙아메리카와 남아메리카에 서식하는 거대 설치류인 카피바라capybara

도 반려동물로 점점 인기를 얻고 있다. 사육하며 번식한 카피바라는 인간과 잘 지낼 수 있게 순화되었지만, 한 쌍으로 길러야 하고 수영할 수 있는 웅덩이, 진흙 목욕탕, 그리고 도시나 교외 지역에는 부족한 햇빛이 많이 필요하다.

유도 경로는 새로운 식량을 만드는 데도 쓰인다. 양식업은 세계적으로 가장 빠르게 성장하는 가축화 산업이다. 20세기 들어 약 500종의 해양·민물 종이 가축화되었다. 이국적인 육류가 인기를 얻으며 악어에서 타조, 순록에 이르는 야생동물을 가축화하거나 사육하려는 노력이 이어졌고 몇몇은 성공을 거두었다. 한 가지 사례는 미국 등의 목장에서 흔히 볼 수 있는 아메리카들소다. 목장 들소는 성공적인 가축화 사례다. 가축화된 들소는 야생 들소보다 덜 공격적이며 인간 앞에서 놀라지 않는다. 하지만 이런 기질을 가진 대부분의 들소는 소와 교배해서 얻었다. 산업계는 잡종 교배를 받아들이고 심지어 장려하기까지 해서, 목장 들소는 소 계통을 37.5퍼센트나 가져도 여전히 들소라고 이름 붙여 팔 수 있다. 특정 개체에서 소 DNA 비율을 계산하는 유전체 시험법이 개발되자 목장주들은 소와 들소를 균형 있게 교배해 들소를 쉽게 관리하고 들소 계통을 충분히 유지할 수 있게 되었다.

식용 식물 세계에서도 유도 경로가 중요하다. 오늘날 수십, 수백 종의 식물이 재배할 가치가 있고 영양가 넘치는 식용 식물로 바뀌었다. 미국 감자콩은 울퉁불퉁한 땅속 덩이줄기를 만드는 콩과 식물인데, 먹을 수 있으며 토양에 질소를 공급한다. 북아메리카 원주민은 미국 감자콩을 먹기는 했지만 작물화하지는 않았다. 하지만 미국 감자콩은 우수한 작물화 후보이기는 하다. 영양가가 높고 수확이 편리할 뿐만 아니라 토질이 좋지 않은 땅에서도 잘 자라고 심지어 질소를 고정해 토질을 향상한다. 미국 감자콩을 작물화하면 질이 좋지 않은 경작지나 기후가 큰 폭으로 변하리라 예상되는 나라에도 심을 수 있다.

이미 작물화되었지만 영양가를 높일 수 있는 식물도 유도 경로의 대상이다. 씨앗이 더 크고 기름진 해바라기나, 가뭄에도 잘 자라고 병충해에도 강한 질병 저항성 옥수수도 나왔다. 야생 식물이나 작물화된 식물을 더 효율적이고 영양가 높은 작물로 조작하면 오늘날 늘어나는 인구를 먹이고 변화하는 기후 패턴에 맞설 좋은 기회가 될 수 있다.

소의 힘

야생 소 보스 타우루스 프리미게니우스Bos taurus primigenius는 홍적세 빙하기로 접어들며 뜨겁던 지구가 식고, 한때 널리 퍼진 숲이 초원으로 바뀌기 시작한 250만 년 전 진화했다. 오늘날 인도 지역에서 일어난 일이다. 이런 식생 변화는 거칠지만 영양이 풍부한 풀을 먹을 수 있는 새로운 초식동물에게 새로운 기회였다. 야생 소는 세대가 변하는 기간이 짧은 거대동물로, 점점 넓어지는 초원에서 가장 번성한 종의 하나였다. 인간이 비옥한 초승달 지대에 밀을 심을 무렵 유럽, 아시아, 북아프리카 전역에 퍼진 야생 소는 인간에게 사냥당해 잡아먹혔다.

오늘날 시리아 북부 비옥한 초승달 지대에 속한 유프라테스 중부 계곡 자데Dja´de라는 유적지에서 발굴된 약 1만 500년 된 야생 소뼈 크기를 보면 이전에 비해 그 크기가 갑자기 작아졌음을 알 수 있다. 현장 고고학자들은 이 변화를 다음과 같이 설명했다. 크기가 훨씬 작은 암컷 야생 소를 더 많이 잡았기 때문이라는 설명이 첫 번째였다. 하지만 발굴된 뼈는 수컷과 암컷 수가 비슷했으므로 이런 가능성은 곧 배제되었다. 아직 덜 큰 소만 잡았기 때문이라는 가설도 있었지만 발굴된 뼈의 연령 대는 다양했다. 서식지 환경이 나빠져 야생 소의 몸집이 작아졌다고 추정할 수도 있지만 암컷보다 수컷의 크기가 더 급격히 줄어든 것으로 보아 수컷에만 영향을 준 다른 요인이 있다고 생각되었다. 같은 유적지에서 발굴된 다른 종은 몸집이 변하지 않았으므로 일반적인 외부 원인 때문도 아니었다. 고고학자들은 야생 소의 몸집이 줄어든 이유는 가축화 때문이라고 결론 내렸다. 자데에 살던 인간은 사냥꾼에서 목동으로 바뀌며 덜 공격적이고 관리하기 쉬운 야생 수컷 소만 번식시켰다. 대체로 소의 공격성과 몸집은 비례하므로 인간의 선택 압력은 암수 간 몸집 차이를 줄이는 한편 야생 소 종 전체의 몸집도 줄었다. 자데 유적지는 인간이 야생 소를 관리한 최초의 증거다.

자데 유적지의 연대에서 불과 백 년도 지나지 않아 자데에서 약 250킬로미터 떨어진, 오늘날 터키 남동부 티그리스 상류 계곡의 다른 유적지 카유뉴Çayönü에서도 비슷한 변화가 나타났다. 고고학자들은 카유뉴에서 발굴한 뼈의 크기가 줄었음은 물론 이 뼈에서 얻은 안정된 탄소 및 질소 동위원소에도 변화가 있음을 확인했다. 수컷의 몸집이 작아졌을 뿐만 아니라 야생 소의 먹이도 달라졌다는 의미다. 야생 소는 원래 먹던 식물이 아니라 농장 같은 개방된 서식지에서 자라는 식물을 먹기 시작했다. 야생 소와 비슷한 서식지에 살고 먹이도 비슷한 붉은 사슴의 뼈에서는 동위원소 변화가 나타나지 않았다. 기후 때문에 모든 종의 먹이가 변한 것이 아니라 야생 소의 먹이만 변했다는 의미다. 고고학자들은 카유뉴의 야생 소가 인간에게 의존하거나 최소한 인간을 받아들이는 생활 방식을 채택했다고 결론 내렸다. 이 야생 소는 초기 소, 구체적으로 말하면 타우린 소인 보스 타우루스 타우루스Bos taurus taurus였다.

새로운 고고학 데이터가 나타나면 타우린 소의 가축화 이야기가 좀 더 다듬어지겠지만, 자데와 카유뉴가 소 가축화의 중심지였을 가능성이 크다. 두 곳 모두 주변 산악 지대보다 비교적 평평해서 야생 소를 기르기에 적합한 장소였으며 그곳은 1만 1,000년 이전 인간이 정착 생활한 유일한 장소여서 야생 소를 관리할 수 있었다. 두 유적지는 지리적으로도 가까워서 서로 가축화 기술이나 동물을 교환할 수도 있었을 것이다.

고대 동물학 기록에 따르면 소가 가축화되기 시작하자마자 가축 소는 널리 퍼졌다. 소 가축화는 염소나 양보다 늦었고 유전 증거에 따르면 가축화된 개체수도 비교적 적었다. 소 가축화가 더 어려웠다는 의미다. 야생 소는 양이나 염소보다 덩치가 크고 공격적이며 다루기도 힘들고 울타리로 몰기도 어렵다. 하지만 일단 가축화되자 소는 인간 사회를 바꾸어놓았다. 소는 사람에게 식량과 옷을 주었을 뿐만 아니라 일도 할 수 있었다. 무거운 물건을 밀고 끌며 나르던 최초의 작업용 말처럼 소를 이용하자 농장 일은 더욱 효율적으로 돌아갔다. 험하고 접근하기 어려운 땅도 쉽게 경작할 수 있었다. 소를 통해 땅에서 더 많은 양분을 얻자 더 많은 사람을 먹일 수 있었다. 야생 땅을 농장으로 개간하는 힘든 일을 소가 도맡자 사람들은 신석기 문화, 도구, 길들인 동식물을 갖고 마을 밖으로 퍼져나갔다.

9,000년 전 타우린 소는 지중해 연안과 다뉴브강을 따라 유럽으로 퍼졌다. 8,000년 전에는 아프리카까지 나아갔다. 타우린 소는 아프리카 북부 해안을 가로질러 나아가 그곳에서 흩어진 후 지브롤터해협을 건너 이베리아반도를 지나 다시 유럽으로 퍼져 나갔다. 4,000년 전에는

중국 중부와 북부에 도달했다. 약 9,000년 전 오늘날 파키스탄 인더스 계곡에서 가축화된 다른 소 계보인 제부 소Zebu cattle는 4,000년 전 동아프리카로, 3,000년 전에는 동남아시아로 퍼졌다. 타우린 소와 제부 소는 퍼져나가며 야생 소나 먼저 가축화된 소 또는 비슷한 종을 만나 교배했다. 이 교배종 일부는 우연히 발생한 것이지만 신석기 시대 목동이 다른 동물을 데려와 소 떼에 채워 넣으며 의도적으로 발생하기도 했다. 유전자가 교환되자 지역에 적응한 계보가 출현했다. 티베트 소는 가축화된 소가 아니라 토종 야크에서 물려받은 돌연변이 덕분에 높은 고도에서 살 수 있었다.

소는 새로운 환경에 적응하며 인간과 함께 사는 생활에도 적응했다. 2015년, 데이비드 맥휴David MacHugh와 댄 브래들리Dan Bradley가 이끄는 아일랜드 고대 DNA 연구팀은 가축 소가 도착하기 전, 오늘날 영국에 살았던 야생 소의 유전체 전체를 서열분석했다. 그들은 이 야생 소의 유전체를 살아 있는 가축 소의 유전체와 비교해 가축화된 후의 소에서 어떤 유전적 변화가 일어났는지 밝혔다. 소들은 뇌 발달, 면역, 지방산 대사와 관련된 유전자에서 돌연변이가 나타났음을 알 수 있었다. 소들이 무리 지어 살고 다양한 먹이를 섭취하는 데 도움이 되는 변이였을 것이다. 성장과 근육량 관련 유전자에서도 돌연변이가 나타났다. 육류 생산과 관련된 적응이 일어났다는 의미다. 유럽 소가 지방 함량이 높은 우유를 생산하는 디아실글리세롤 오-아실트랜스퍼라제 1(DGAT1, diacylglycerol Oacyltransferase 1)이라는 유전자 돌연변이를 공유한다는 사실도 밝혀졌다. 인간이 오늘날에도 전 세계 주요 식품 산업인 낙농을 초기에 선택했다는 증거다.

마실 수 있는 단백질

인간이 낙농을 했다는 최초의 고고학적 증거는 약 8,500년 전, 즉 소를 가축화한 지 2,000년이 지난 시기로 거슬러 올라간다. 고고학자들은 원래 가축 소를 사육하던 곳에서 상당히 먼 오늘날의 터키 동부 아나톨리아에서 발견된 토기를 통해 유지방 잔류물을 얻었다. 인간이 우유를 가열했다는 의미다. 토기에 남은 유단백질을 분석해 유럽으로 낙농이 확산했다는 사실도 밝혔다. 이 확산은 가축 소의 확산과 동시에 일어났다.

인간이 소를 가축화한 직후 낙농을 시작했다는 것은 당연한 사실이다. 우유는 갓 태어난 포유동물에게 당, 지방, 비타민, 단백질의 주요 공급원이 되는 영양가 있는 식품이다. 우유가 송아지에게도 좋지만 인간에게도 좋으리라는 생각은 자연스러웠을 것이다. 유일한 문제는 우유를 소화시키는 능력이었다. 락타아제 지속성 돌연변이가 없다면 어려운 일이었다.

락타아제 지속성이 있는 사람은 유당의 열량을 섭취할 수 있기 때문에 락타아제 지속성 돌연변이의 확산과 낙농의 확산이 밀접하게 연관 있으리라는 점은 충분히 이해할 수 있다. 낙농이 시작될 무렵 돌연변이가 발생했거나 낙농 기술을 습득한 집단에 이미 돌연변이가 있었다면 돌연변이가 있는 사람이 유리했을 것이다. 돌연변이가 있는 사람들은 우유라는 추가 자원을 얻을 수 있어 이 동물성 단백질을 먹고 더 많은 자손을 낳았을 것이고, 결과적으로 돌연변이가 더 퍼졌을 것이다. 하지만 고대 DNA 분석 결과, 예상과 달리 초기 낙농 인류의 유전체에서는 락타아제 지속성 돌연변이가 발견되지 않았다. 낙농이 시작된 지역에서도 락타아제 지속성 돌연변이가 나타나는 빈도는 오늘날 유럽인에게 가장 낮게 나타나는 빈도 정도밖에 되지 않았다. 최초로 낙농을 했던 이들은 우유를 마시지 않았을 것으로 추측된다. 대신 이들은 우유를 익히거나 발효해 치즈나 시큼한 요구르트를 만들어 소화되지 않는 당을 줄였다.

인간이 락타아제 지속성 돌연변이 없이도 유제품을 섭취할 수 있다면 오늘날 이 돌연변이가 널리 퍼진 이유를 달리 설명해야 한다. 락타아제 지속성은 매우 흔해서 오늘날 전 세계 인구의 3분의 1이 락타아제 지속성을 가지고 있다. MCM6 유전자 인트론 13에 있는 같은 신장부에서 일어나는 락타아제 지속성 돌연변이는 최소 다섯 가지다. 일단 각 돌연변이가 발생한 집단에서는 해당 돌연변이가 나타나는 빈도도 높아지므로 이 돌연변이가 엄청난 진화적 이점을 준다고 볼 수 있다. 치즈와 요구르트 외에 우유도 마실 수 있다는 사실이 이런 돌연변이의 중요성을 충분히 설명할 수 있을까? 가장 간단한 가설은 락타아제 지속성이 가진 이점이 우유 열량의 약 30퍼센트를 차지하는 당인 유당과 관련 있다는 점이다. 유당을 소화할 수 있는 사람만 이 열량을 얻을 수 있다. 우유는 기근이나 가뭄, 질병이 퍼지는 시기에 소중한 열량이었고 깨끗한 식수가 부족할 때는 대신 우유를 마실 수도 있었다.

다른 가설은 우유를 마시면 유당 외에도 칼슘과 그 칼슘 흡수를 돕는 비타민 D도 함께 섭취할 수 있다는 점이다. 비타민 D가 체내에서 생성되려면 햇빛 자외선을 받아야 하는데, 햇빛이 부족한 특정 개체군에는 우유의 비타민 D가 도움이 될 수 있다. 하지만 이런 가설은 햇빛이 부족한 북유럽에서 락타아제 지속성이 높은 빈도로 발생하는 이유를 설명할 수는 있지만, 비교적 햇빛이 풍부한 아프리카나 중동 일부 지역에서도 락타아제 지속성이 높은 빈도로 나타나는 이유를 설명하지는 못한다. 이 가설이나 락타아제와 관련된 직접적인 가설도 수천 년 동안 목축, 유목, 낙농을 한 중앙아시아와 몽골 지역에서 락타아제 지속성이 적게 나타나는 이유를 설명하지 못한다. 연구자들은 아직도 락타아제 지속성이 어떤 지역에서는 상당히 많이 나타나지만 경제적·문화적으로 낙농이 중요한 다른 지역에서는 오히려 적게 나타나는 이유에 대해 이렇다 할 설명을 내놓지 못하고 있다.

비슷한 연대로 추정되는 오늘날 스페인 북부 유적지 두 곳과 스웨덴에서 발견된 유골 한 점에서도 이 돌연변이가 발견된다. 데이터는 드물지만 이런 돌연변이가 발견되는 시기는 유럽에서 일어난 다른 주요 문화적 격변기와 일치한다. 바로 얌나야 문화의 아시아 목동이 유럽에 도착한 시기다. 얌나야 족은 말, 바퀴, 새로운 언어뿐만 아니라 향상된 우유 소화 능력도 함께 들여왔다.

인간이 지닌 락타아제 지속성의 신비는 유전자, 환경, 문화가 복잡한 상호작용을 거쳐 이루어 낸 결과다. 어디에서 처음 발생했는지와 관계없이 락타아제 지속성 돌연변이는 처음에는 우연히 발생했다. 얌나야 족은 유럽에 들어올 때 흑사병을 함께 가져와 유럽 인구를 말살했다. 개체군이 작아지면 유전자의 이점과 상관없이 돌연변이가 빠르게 퍼질 수 있다. 전염병이 퍼지고 인구가 줄었을 때 락타아제 지속성 돌연변이가 이미 있었다면 돌연변이는 은밀하게 퍼져나갔을 것이다. 인구가 회복되었을 때는 낙농이 이미 일반화되어 돌연변이를 가진 사람은 즉시 이점을 누렸다. 그렇게 조상들은 소를 길들이고 낙농 기술을 개발하며 인간의 진화 과정을 바꿀 환경을 조성했다.

우리는 인간이 만든 이 틈새에서 살며 계속 진화한다. 2018년에는 세계적으로 8억 3,000만 톤의 우유가 생산되었으며, 그중 82퍼센트는 소에서 나왔다. 나머지는 지난 1만 년 동안 인간이 길들인 다른 수많은 종에서 얻은 것이다. 전 세계 우유 생산량의 약 3퍼센트에 이르는 양과 염소젖을 유럽 농장에서 처음 얻게 된 시기는 소 낙농이 시작된 시기와 비슷하다. 4,500년 전 인더스 계곡에서 길들인 버펄로는 오늘날 소 다음으로 많은 젖을 생산하며 그 양은 세계 공급량의 약 14퍼센트를 차지한다. 5,000년 전 중앙아시아에서 길들인 낙타는 세계 우유 공급량의 약 0.3퍼센트를 생산한다. 인간은 5,500년 전에 보타이 사람들이 처음 짜기 시작한 말 젖도 마신다. 4,500년 전 티베트에서 길들인 야크나 6,000년 전 아라비아와 동아프리카에서 길들인 당나귀, 그리고 아직 가축화가 진행 중인 순록 젖도 먹는다. 하지만 이뿐만이 아니다. 오늘날 우리는 큰사슴, 엘크사슴, 붉은사슴, 알파카, 라마 같은 희귀한 종에서 얻은 유제품도 섭취한다. 리얼리티 프로그램 〈탑셰프Top Chefs〉에 출연하는 에드워드 리Edward Lee가 돼지 우유로 리코타 치즈를 만드는 방법을 연구하고 있다는 소문도 있다. 어쨌든 분명 그런 일을 시도해보고 싶어 하는 사람이 존재한다.

강화

소와 인간의 관계가 달라지며 우리 조상이 소에게 가했던 진화적 압력도 달라졌다. 인간은 처음에는 통제하기 쉽고 더 오래 사는 소를 원했다. 이런 선호로 인해 소의 크기는 작아지고 공격성은 감소했다. 하지만 중세에는 선호도가 달라졌다. 일부 역사가들은 풍족한 시대에 우선순위가 달라졌기 때문에 선호도가 달라졌다고 주장했다. 식량 걱정이 없어지자 소 사육자들은 소의 생존 이외에 다른 특성을 개선했다. 17세기 소 사육자들은 지역 서식지의 특성과 인간의 입맛에 맞게 소를 최적화했으며, 교배를 조작해 추운 기후에 강하고 산악 지대에서도 잘 자라며 털 색과 뿔 모양도 아름다운 소를 만들었다.

하지만 항상 모든 일이 잘 풀리지는 않았다. 소는 유럽 전역으로 퍼지며 대륙의 자원을 먹어 치웠다. 숲과 초원은 소 사육장으로 바뀌었고 야생 서식지에 살던 다른 종은 사라졌다. 소의 야생 조상인 야생 소 역시 소로 대체되었다. 마지막 야생 소는 1627년, 오늘날 폴란드의 왕실 사냥터에서 죽었다. 소 개체수가 늘며 소의 먹이가 되는 풀과 서식지 질이 떨어졌다. 소 무리의 밀도가 높아지고 개체의 건강은 나빠졌다. 우역牛疫이라는 질병이 퍼지며 인간 사회에도 혼란과 기근이 찾아왔다.

필사적으로 해결책을 찾던 소 사육자들은 다시 한번 공학 기술로 눈을 돌렸다. 그들은 일부 소가 다른 소보다 질병에 더 강하다는 사실을 발견하고 이 소의 회복력을 지역 적응력이 좋고 미적으로도 아름다운 특성과 결합했다. 위험한 작업이었으므로 사육자들은 공식적으로 교배 기록을 작성하며 체계적으로 교배 결과를 파악했다. 이처럼 세심하게 교배에 접근한 결과 오늘날 우리가 아는 소의 외양, 크기, 품종이 더욱 다양해졌다.

유럽 사육자들만 소 특성을 보완한 것은 아니다. 크리스토퍼 콜럼버스Christopher Columbus가 두 번째 신대륙 항해의 하나로 1493년에 아메리카 대륙에 도착한 이래, 소는 약 100년에 걸쳐 스페인, 포르투갈, 북아프리카에서 카리브해와 중앙아메리카 및 남아메리카로 옮겨졌다. 앵글로색슨족이 유럽 소 품종을 북아메리카와 호주에 들여오며 소는

17세기에 이르러 전 세계로 퍼졌다. 제부 소는 18세기에 인도에서 브라질로 도입되었다. 새로운 서식지에 퍼진 소는 새로운 선택 압력을 받았고 새로운 역할로 그 자리를 채웠다. 신세계 사육자들은 유럽 종의 특성을 결합하거나 아메리카들소 같은 지역 동물의 특성을 더해 친척 유럽 소보다 지역 기후에 잘 적응한 건강하고 생산성 높은 소를 만들었다.

20세기 냉장 철도 차량이 발명되어 장거리로 고기를 운송할 수 있게 되자 유럽과 신대륙 목장주들은 늘어난 수요를 따라잡기 위해 고군분투했다. 고기 수요가 급증하며 소의 이익을 극대화하려는 노력도 함께 늘었다. 사육자들은 혈통 장부 데이터를 이용해 소 무리를 관리했고, 해외에서 동물을 수입해 무리의 유전자 풀에 도입했다. 특정 황소나 소가 낳을 수 있는 자손 수는 한정되어 있었으므로 실험은 더뎠다. 하지만 20세기 중반 인공수정artificial insemination과 배아 이식embryo transfer이라는 새로운 기술이 개발되며 실험 속도가 해결되었고 가축 번식의 지형을 완전히 바꿨다.

사육자는 인공수정을 이용해 수컷에서 채취한 정자를 발정기 암컷의 생식관에 주입하는 방식으로 어떤 개체를 번식시킬지 정확히 제어할 수 있다. 채취한 정자를 냉동하면 장거리 운송도 가능하고 생존할 수 있는 상태로 수십 년 동안 보관할 수도 있다. 이렇게 하면 개별 소의 생식 연령을 훨씬 넘어 유전에 영향을 미칠 수 있다.

배아 이식도 개체의 유전적 영향력을 크게 늘인다. 일반적으로 암컷 송아지는 10만 개가 넘는 난자를 가지고 태어나지만 그중 열 개 정도만 수정된다. 배아 이식의 목표는 생식 기간 전체에 걸쳐 이 숫자를 훨씬 넘는 난자를 이용하는 것이다. 배아 이식을 할 때는 소에 호르몬을 투여해 한 번에 하나 이상의 난자를 생산하도록 유도한다. 그다음 교배나 인공수정으로 하나 이상의 배아를 만들거나 난자를 채취해 체외 수정한 다음 대리모로 옮긴다. 짝짓기하면 배아를 채취해 자궁 밖으로 빼내 건강 상태를 확인한 다음 대리모에게 옮겨 발달을 이어간다.

인공수정이나 배아 이식은 품종 개량을 촉진한다. 1960년대 벨기에 사육자들은 인공수정으로 강한 근육질 소를 만들었다. 바로 벨기에 블루Belgian Blue다. 이후 유전체 분석을 통해 벨기에 블루 소의 튼튼한 근육 조직은 성체가 일정 크기에 도달하면 근육 발달을 멈추는 단백질인 미오스타틴9 생산을 차단하는 돌연변이 때문에 발생한다는 사실이 밝혀졌다. 돌연변이가 있는 동물은 크기가 어느 정도 큰 후에도 성장을 멈추지 않으므로 도축 시 많은 살코기를 얻을 수 있다. 이 과정의 유전적 메커니즘이 알려지지 않았던 1960년대에는, 사육자들은 근육이 많은 황소끼리 짝짓기하면 훨씬 근육이 많은 송아지가 나온다고 생각했다. 하지만 인공수정을 이용하면 수컷의 유전 정보 비율을 일정하게 유지하고 선택 번식 속도를 높여 실험을 더욱 통제할 수 있다.

인공수정과 배아 이식은 농업 문화에 엄청난 잠재력을 주었다. 배아 이식으로 소는 일 년에 새끼 한 마리가 아니라 열 마리도 낳을 수 있다. 이렇게 번식력이 늘어나면 가뭄이나 질병이 자주 발생해 식량 상황이 불안정한 지역에 도움이 된다. 이 두 가지 기술을 이용하면 원하는 형질을 개체군과 품종 간에 빠르고 효율적으로 옮길 수 있다. 1983년, 오늘날 서아프리카 가축 혁신 센터West African Livestock Innovation Center 사육자들은 서아프리카 은다마 소N'dama cows 배아를 케냐 보란 소Boran cow 대리모로 옮겼다. 그들의 목표는 은다마 소가 타고난 아프리카 수면병인 트리파노소마병trypanosomal disease 저항성을 이 병에 취약한 보란 소로 옮기는 것이었다. 은다마 송아지가 생식 연령에 도달하면 보란 소와 교배해 질병 저항성을 가진 유전자를 다음 세대에 전달한다.

한 개체군에서 유익한 형질을 늘리는 일은 분명 좋은 일이지만, 인공수정이나 배아 이식을 이용한 형질 증식은 의도치 않은 결과를 초래할 수 있다. 극단적인 예로, 특정 형질을 지닌 부모 종만이 다음 세대에 형질을 전달한다면 이는 집중적인 근친 교배나 마찬가지이며 결국 모든 자손은 이복형제다. 선택 번식을 하면 가축의 유전적 다양성이 매우 줄어든다. 지난 200년 동안 말의 선택 번식이 늘며 오늘날 말은 더 빠르고 민첩해졌지만 유전적 다양성은 약 15퍼센트 감소했다. 번식 풀이 줄면 희소 유전병은 는다. 벨기에 블루 소는 산도가 비정상적으로 좁은 데 비해 출생 시 송아지의 몸집은 몹시 커서 송아지의 90퍼센트는 제왕절개로 태어난다. 벨기에 블루 소는 호흡기 문제가 있고 혀가 비대하며, 지방을 적게 생산하므로 서늘한 기후에서 살기에 적합하지 않다. 이 동물들은 태어난 환경에는 잘 적응하지만 인간의 통제 밖에서는 살 수 없다.

부적응 형질은 선택 번식의 부작용이며 가축에서 흔하게 나타난다. 실제로 일부 부적응 형질은 특정 종의 고유 특성이 되기도 했다. 순종 불독 3분의 1은 심각한 호흡기 문제가 있으며 독일 셰퍼드는 고관절 이형성증에 매우 취약하다. 이런 유전적 문제는 종에 이종교배outbreeding하는 방법을 통해 다양성을 도입하는 유전적 구출genetic rescue 방법으로 해결할 수 있다. 하지만 유전적 구출은 종의 다른 특성을 없앨 수도 있으므로 개 사육자들에게는 탐탁지 않을 수 있다. 사실 개 사육자들은 20세기 중반까지 유전적 구출을 비자연적이라고 했지만, 수 세기에 걸쳐 오늘날의 개 품종을 만든 이종교배는 자연적이라며 수용했다. 그 후 다행히 달마티안 논쟁으로 많은 개 사육자가 유전적 구출을 받아들였다.

1970년대까지 모든 순종 달마티안은 신장과 방광에 요로 결석이 생겨 신부전으로 이어지는 고요산뇨증이라는 질환을 앓았다. 1973년 의학 유전학자이자 달마티안 사육자인 로버트 샤이블Robert Schaible은 유전적 구출을 이용해 강아지의 고요산뇨증을 치료하려 했다. 그는 포인터와 달마티안을 교배한 다음, 이 포인터-달마티안 잡종과 순종 달마티안을 5대에 걸쳐 교배해 적합한 달마티안 품종 특성을 얻었다. 7년 후 그가 얻은 5대 서른두 마리 강아지 중 서른한 마리인 97퍼센트는 고요산뇨증이 없었다. 그는 미국 켄넬클럽American Kennel Club에 자기 개를 달마티안으로 등록해달라고 요청했고 클럽은 몇 개월의 숙고 끝에 그의 청원을 받아들였다. 당시 미국 켄넬클럽 회장인 윌리엄 스티플William Stifel은 다음과 같이 말했다. "특정 품종의 형질에서 유래한 유전병을 해결하면서도 표준 품종의 무결성을 유지하는 논리적이고 과학적인 방법이 있다면, 미국 켄넬클럽은 기꺼이 그 길을 받아들여야 한다."

하지만 모든 달마티안 사육자가 스티플의 견해를 받아들이지는 않았다. 어떤 회원은 문제가 그대로 남아 있다고 지적했다. 개가 질병을 나타내지 않더라도 고요산뇨증 유전자를 숨기고 있다가 그 형질을 그대로 자손에게 옮길 수도 있기 때문이다. 미국 켄넬클럽은 이런 주장에 맞서 사육자들에게 개가 질병을 일으키지 않는 새끼를 낳아 고요산뇨증 유전자를 옮기지 않았음이 입증될 때까지 기다리게 했다.

2008년, 데이비스 캘리포니아 대학교의 다니카 바나쉬Danika Bannasch가 고요산뇨증을 유발하는 돌연변이로 SLC2A9라는 유전자를 지목하자 문제는 더 간단해졌다. 이 돌연변이가 발견되자 강아지가 태어났을 때 간단한 유전자 검사를 해서 이 유전자를 가졌는지 확인할 수 있게 되었다. 2011년, 미국 켄넬클럽은 유전자 검사를 통과한 달마티안을 등록하기 시작했고, 선택 번식으로 발생하는 다른 질병을 유전적으로 해결할 수 있는 길을 열었다.

고요산뇨증 같은 유전자 검사는 선택 번식의 방식을 바꿨다. 우선 전 세계적인 DNA 서열분석 협업을 통해 곰, 개, 소, 사과, 옥수수, 토마토, 기타 수십 가지 계통에 대한 표준 데이터베이스를 만들었다. 과학자와 사육자들은 이런 데이터를 바탕으로 어떤 유전자가 어떤 특성을 유발하는지 확인하고, 환경에 적합하도록 품종을 개량하거나 개체군 및 품종 간에 형질을 옮기고 부적응 유전자가 발현하지 않도록 막을 수 있게 되었다. 이런 정보는 의미 있는 결과로 이어졌다. 영국 켄넬클럽과 협업한 토머스 루이스Thomas Lewis와 카트린 멜러시Cathryn Mellersh의 2019년 보고서에 따르면 유전체 검사가 가능해진 후 켄넬클럽에 등재된 개 중 래브라도 리트리버의 운동 유발성 허탈증, 스태퍼드셔 불 테리어의 조기 백내장 발병, 코커스패니얼의 진행성 실명 등 여러 유전적 질병이 사라졌다.

오늘날 전 세계에 퍼진 짐승의 가축화는 인간의 독창성과 공학이 함께 달성한 위업이다. '소를 먹고 건강한 인생을!Eat Beef, Live Better!'이라는 표어를 표방하는 웹사이트 Beef2Live.com에서 발표한 세계 소 연감에 따르면 지구상에 사는 소는 거의 10억 마리나 된다. 사람 일곱 명당 소나 황소 한 마리가 있다는 의미이자 소의 다양성도 엄청나다는 뜻이다. 《소 품종 백과사전Cattle Breeds: An Encyclopedia》에는 1,000종 이상의 고유한 소 품종이 나와 있으며, 이는 세계 개 기구World Canine Organization에 등재된 가축인 개 품종의 세 배에 이른다. 오늘날 대부분의 소 품종은 산업 혁명 이후 250년 동안에 나타났다. 소는 고기나 우유 생산과 관련된 특정 형질을 개발하기 위해, 또는 특수한 기후나 지형에서 기르기 위해 번식되었다. 소는 전 세계에 큰 영향을 미친다. 우선 소는 많이 먹는다. 한 마리당 매일 18킬로그램의 사료를 먹는 것이다. 소는 공간도 많이 차지한다. 가축 방목을 위해 땅을 개간한 것은 지난 세기 지형이 인위적으로 변화한 주요 원인이었다. 소는 오염원이기도 하다. 소 방귀와 트림으로 방출되는 메탄가스는 현재 전 세계 온실가스 배출량의 거의 7분의 1을 차지한다.

하지만 우리는 더 많이 원한다. 맛있는 고기와 우유를 생산하는 더 나은 소를 원한다. 더 다양하고 이국적인 반려동물을 원한다. 더 다양하고 새로운 음식도 원한다. 도우미, 일꾼, 안내자, 탐색자도 원한다. 하지만 동시에 우리는 원하는 것을 얻는 과정의 결과를 잘 안다. 조상들은 잘 몰랐겠지만 말이다. 우리는 가축이 아닌 종의 멸종률이 화석에 나타난 기본 멸종률보다 몇 배는 높다는 사실을 알고 있으므로, 자원을 적게 소모하고 공간을 적게 차지하면서도 더 많은 단백질을 생산하는 가축을 원한다. 우리는 산업화한 농업이 대기 및 수질 오염을 유발한다는 사실을 알고 있으므로, 가축이 오염을 덜 일으키고 작물이 질병이나 해충에 면역되기를 바란다. 우리가 통제하는 일부 동물이 근친 교배로 인해 유전병을 겪는다는 사실도 알고 있으므로, 우리가 조작한 형질을 없애지 않고 해로운 돌연변이만을 제거하기를 원한다. 우리는 가축을 조작해 락타아제 지속성 돌연변이가 없는 사람도 마실 수 있는 우유를 생산하는 소나 알레르기를 덜 일으키는 고양이를 만들어 우리 삶을 개선하기를 원한다.

이런 21세기 목표는 21세기 기술로 달성할 수 있다. 하지만 우리 조상들이 신석기 시대에 개발한 뒤 수천 년에 걸쳐 확립한 번식 전략은 진화의 제약을 받는다. 유전자 재조합이 무작위로 일어나거나 변이가 다음 세대로 전달되는 속도가 느리기 때문이다. 오늘날 DNA 서열분석 기술을 이용하면 원하는 표현형을 나타내는 특정 유전자를 정확히 찾아낼 수 있지만 일반 육종은 너무 부정확해 이 정보를 최대한 활용하기 어렵다. 유전공학이라는 이름으로 묶이는 여러 새로운 기술군, 그리고 유전공학 기술을 활용하는 새로운 연구 분야인 합성 생물학synthetic biology을 이용하면 실험 정밀도가 높아진다. 유전공학 기술을 이용하면 개 사육자는 고유한 품종 특성은 그대로 둔 채 질병을 일으키는 돌연변이만 없앨 수 있고, 소 사육자는 지역에 적응하지 못하는 표현형이 딸려올 염려 없이 품종 간에 질병 저항성을 전달할 수 있다. 합성 생물학도 우리의 실험 지평을 확장한다. 우리는 한 종에서 진화한 형질을 자연적으로는 교배하지 않는 다른 종으로도 옮길 수 있다. 인간이 조작한 특성만 지닌 종을 늘릴 수도 있다.

유전공학 기술은 인공수정과 배아 이식만큼 오래전부터 존재해 왔다. 이에 대해서는 책 후반부에서 자세히 다룰 것이다. 하지만 먼저 20세기 초로 돌아가보자. 그때는 동식물을 가축화한 우리 조상의 성과가 오히려 인간 사회를 마비시키고 삼림 벌채와 과도한 방목, 그리고 갖가지 오염으로 지구 서식지를 위협한 시기다. 이 새로운 재앙의 한가운데에서 한 가지 아이디어가 떠올랐다. 남아 있는 야생 공간을 보존하는 가장 좋은 방법은 그 공간을 개조해 덜 야생적으로 만드는 것이라는 생각이다.

05

레이크카우 베이컨

「제61회 의회 제2회기 하원 결의안 H. R. 23261」 미국으로의 야생동물 및 가축
수입 법안

> 미합중국 의회의 상원과 하원이 제정한 경우, 농무부 장관은 야생동물 및
> 가축의 서식지가 현재 점유되지 않고 이용되지 않는 정부 보전 구역 및 토
> 지와 유사한 경우 이들을 조사하고 미국 내로 수입하도록 지시한다. 여기서
> 야생동물 및 가축이란 농무부 장관의 판단에 따라 번성하고 번식할 수 있으
> 며 음식이나 짐을 싣는 데 유용한 동물을 말한다. 이에 따라 25만 달러 또는
> 이에 상응하는 필요한 재원은 달리 지출 승인되지 않은 국고 자금에서 지급
> 된다.

1910년 3월 말, 미국인들은 집단적인 불안과 절망에 빠졌다. 지난
반세기 동안 인구는 세 배나 늘어 약 1억 명이 되었다. 숲은 벌채되고 산

은 깎여나가 경계가 훤히 드러났다. 수십억 마리였던 들소와 나그네비둘기passenger pigeon는 거의 멸종 위기에 이르렀지만 시장은 계속해서 더 많은 것을 요구했다. 더 많은 가죽을 얻을 소, 더 많은 모자를 만들 깃털이 필요했다. 그리고 더 많은 고기가 필요했다. 목장주들은 소를 더 많이 기르려 했지만 과도한 방목으로 인해 이미 목장은 파괴되고 산업이 무너졌다. 계절마다 시장에 출시되는 소는 수백만 마리씩 줄었다. 사람들은 굶주리고 불안해졌다. 개를 먹는다는 이야기까지 나왔다.

늪지대여서 먹일 풀이 마땅치 않아 소를 기를 수 없는 남동부 주에는 다른 재앙이 닥쳤다. 1884년, 세계 박람회를 방문한 일본 대표단은 개최 도시인 뉴올리언스에 오며 부레옥잠인 아인코르니아 카시페스Eichornia cassipes를 선물로 가져왔다. 작은 보랏빛 꽃과 두꺼운 녹색 잎에 매료된 뉴올리언스 사람들은 앞다투어 공원과 연못, 뒤뜰 늪에 부레옥잠을 심었다. 부레옥잠은 점점 퍼져 서식지가 매주 두 배씩 늘었다. 1910년, 부레옥잠 잎이 온 호수, 강, 늪을 덮어 포화 상태에 이르자 물에서 산소가 부족해져 물고기가 죽고 멕시코만으로 이어지는 하천 수송이 차단되기에 이르렀다. 국방부가 나서 손으로 일일이 부레옥잠을 뽑고 약을 치고 물속에 잠겨 죽게 만들려 애썼지만 아무 소용이 없었다. 소박한 매력이 있는 부레옥잠은 환경은 물론 경제 위기까지 일으켰다.

'밥Bob 아저씨'라고 불리게 된 루이지애나주 미국 하원의원 로버트 브루사드Robert Broussard는 두 가지 위기를 모두 해결할 계획을 내놓았다. 의회를 설득해 하원 결의안 23261을 통과시키려 한 것이다. 그는 이 법안을 통과시켜 당시 25만 달러, 오늘날 가치로 약 650만 달러를 들여 루이지애나 늪에 하마를 들여오려 했다. 하마는 부레옥잠을 먹어 치워 수로를 깨끗이 청소하고 골치 아픈 식물을 없앨 것이었다. 심지어 우리는 맛있는 하마 고기를 얻을 수도 있다.

아프리카 동물을 미국으로 수입한다는 생각은 원래 브루사드의 아이디어가 아니었다. 미국 보이스카우트 정신을 이어받은 스카우트이자 모험가인 프레데릭 러셀 버넘Frederick Russell Burnham 소령은 4년 전 정계에 있는 친구에게 영양이나 기린 같은 아프리카 동물을 들여와 새로운 미 서부 토지 보호구역에서 키워야 한다고 주장했다. 남아프리카에서 수십 년을 지낸 버넘은 자기 경험에 따라 이 거대하고 먹을 수도 있는 동물들을 미국으로 들여오는 일은 너무나 당연하다고 확신했다. 고기 문제Meat Question를 해결하고 특히 사냥 애호가들로부터 보전 운동에 대한 열렬한 지지를 끌어낼 수 있으리라는 점은 명백했다. 이렇게 하원 결의안 23261이 탄생했다.

브루사드와 버넘은 하원 결의안 23261의 근거를 만들기 위해 특이한 두 사람을 팀에 끌어들였다. 미국 농무부(USDA, US Department of Agriculture) 식물 산업국USDA Bureau of Plant Industry의 윌리엄 뉴턴 어윈 William Newton Irwin은 원래 국내 과수원 개선을 맡았지만 이후 육류 위기를 해결하는 데 몰두했다. 어윈은 이미 많은 토지를 사용 중이고 과다한 방목이 일어나는 서부에서 목장을 확장할 수는 없으리라 생각하고 대신 식육용 고기를 생산할 새로운 장소를 물색했다. 그러다 어윈은 하마 계획을 듣고 자신이 원하던 완벽한 계획이라고 확신했다. 하마는 아프리카 사하라 사막 이남 늪지대가 원산지이고 땅이 아닌 물속에서 낮을 보내며, 밤마다 풀을 40킬로그램씩이나 먹는다. 어윈은 하마가 부레옥잠을 몽땅 먹어 치우고, 우리는 하마를 잡아 배고픈 사람들을 먹일 수 있으리라 확신했다. 이렇게 어윈이 팀에 합류했다.

팀의 네 번째 구성원은 '흑표범'이라고 불리던 프레데릭 듀케인 Frederick Duquesne이었다. 버넘과 마찬가지로 듀케인은 뛰어난 스카우트였다. 사실 두 사람은 2차 보어 전쟁 중에 서로를 암살하기 위해 고용된 스파이였다. 하지만 듀케인은 포주, 독일 스파이, 사진가, 식물학자, 가짜 하반신 마비 환자, 전국을 돌아다니는 쇼맨으로 다양하게 활동한 사기꾼이기도 했다. 듀케인이 전국을 돌며 '뛰어나고 전설적인 아프리카 사냥꾼 프리츠 듀케인 장군' 행세를 할 때 브루사드가 우연히 그를 발견했다. 아마도 일부는 사실이었을 그의 행적은 너무나 그럴듯해서 브루사드는 듀케인을 자기 팀 전문가로 모시려고 설득했다.

브루사드 팀이 하원 결의안 23261을 뒷받침하는 증거를 제출했을 때 의회는 당연한 질문을 했다. '하마는 위험한가? 하마는 부레옥잠을 먹는가? 하마를 길들일 수 있나? 하마 개체군은 얼마나 빨리 불어나는가? 나중에 유해 동물이 될 수도 있는가?' 브루사드 팀은 최선을 다해 대답했다. 어윈은 하마를 풀어놓으면 인간에 해로울 수도 있다고 경고했다. 듀케인은 반박하며 증거는 없지만 하마는 자연스럽게 길들일 수 있고 젖병으로 우유를 먹일 수도 있으며 목줄로 묶어 끌 수도 있다고 주장했다. 세 사람 모두 하마 고기가 소고기와 돼지고기의 중간쯤 되는 정말 맛있는 고기이며, 하마 고기를 한 번이라도 맛보면 모든 식탁에 필수 메뉴로 오를 것이라고 당당하게 주장했다. 질문의 어조를 보면 의회에 참석한 거의 모든 사람은 하마가 실제로 고기 문제와 부레옥잠 문제 둘 다 해결할 수 있으리라 믿었다는 점이 분명했다.

워싱턴 의회 소식이 나오자 전국 언론은 브루사드의 창의성을 칭찬하고 하원 결의안 23261을 열렬히 지지했다. 《뉴욕 타임스New York Times》는 이 가설상의 하마를 호수에서 자라는 소라는 뜻으로 '레이크카우 베이컨lake cow bacon'이라고 부르기까지 했다. 1910년 4월 발행된《타임스Times》사설에서는 '지금은 버려진 걸프주 2만 6,000제곱킬로미터의 땅에서 1억 달러 가치가 있는 맛 좋은 식육 식품 1백만 톤을 매년 생산할 수 있다'라고 논했다. 브루사드의 계획은 성공을 향해 순조롭게 나아갔다.

하지만 결의안은 통과하지 못했다. 버넘, 어윈, 듀케인이 증거를 제출한 시점은 1910년 의회 회기가 끝나기 직전이어서 너무 늦어버렸던 것이다. 브루사드는 법안을 다시 제출하기 위해 계속 관심을 유도했다. 세 사람은 함께 신新식량학회New Food Supply Society를 결성했다. 버넘은 아프리카 연구 여행을 계획했지만 곧 멕시코 혁명이 시작되었고, 위험에 처한 구리 광산을 보존하기 위해 멕시코로 발령받았으며 아프리카 연구 여행은 취소되었다. 어윈이 사망하자 뉴 푸드 서플라이 소사이어티는 혼란에 빠졌고, 듀케인은 다른 사람들이 하마를 수입한다는 자기 아이디어를 훔친다는 편집증에 빠졌다. 브루사드는 1918년 사망했고 법안은 다시 수면에 떠오르지 않았다.

하마 계획이 효과가 있었는지는 말하기 어렵다. 하마는 식물을 탐욕스럽게 먹지만, 영역이 확실하며 가까이하기 위험하다. 하마 고기를 먹을 수는 있겠지만 사람들이 잘 먹을지는 알 수 없다. 하마를 제대로 사육할 수 있을지도 의심스럽다. 그리고 하마 개체수가 사람들을 먹여 살릴 만큼 커지면 분명 폐기물도 많이 생산될 것이고 이 폐기물 또한 어디론가 치워야 한다.

콜롬비아 마약왕 고 파블로 에스코바르Pablo Escobar의 부지에 사는 하마 무리를 보면 오늘날 벌어지고 있는 일종의 실험을 통해 이 문제에 대한 해답을 얻을 수 있다. 에스코바르는 1980년대에 자신의 사유지로 하마 네 마리를 데려왔다. 그가 죽은 후 하마를 죽일 수 없어 하마는 그대로 남았다. 오늘날 이 하마들은 50마리 넘게 불어났다. 하마가 아프리카 밖에서 스스로 생존하고 번식할 수 있다는 의미다. 하마 개체수가 급속히 늘어난 것으로 보아 하마가 토착종을 대체해 침입종이 될 수도 있다. 하마는 위험하기도 하다. 2009년에는 하마 세 마리가 탈출해 소 여러 마리를 죽여 한 마리가 사살되고 한 마리는 에스코바르의 사유지로 돌려보내졌다. 하마를 사육할 수 있는지와 맛있는지를 본다면 하마는 듀케인의 증언과 달리 인간과 특별히 잘 지내는 것 같지도 않고, 인간은 먹기 위해 하마를 잡은 적도 없다. 환경에 미치는 영향에 대해서도 과학자마다 의견이 분분하다. 하마는 육지에서 습지로 영양분을 옮기고 물이 흐르는 통로를 만들어 콜롬비아 토종 거대동물군이 멸종한 이후 사라진 역할을 해 생태계에 도움을 준다. 하지만 하마는 콜롬비아에서 진화하지 않았으므로 하마를 들여오면 다른 종의 진화 경로가 바뀔 것이다. 다른 면을 보면 하마는 관광객을 끌어들여 지역 사회 경제를 일으킬 수도 있다.

하원 결의안 23261이 끈 인기와 실행 불가능성은 20세기 초, 지구의 자원을 활용하여 인간에게 유리하게 바꾸려는 인간의 욕망, 그리고 천연자원은 유한하다는 인식 사이에서 일어난 충돌을 보여준다. 브루사드가 제출한 법안의 목적은 표면적으로는 생태계 보전이었지만 실은 수로를 이용한 수송 경로를 유지하고 인간의 생활 방식을 보존하기 위함이었다. 대부분 사람은 들어 본 적도 없는 거대하고 위험한 동물이라도 이런 목적에 부합한다면 국가 번영에 도움이 된다고 보았다. 하지만 하마라는 외래종을 도입하려는 목적이 그 전에 도입된 부레옥잠이라는 외래종이 들여온 피해를 되돌리기 위해서라는 사실은 아무도 인정하지 않았다. 하마가 늪지에 미치는 생태적 영향 혹은 하마 사육이나 하마 고기 가공 및 유통의 지속 가능 여부도 고려하지 않았다. 눈앞에 닥친 국가적 위기를 모면하려는 단순한 흥분이 낳은 법안이었다.

브루사드의 하마 법안은 명백히 문제 있지만 이념적으로 진보 시대 보전론자들의 의견과 일치했다. 들소나 다른 대형 동물의 감소에 위기감을 느낀 사냥꾼과 토지 소유자들은 남획과 삼림 벌채에 반대하는 조직을 만들었다. 그들은 동식물 개체가 살아날 기회를 주기 위해 남획과 벌채를 제한하려 했지만 그러려면 사람들을 자기편으로 만들어야 한다는 사실도 깨달았다. 사람들이 갑갑한 도시를 탈출해 휴식을 취할 수 있는 공공 공원도 생각했다. 지속 가능성을 유지할 만큼만 사냥과 벌목이 허용되는 공간이다. 다른 대륙에서 수입한 것과 토착 야생동물 등 사람들이 보고 싶어 하는 야생동물도 기를 수 있다. 진보 시대 보전론자들은 야생동물의 가치를 보았지만 그 가치는 야생동물이 인간에게 주는 가치로만 측정되었다. 오늘날의 생태적 관점에서 보면 이런 인간 중심 관점은 너무 순진해 보이지만 토양 보호와 다양성 보존을 향해 한 걸음 나아가려면 필요한 과정이었다. 제때 이런 일을 맞은 종도 있었다.

풍요의 끝

15세기 유럽인들이 아메리카 대륙에 상륙했을 때 매머드, 마스토돈, 거대 땅나무늘보는 사라진 지 오래였다. 빙하기 거대동물 때문에 살 수 없던 초목은 이제 불을 놓거나 다른 기술을 이용해 땅을 거주지로 만들고 식용 식물을 심는 인간의 관리를 받았다. 야생 칠면조, 늑대, 코요테가 거주했던 북아메리카 대초원에는 거대한 들소 무리가 방목되었다. 해안을 향한 울창한 숲은 옥수수, 콩, 호박, 해바라기 같은 작물로 대체되었다.

그리고 비둘기도 있었다.

나그네비둘기는 오랫동안 북아메리카 생태계의 일부였다. 나그네비둘기의 조상은 가장 가까운 친척인 줄무늬꼬리비둘기band-tailed pigeons의 조상에서 1,000만 년 전쯤 갈라져 나왔다고 추정된다. 나그네비둘기와 줄무늬꼬리비둘기는 부침을 계속한 빙하기에도 로키산맥을 사이에 두고 살아남았다. 로키산맥 동쪽에는 나그네비둘기, 서쪽에는 줄무늬꼬리비둘기가 자리 잡았다. 비둘기들은 도토리, 너도밤, 작은 밤 등 보이는 거의 모든 밤나무류 씨앗을 먹었다. 두 비둘기 종은 생태학적으로 비슷했다. 나그네비둘기의 개체수가 엄청나다는 눈에 띄는 점 한 가지를 제외하고는 말이다.

유럽인은 북아메리카에 도착해 말 그대로 수십 억 마리의 나그네비둘기를 만났다. 1534년, 자크 카르티에Jacques Cartier는 유럽인 최초로 나그네비둘기를 발견했다. 카르티에는 캐나다 동부 해안을 탐험하던 중 오늘날 프린스에드워드섬Prince Edward Island에서 '엄청난 수의 나무비둘기'를 발견했다.* 나그네비둘기가 유럽인 정착지를 다 지나가는 데는

---

* A. W. 쇼거A. W. Shorger는 나그네비둘기에 조금이라도 관심 있는 사람이라면 꼭 읽어야 할 선언적인 책 《나그네비둘기의 역사와 멸종The Passenger Pigeon: Its History and Extinction》에서 카르티에의 이 말을 인용했다.

며칠이 걸렸고 그동안 '햇빛이 가로막혀 부분일식 어스름 때처럼 어두웠으며*' '비둘기 똥이 녹아내리는 눈송이처럼 흩어졌다'라고 묘사했다.

나그네비둘기는 눈여겨볼 만한 생태적 힘이다. 나그네비둘기는 삼림 사이를 옮겨 다니며 주변 모든 것을 집어삼킨다. 한 번 둥지를 틀면 한 나무에 500개쯤 둥지를 틀었다. 산란기가 끝나면 한꺼번에 둥지를 버리고 떠나서 숲 바닥에는 비둘기 똥 층이 두껍게 쌓였고 나무가 벗겨지고 부러졌다. 나그네비둘기는 숲을 집어삼키며 무르익은 숲을 원시림으로 바꾸고 생태 주기를 원점으로 되돌려 놓았다.

부끄럽게도 나는 대학원생이 될 때까지 나그네비둘기를 잘 몰랐다. 내 첫 번째 고대 DNA 연구 프로젝트의 목표는 도도새가 비둘기의 일종인지, 아니면 비둘기 비슷한 별도 계보인지 파악하는 일이었다. 이 문제를 해결하려면 도도새 DNA가 필요했기 때문에 나는 옥스퍼드 대학교 자연사 박물관에 있는 유명한 도도새 시료를 얻고 싶었다. 동물학 컬렉션 매니저인 말고시아 노박켐프Malgosia Nowak-Kemp는 몸집은 작지만 열정적인 여성으로 박물관 표본 하나하나에 엄청난 자부심이 있었다. 그는 표본이 과학에 이용된다는 사실에 흥분했지만 표본에 구멍을 뚫어야 한다는 생각에 심란해하기도 했다. 그는 내 연구를 돕고 싶어했지만 그가 도도새 표본에 구멍을 뚫는 일을 허락하려면 먼저 조금 덜 귀중한 표본을 통해 내 절단 실력을 입증해야 했다.

말고시아는 나와 이언 반스를 돌계단 위쪽 거대한 창고로 안내했다. 이언 반스는 박물관 사고가 있을 때면 항상 나와 동행하게 되는 기

---

*　존 오두본John J. Audubon은 《조류 생물학Ornithological Biography》에서 나그네비둘기를 언급하며 1831년~1839년 오하이오에서 나그네비둘기를 관찰했던 기억을 즐겁게 회상했다.

묘한 인연이 있는 사람이었다. 말고시아는 멸종한 비둘기 컬렉션을 자랑스럽게 보여주었다. 천장부터 바닥까지 꽉 채운 금속 캐비닛 문에는 테이프로 붙인 작은 흰색 카드가 붙어 있었다. 카드에 순계목, 기러기목, 앵무새목 등 표본의 분류학적 이름이 적힌 것 말고는 모든 캐비닛이 다 똑같았다. 그는 우리에게 문 옆에서 기다리라고 한 다음 비둘기목 표본을 찾으러 방에 들어갔다. 그다음 몇 분 동안 발을 구르는 소리, 서랍을 캐비닛에서 끌어내는 소리, 문을 열었다가 쾅 닫는 소리, 영어와 폴란드어를 섞어서 간간이 욕하는 소리가 쩌렁쩌렁 울렸다. 이언과 나는 도와주어야 할지 방해하지 않고 조용히 기다려야 할지 몰라 안절부절 못했다. 마침내 말고시아가 의기양양한 표정으로 한 손에는 서류 더미를, 다른 손에는 가느다란 미국 밤나무 가지 위에 밝은색 작은 나그네비둘기가 장착된 전시물을 들고 나타났다. 늘어선 캐비닛 사이를 걸어 우리 쪽으로 다가오는 말고시아의 눈은 자부심과 경외심으로 애정 가득히 빛났다. 그는 감정에 북받쳐 갈라지는 목소리로 비둘기 표본이 원래 중앙 전시실에 있었지만 전시장을 개보수하는 동안 잠시 창고에 옮겨두었다며 원한다면 발톱을 약간 잘라 DNA 연구에 이용할 수 있다고 설명했다.

다음에 일어난 일은 기억이 생생하다. 창고는 1850년대에 지어진 건물답게 바닥이 고르지 않고 약간 경사져 있었다. 말고시아는 눈과 마음을 온통 비둘기 표본에 쏟은 채 우리 쪽으로 걸어오느라 불쑥 튀어나온 바닥 돌에 걸려 휘청했다. 넘어졌으면 몹시 아팠을 텐데 다행히 재빨리 쿵 하고 발을 디뎠다. 하지만 그가 발을 디딘 순간 표본이 흔들렸고 우리는 헉, 하고 숨을 멈췄다. 비둘기 표본이 비틀거리다 다시 자리 잡았다. 우리가 휴 하고 숨을 내쉰 순간 가볍게 '파삭' 소리가 들리며 비둘기가 앉아 있던 나뭇가지가 부러졌다. 우리는 겁에 질려 그 모습을 바라보았다. 비둘기는 앞으로 쏠렸다가 바닥으로 떨어졌다. 비둘기는 슬로우 모션으로 뒤집히며 360도 회전을 완료한 다음 둔한 '쿵' 소리를 내며 등으로 착지했다. 이언과 나는 너무 놀라 내동댕이쳐진 나그네비둘기를 쳐다보지도 못했다. 하지만 그것으로 끝이 아니었다. 바닥에 착지하고 1초쯤 지나 비둘기 머리는 몸통에서 깔끔하게 분리되었고, 마지막 수모를 당하며 바닥을 데굴데굴 굴렀다. 바닥에 부리가 닿을 때마다 '딸깍, 딸깍' 소리가 캐비닛 줄 사이로 희미하게 울렸다.

그리고 얼마 후 나는 자신감 넘치는 초보 고대 DNA 과학자답게 임무를 완수해 비둘기 발톱 일부에서 DNA를 추출했다.

첫 유전자 분석에서는 나그네비둘기에 대해 그다지 많은 것을 알아내지 못했다. 나는 나그네비둘기 DNA 몇 조각을 증폭해 다른 몇몇 비둘기 시료와 염기서열을 비교했다. 이 중에는 나중에 결국 옥스퍼드에서 얻은 도도새 시료도 있었다. 이 도도새는 이제 비둘기의 일종으로 알려졌다. DNA 분석 결과 나그네비둘기와 줄무늬꼬리비둘기는 비슷했지만 나그네비둘기 무리가 그렇게 큰 이유는 알 수 없었다.

개체군이 수십억 마리나 되던 나그네비둘기가 어째서 불과 몇십 년 만에 자취를 감추었을까? 나그네비둘기 개체 수는 많았지만 안타깝게도 맛도 좋고 잡기도 쉬웠다. 어린애들도 막대기로 비둘기를 찔러 나무에서 떨어트리거나 감자를 던져 잡을 수 있을 정도였다. 하지만 아이들이 던지는 돌이 나그네비둘기에게 진짜 위협은 아니었다. 이들을 멸종으로 몰아넣은 것은 인간의 기술이었다. 19세기 전반 식민지 개척자들은 대륙 전역에 광대한 철도망을 구축했다. 비둘기보다 훨씬 빠른 철도망은 비둘기 무리의 이쪽 끝에서 저쪽 끝까지, 모든 나그네비둘기 둥지를 동부 해안의 굶주린 사람들과 이어주었다. 1861년, 대륙 간 전신이 깔리자 기차에 탄 승객에게 비둘기 무리 위치를 알릴 수 있었다. 이후 20년 동안 나그네비둘기 수십억 마리가 위치 추적되어 잡혔다. 비둘기 둥지가 가득한 나무 아래에서 유황 냄비를 태워 비둘기를 그물로 잡고, 총으로 쏘고, 약을 먹이거나 질식시켰다. 사냥꾼들은 하루에 나그네비둘기 5,000마리쯤은 너끈히 잡을 수 있었다. 1878년에는 미시간 퍼토스키 근처 마지막 남은 나그네비둘기 거대 군락지에서 약 5개월 동안 매일 비둘기 5만 마리가 잡혔다. 1890년이 되자 야생 나그네비둘기는 고작 몇천 마리밖에 남지 않았다. 1895년, 보전론자들은 마지막 야생 나그네비둘기 둥지와 알을 채집해 사육 개체군을 만들었다. 1902년, 사냥꾼들은 인디애나주에서 마지막 야생 나그네비둘기를 잡았고, 연구자들은 야생에서 태어난 몇 안 되는 나그네비둘기 중 한 마리인 마사 Martha를 신시내티 동물원Cincinnati Zoo으로 보내 사육 상태에서 태어난 조지George와 함께 길렀다. 하지만 둘은 한 번도 교배하지 않았고 조지는 1910년에 죽었다. 마지막 나그네비둘기 개체인 마사는 홀로 4년 넘게 더 살았다. 1914년 9월 1일, 마사가 죽고 나그네비둘기는 멸종했다.

철도와 전신이라는 기술이 발달하고 쉽게 잡을 수 있다는 나그네비둘기의 특성이 더해지자 안타깝게도 나그네비둘기는 놀라울 정도로 급속히 멸종했다. 생태학자 와더 클라이드 앨리Warder Clyde Allee의 이름을 따서 앨리 효과Allee effect로 알려져 있는 가설에 따르면 종이 생존하려면 개체군이 커야 한다. 작은 개체군은 유지되지 않기 때문이다. 1930년대, 앨리는 금붕어를 다른 금붕어와 함께 구획된 공간에서 기르면 홀로 기를 때보다 더 빨리 자란다는 사실을 발견했다. 자원이 한정되어 있는데 서로 경쟁해야 한다면 개체는 더 느리게 자랄 텐데, 예상과는 반대되는 결과였다. 앨리는 이 현상이 협력 때문이라고 주장했다. 개체가 협력해 먹이를 찾거나 포식자를 피할 수 있다면, 개체가 많을 때 더 협력할 수 있고 개체 적합성이 늘어난다. 앨리 효과에 따르면 나그네비둘기는 생존을 위해 협력하며 무리를 키웠다.

생존을 위해 큰 개체군이 필요하다는 생태 전략을 전개하려면 나그네비둘기 개체군은 상당히 오랫동안 큰 개체군을 유지해야 한다. 우리가 처음 나그네비둘기를 연구하기 시작했을 때는 나그네비둘기 개체군이 최근에 커졌다고 생각했다. 빨라야 마지막 빙하기 이후 숲이 확장될 무렵, 아니면 최초의 미국인이 대규모 농업을 시작해 많은 비둘기가 충분한 식량을 얻을 수 있었을 무렵에야 비둘기 개체군이 커질 수 있었다고 믿었다.

내가 옥스퍼드 자연사 박물관에서 가져온 머리 떨어진 나그네비둘기*에서 미토콘드리아 DNA를 추출했던 2000년에만 해도 DNA 서열분석 기술이 아직 멸종한 종의 전체 유전체를 생성할 만큼 충분하지 않았다. 하지만 21세기 첫 10년 동안 상황이 바뀌었다. 새로운 DNA 서열분석 기술이 등장하며 아주 작은 고대 DNA 조각으로도 서열분석이 가능했고 전체 유전체를 얻을 수 있었다. 전체 유전체를 확보하자 나그네비둘기 개체수가 언제 처음 커졌는지, 왜 그렇게 빨리 멸종했는지를 확인할 수 있었다.

그 후 몇 년 동안 우리는 잘 보존된 표본을 찾아 수백 마리 비둘기

---

* 사실 말고시아는 이 불행한 사건 이후 떨어져 나간 비둘기 머리를 다시 붙였고, 표본은 원래 상태를 되찾았다.

의 가죽, 깃털, 뼈에서 DNA를 추출해 완전한 유전체 서열을 얻었다. 마침내 2010년, 당시 왕립 온타리오 박물관Royal Ontario Museum 자연사 부서장이었던 앨런 베이커Allan Baker는 박물관 수장품 중 사냥감으로 잡혀 보존된 마지막 나그네비둘기 몇 마리를 포함해 일흔두 마리나 되는 나그네비둘기 표본을 연구에 이용하도록 허가해주었다. 그중에는 보존 상태가 아주 좋은 비둘기도 세 마리나 있었다. 우리는 이 비둘기 세 마리에서 수십억 개의 짧은 DNA 서열을 얻어 신중하게 유전체를 조립했다. 그다음 이 유전체를 나그네비둘기 유전체 및 줄무늬꼬리비둘기 유전체와 비교했다. 우리는 나그네비둘기 개체수가 증가한 시기를 유추하고 큰 개체군을 만들기에 적합한 돌연변이를 발견했다.

만족스럽기도 하고 그렇지 않기도 한 결과였다. 우리는 지난 5만 년에서 수만 년 동안 나그네비둘기 개체군이 엄청나게 컸다는 사실을 발견했다. 마지막 빙하기의 가장 추운 기간에도 나그네비둘기 무리는 컸다는 의미다. 크고 밀집된 개체군에서 흔히 보이는 스트레스 및 질병에 맞서는 데 도움이 되는 유전적 변화도 발견했다. 나그네비둘기가 잡식성이라는 사실에서 단서를 얻어 여러 기후에서 생존했다는 사실도 밝혔다. 하지만 나그네비둘기가 왜 멸종했는지 밝힐 유전적 단서는 여전히 찾지 못했다.

나그네비둘기는 큰 무리를 지어 살도록 진화하며 홀로 살 때 필요한 행동을 잃어버렸을 수 있다. 수백만 명의 조력자가 곁에 있으면 식량이나 짝을 찾는 데 아주 능숙할 필요는 없기 때문이다. 하지만 이는 추측일 뿐이다. 나그네비둘기의 멸종을 설명하는 앨리 효과를 입증할 유전적 증거는 아직 없고, 제한적이지만 우리 데이터로 보면 수십 마리 정도의 무리를 이룬 사육 비둘기도 수십억 마리의 무리를 이룬 야생 비둘기처럼 번식할 수 있다. 나그네비둘기는 사람이 사냥해서 멸종했을 가능성이 가장 크다. 그저 지금은 인간이 개입하기에는 너무 늦었고, 그 효과도 미미했다.

나그네비둘기는 영원히 사라졌지만 나그네비둘기의 멸종은 주목받았다. 미국 들소의 멸종과 동시에 나그네비둘기의 멸종도 임박했음을 인지한 사람들은 이들을 보호할 기초적인 법적 기초를 마련했다. 나그네비둘기의 멸종으로 오늘날 전 세계에서 시행되는 많은 보존법, 의정서, 규정을 만들 길이 열렸다.

아직 태어나지 않은 자를 위한 선물

1842년, 미국 대법원은 마틴 대 워델 임차인Martin v. Waddell's Lessee 사건에서 뉴저지주 라리탄베이Raritan Bay의 토지 소유주는 토지 근처에 있는 갯벌에서 사람들이 굴을 수확하지 못하게 할 권리가 없다고 판결했다. 항해할 수 있는 수역 아래 토지를 개인이 아닌 공공의 자산으로 간주했다는 의미다. 야생동물과 야생지대는 공공 소유이며 정부는 이를 보호할 책임이 있다는 공공신뢰원칙public trust doctrine은 북아메리카 야생동물 보호조약North American Model of Wildlife Conservation의 초석이 되었다.

마틴 대 워델 임차인 사건 판결 당시 북아메리카 야생동물은 위협에 처해 있었다. 유럽 정착민들은 대륙 동쪽 해안을 따라 숲을 베어낸 후 나무를 배로 만들고 나무가 있던 곳에는 농작물을 심었다. 사람들은 해마다 수만 마리의 비버, 사슴, 들소 등 동물 가죽을 배에 실어 영국으로 운송해 시장 수요를 창출하고 충족시켰다. 17세기 중반이 되자 비버는 동부 해안에서 거의 사라졌다. 사슴이 사라지는 현상이 사냥꾼이 아니라 늑대 때문이라고 오인한 매사추세츠만 식민지에서는 늑대 한 마리를 잡아 오면 1실링을 주겠다고 제안하기도 했다.

환경파괴는 동쪽에 한정되지 않았다. 북태평양 연안을 따라 있는 러시아미국 모피회사는 바다사자sea lion, 스텔러바다소Steller's sea cow, 해달sea otters, 북부털물개northern fur seals를 전문으로 사냥했다. 사냥 규모는 엄청났다. 나는 몇 년 전 베링해 세인트폴섬에서 매머드 뼈를 발굴하면서 고대 쓰나미의 증거로 보이는 화석을 우연히 발견했다. 전날 밤 폭풍이 몰아쳐 해안을 따라 모래 벽이 노출되었고 지난 수백 년 동안 축적된 지층이 드러났다. 나는 꼭대기에서 몇 미터 떨어진 곳의 모래에서 튀어나온 작은 뼈 몇 점을 발견하고 파헤치기 시작했다. 둥근 테니스공 크기에 움푹 팬 털물개 머리뼈를 열두 점쯤 발견한 후에야 이곳이 어딘지 알 수 있었다. 그곳은 한때 북부털물개 서식지였으나 이제는 수백 년 된 학살 현장이었다.

표적 사냥의 결과는 다양하다. 해달은 가까스로 멸종을 피했지만 스텔러바다소는 완전히 사라졌다. 몸무게 10톤에 길이 9미터로 듀공과 해우의 친척인 스텔러바다소는 한때 북태평양 연안과 베링해를 따라 번성했던 수중 다시마숲에 살았다. 인간은 스텔러바다소를 잡아 고기를 먹고 기름을 태워 체온을 유지하며 다른 작은 해양 포유류를 사냥했다. 하지만 유럽인이 처음 스텔러바다소를 목격했다고 보고한 지 27년 만에 스텔러바다소는 멸종했다. 거대 다시마 생태계를 오랫동안 연구한 생태학자 짐 이스츠Jim Estes는 스텔러바다소가 맛이 없었어도 멸종할 운명이었다고 믿는다. 그는 인간이 해달을 멸종시켰을 때 스텔러바다소의 운명도 이미 결정되었다고 주장한다. 성게를 먹어 치우는 해달이 멸종하자 성게 개체수가 폭발적으로 늘었다. 성게는 스텔러바다소의 식량이자 은신처인 다시마숲을 먹어 치우고 파괴했다. 온순한 거대 동물인 스텔러바다소는 위험에 노출되어 취약해졌고 생존 가능성이 사라졌다. 이것은 모든 종이 서로 의존하며 생존하는 생태계의 섬세한 균형을 보여주는 이야기다. 인간이 균형을 깨뜨리면 전체 생태계가 위협받는다.

동부에 토지와 동물이 부족해지자 식민지 개척자들은 서부로 영역을 확장했다. 수 세기 전 유럽에서 온 질병이 퍼져 아메리카 원주민이 말살되었을 때는 인간이 토착 야생 생물을 잡아먹는 일이 줄었다. 그런데 이번에는 유럽이나 미국 동부 해안 도시의 시장이 모피와 고기에 기꺼이 돈을 지불했으므로 식민지 개척자들이 광활한 서부 땅에서 사냥을 제한할 이유가 없었다. 그들은 닥치는 대로 비버를 잡았고, 더 이상 비버를 찾지 못하자 들소를 사냥했다. 1800년대 초, 교역소가 서부 전역에 등장했다. 교역소가 생기자 말을 다시 들여와 들소 사냥 기술이 한층 강화된 아메리카 원주민들은 동물을 더 잡아 가죽을 팔았다. 가죽을 벗기고, 철도를 건설하는 사람들을 먹이고, 때로는 진미로 여겨지는 혀를 얻기 위해 들소 수천 마리가 도살되었다.

서부에서는 아메리카 원주민이나 초기 식민지 개척자도 자연 파괴를 막을 만한 위치가 아니었다. 그들의 땅에서 천천히, 하지만 냉혹한 모습을 한 채 보호구역으로 밀려난 아메리카 원주민은 생존을 위해 싸웠다. 식민지 개척자들은 야생동물을 유일한 수입원이자 생계 수단으로 여겼다. 하지만 동부에서는 변화가 일어나고 있었다. 사람들이 부유해지며 여가 활동 시간이 생겼고 스포츠 사냥이 취미가 되었다. 스포츠 사냥에는 동물이 있어야 한다. 스포츠맨클럽이 동물보호법 제정에 앞장섰다는 사실은 그다지 놀랍지 않다.

이 중 가장 영향력 있는 클럽은 1844년에 설립된 뉴욕 스포츠맨클럽New York Sportsmen's Club이었다. 이들은 몇 년 앞서 대법원 판결로 확립된 공공신뢰원칙을 시행하기 위해 애썼다. 수렵법 초안을 작성하고 사냥 금지 기간을 두자는 캠페인을 벌였으며, 정보원을 고용해 야생동물 및 수렵법을 위반하는 사람을 수색하거나 회원들의 자금과 법적 지식을 이용해 위반자를 고소했다.

뉴욕 스포츠맨클럽이 공공신뢰원칙으로 사냥 동물을 보호하느라 분주한 한편, 다른 클럽들은 야생 지역을 공유지로 설정하자는 캠페인을 벌였다. 클럽의 노력은 결실을 보았다. 1864년, 에이브러햄 링컨Abraham Lincoln 대통령은 요세미티 보조금법Yosemite Grant Act에 서명해 158제곱킬로미터의 요세미티 계곡Yosemite Valley과 마리포사 빅트리그로브Mariposa Big Tree Grove를 캘리포니아주에 이양하고 계곡이 상업적으로 개발되지 않도록 보호했다. 1872년, 율리시스 S. 그랜트 대통령은 옐로스톤 국립공원 보호법Yellowstone National Park Protection Act에 서명해 옐로스톤을 미국 최초의 국립공원으로 지정하고 사유지로 개발되지 못하게 했다. 불법 거주자와 밀렵꾼을 공원에서 쫓아내기 위해 10년 넘게 군대를 들여와야 했지만 공유지 형성은 즉각 영향을 미쳤다. 오늘날 살아있는 들소 조상 대부분은 옐로스톤 국립공원 보호구역에 살던 개체다.

이것이 1878년에 미시간주 퍼토스키에서 일어난 나그네비둘기 학살의 배경이다. 당시 사냥 동물을 보호하는 법률이 여러 주에 있었지만, 법이 약하고 강제하기 어려웠으며 사냥 주도권은 여전히 시장에 있었다. 계획된 사냥 날짜가 되어 몇몇 팀이 퍼토스키로 가서 비둘기 학살을 저지하려 애썼다. 그들은 덫을 부수고 지역 당국에 벌금을 부과하라고 주장했지만 비둘기를 죽이려 나타난 수천 명을 막기에는 역부족이었다. 결국 퍼토스키에서는 두 달도 채 되지 않아 나그네비둘기 10억여 마리가 죽었고, 나그네비둘기가 둥지를 튼 서식지는 사라졌다.

1898년, 미시간주는 나그네비둘기 도살을 10년 동안 금지하는 법안을 통과시켰다. 하지만 비둘기가 되살아나기에 충분한 기간이라 생각했지만 이미 너무 늦었다. 야생에서 나그네비둘기는 이미 기능적으로 멸종되었다. 그랜트 대통령이 암컷 들소 사냥을 불법으로 규정하는 법안에 거부권을 행사했을 때 법적으로 들소를 보호할 기회를 놓쳤던 일과 마찬가지다. 하지만 나쁜 소식만 있었던 것은 아니다. 한때 개체 수가 엄청났던 나그네비둘기와 들소 두 종이 거의 사라졌다는 소식이 언론에 널리 보도되자 사람들은 안타까워했다. 나그네비둘기나 들소 자체만이 아니라 동물 자체, 거대한 무리, 그리고 이 무리가 대표하는 식민지 정신을 애도했다. 나그네비둘기와 미국 들소의 멸종은 보존 운동을 부르짖는 구호가 되었다.

시어도어 루스벨트 대통령은 미국에서 자연 보호를 최우선 과제로 삼는 일을 가장 많이 한 대통령이다. 그는 노스다코타North Dakota에 있는 자신의 엘크 혼 목장에서 들소가 사라지는 모습을 직접 목격한 후 들소 보호에 앞장섰다. 1901년에 대통령이 되자 그는 오늘날 동물 보호법의 기초를 마련한 전면적인 변화를 시작했다. 루스벨트는 기포드 핀쇼Gifford Pinchot 같은 환경 보호론자나 존 뮤어John Muir와 같은 환경 보존론자와 함께 재임 기간 동안 93만제곱킬로미터가 넘는 공유지를 설립했다. 미국 산림청United States Forest Service과 생물조사국Bureau of Biological Survey도 만들었다. 생물조사국은 수십 년 후 수산국Bureau of Fisheries과 합쳐져 미국 어류 및 야생동물 관리국United States Fish and Wildlife Service이 되었다.

곧이어 좋은 의도가 법과 과학에 불을 지폈다. 1900년, 아이오와주 공화당원인 존 F. 레이시John F. Lacey는 불법으로 도살된 사냥 동물의 주 간 운송을 금지하는 야생동물보호법을 도입했다. 오늘날 레이시 법으로 알려진 것이다. 레이시 법은 멸종했거나 멸종 위기에 처한 야생동물을 복원할 권한을 정부에 부여했다. 1905년, 환경 보호론자들은 미국 들소협회를 설립해 루스벨트를 명예 회장으로 삼고 멸종 위기에 처한 들소를 구할 계획에 착수했다. 20세기의 첫 20년 동안 야생동물 및 산림 관리 과학은 증거를 꼼꼼히 따져 연대를 분석하는 우표 수집 같았던 분류학에서 생물이 생태계에 적응하는 과정을 살피는 증거 기반 고찰로 이동했다. 미국 생태학회Ecological Society of America와 미국 포유류학회American Society of Mammalogists가 설립되었고, 각각 과학 저널을 만들어 데이터와 아이디어를 공유했다. 과학자들은 개체 조사 방법을 개발하고, 식물군이 변해 가는 과정인 식물 천이를 알아내고, 먹이 그물을 통한 지역적 상호 연관성을 평가하는 방법을 개발했다. 인간은 멸종이 경제뿐만 아니라 생태계에도 영향을 준다는 사실을 이해하기 시작한 것이다.

1910년이 되자 모든 주에 야생동물 보호 위원회가 생겼지만 보호 비용을 충당할 수단은 거의 없었다. 하지만 합법적으로 사냥하려면 면허를 구매하도록 하는 법률을 펜실베이니아주가 통과시키자 상황은 바뀌었다. 펜실베이니아주에 갑자기 사냥 동물 법 집행과 야생동물 복원을 지원할 자금이 넉넉해졌다는 사실을 알게 되자 다른 주도 앞다투어 사냥 면허 비용을 청구하기 시작했다. 1937년, 피트먼-로버트슨 야생동물 복원법Pittman-Robertson Federal Aid in Wildlife Restoration Act이 발효되어 총기나 탄약 같은 사냥용품에 소비세 11퍼센트를 부과했고, 주는 이 수입을 야생동물 보호 기관 및 사냥 교육 프로그램에 분배했다. 야생동물을 보호하려는 노력은 날로 성장했다.

하지만 예상대로 모두가 사냥 비용을 기꺼이 내지는 않았다. 일부 반대론자들은 공공신뢰원칙을 들어 야생동물 자체가 모두의 소유이므로 사냥을 법적으로 제한할 수 없다고 주장했다. 1916년, 루스벨트는 이렇게 답했다.

"그렇다. 하지만 지금 살아 있는 사람만을 위해서가 아니라, 아직 태어나지 않은 사람을 위해서도 그것은 마찬가지다. '최대 다수를 취한 최대 선'은 아직 태어나지 않은 사람에게도 적용되며, 그런 점에서 지금 살아 있는 우리는 일부에 불과하다."

고기 문제에 대한 해답

1918년, 브루사드가 사망했을 때 세계는 제1차 세계대전에 휘말렸고 고기 문제나 부레옥잠 문제는 신문 1면에서 모두 사라졌다. 농무부는 하마를 포기하고 대신 루이지애나에 있는 늪을 목초지로 개간하도록 장려했다. 진흙 둑으로 물을 막아 습지를 말리고 소가 잘 먹는 풀이 자라게 했다. 빠르고 효율적인 수확 기계가 개발되고 해충을 제거하고 토지를 비옥하게 만드는 화학 물질이 발명되는 등 기술 혁신이 일어나자, 더 적은 사람으로 더 많은 일을 할 수 있었다. 더 이상 새로운 땅을 찾거나 하마 고기 등 메뉴를 찾을 필요가 없어졌다. 지금 있는 공간에서도 더 많은 소를 키울 수 있었다.

하지만 기술은 부작용도 가져왔다. 1860년대 농부들은 콜로라도 감자딱정벌레potato beetle가 작물을 갉아먹지 못하도록 아비산동 살충제인 파리 그린Paris green을 감자잎에 처음 뿌렸다. 20세기로 접어들며 농부들이 살충제를 너무 많이 이용하자 공무원들은 농업에서 화학 물질 이용을 통제할 법안을 제정해야 한다는 사실을 깨달았다. 새 기계도 문제를 일으켰다. 1911년, 캘리포니아 홀트 매뉴팩처링 컴퍼니Holt Manufacturing Company가 자체 추진 콤바인 수확기를 도입하자 일일이 사람 손을 거쳐야 하던 농사일에 갑자기 일손이 필요 없어졌다. 작고 다각화된 가족형 농장은 주로 단일 재배를 하는 효율적인 거대 농장으로 대체되었다. 농장 통합은 대공황을 거치며 1920년대 내내 계속되어 20세기 중반까지 이어졌다. 1940년대에서 1950년대에는 같은 넓이의 땅에서 수십 년 전보다 몇 배나 많은 동물을 기를 수 있게 되었다. 그러자 질병이 쉽게 퍼졌다. 1940년대 과학자들은 동물 사료에 항생제를 첨가하면 동물이 질병에 걸리지 않고 체중도 더 빨리 는다는 사실을 발견했는데 가축에 예방적으로 약물을 투여하는 관행은 오늘날에도 이어져서 2017년 세계 보건 기구(WHO, World Health Organization)에 따르면 일부 국가에서는 동물 항생제의 80퍼센트가 건강한 동물을 더 빨리 자라게 하려고 투여된다.

농업 통합과 산업화는 지주와 야생동물 사이에 새로운 갈등을 일으켰다. 미국에서 환경 보호를 위한 공적 지원은 20세기 전반에 걸쳐 늘었지만, 나라가 번영하던 1950년대 정부의 보존 계획 지원은 오히려 줄었다. 새로 부를 얻게 된 대중은 '쉐보레를 타고 미국을 보라!'라고 광고하는 자동차 산업의 부추김에 따라 국립 보호구역과 공원으로 몰려들었다. 군사력 구축에 중점을 둔 정부는 가축 방목, 건축 자재 벌목 및 공유지 석유 탐사에 면허를 부여했다. 인구는 급증했고 농업 산업은 다시 한번 수요를 따라잡기 위해 고군분투해야 했다. 동식물 인공수정 같은 신기술은 산업 효율을 높였지만 작물과 가축 개체수는 턱없이 부족했다. 결국 야생지는 상업용지, 산업 공장용지 및 농지로 전환되었다. 도로와 댐이 생기고, 들판은 쟁기로 파헤쳐지고 농약이 뿌려졌다. 인간의 발자국은 점점 널리 퍼져 남아 있는 공간을 계속 파괴했다.

1962년 6월, 〈뉴욕 타임스 매거진New York Times Magazine〉은 레이첼 카슨Rachel Carson의 새 책《침묵의 봄Silent Spring》에서 발췌한 내용을 실었다. 이 책에서 카슨은 인간의 무분별한 살충제 이용으로 새가 모두 죽어 새소리를 전혀 들을 수 없게 된 황량한 미래를 묘사했다. 카슨의 메시지는 섬뜩했다. 사실 이것이 책의 의도였다. 카슨은 살충제를 정확히 핵 낙진에 비유하며 둘 다 보이지 않지만 피할 수 있는 위협이라 주장했고, 화학 산업이 정부와 공모해 살충제의 위험을 깎아내리며 잘못된 정보를 퍼뜨린다고 비난했다. 업계는 반발하며 카슨을 공산주의자, 아마추어, 히스테리 병자로 낙인찍고 책이 출간되기도 전에 출판사를 명예훼손으로 고소하겠다며 위협했다. 그러나 존 F. 케네디John F. Kennedy 대통령은 공식 패널을 소집해 카슨의 주장을 조사했고, 결국 미국 내 화학 살충제 규제법이 바뀌었다.《침묵의 봄》이 남긴 유산은 이뿐만이 아니다. 카슨의 책에서 영향을 받아 풀뿌리 환경 운동이 일어났다. 살충제 DDT(dichloro-diphenyl-trichloroethane)가 전 세계에서 금지되고 미국 환경보호국Environmental Protection Agency이 신설되었다. 이 책은 계속해서 전 세계 환경 운동에 영감을 주고 있다.

규제의 결과

1966년 통과된 멸종위기종 보존법Endangered Species Preservation Act 이 1967년 3월 11일 시행되며 미국 자생종 78종은 공식적으로 보호받는 최초의 멸종위기종이 되었다. 미국 어류 및 야생동물 관리국이 '1967군 class of 1967'이라 부르는 이 종에는 그리즐리곰Grizzly Bear, 대머리독수리bald eagl, 미국악어American alligator, 검은발족제비black-footed ferret, 아파치송어Apache trout, 플로리다표범Florida panther, 캘리포니아콘도르 California condor, 두루미whooping crane, 그리고 개체가 불과 43마리로 줄어 법안 결정에 도움을 주었던 진홍색 모자 쓴 키다리 흰 새snowy-white bird가 포함되었다. 나열된 78종은 모두 멸종 위기를 맞은 종이었다. 법안이 통과되며 사람들은 이 종의 미래를 공식적으로 제어할 수 있게 되었고, 인간은 완전히 자연의 보호자 역할을 맡게 되었다. 이제 인간은 이 78종의 생존 여부와 방법을 결정하게 된 것이다.

멸종위기종 보존법은 연방 기관 목록에 있는 모든 종의 회복 계획을 수립하고 실행할 기금을 마련했다. 1967년, 보전 과학자들은 캐나다 우드버펄로 국립공원Wood Buffalo National Park 등지에서 채집한 백두루미알 세 개를 이용해 메릴랜드 파투센 야생연구센터Patuxent Wildlife Research Center에 번식지를 세웠다. 8년 후 이들은 사육 번식지에서 얻은 백두루미알을 아이다호 그레이스레이크 국립 야생동물 보호구역Gray's Lake National Wildlife Refuge에 있는 모래언덕두루미sandhill cranes 둥지에 넣었다. 모래언덕두루미는 새끼 백두루미를 자기 새끼처럼 키웠다. 그리고 50년 후 북아메리카에서는 야생 및 사육 상태의 백두루미가 700마리 이상 발견되었다. 50년 동안 야생동물 관리자는 어떤 새를 번식시키고, 먹이고, 보호하고, 이상적인 서식지로 내보낼지 결정했다. 또한 이 야생동물 관리자는 새의 진화 궤적을 조작해 멸종을 막았다. 인간의 노력으로 살아난 종은 백두루미whooping cranes만이 아니다. 2020년 2월, 이오매라고도 부르는 하와이매Hawaiian Hawk는 캐나다거위Canada goose, 미국악어American alligator, 델마바반도 여우다람쥐Delmarva Peninsula fox squirrel, 긴턱시스코longjaw cisco, 멕시코오리Mexican duck, 대머리독수리 bald eagle에 이어 공식적으로 일곱 번째로 멸종위기종인 1967군 중에서 삭제되며 보전 성공 사례로 기록되었다.

멸종위기종 보존은 20세기 후반에 그 범위와 영향력이 커졌다. 1969년, 미국 의회는 멸종위기종 보존법을 수정해 세계 다른 지역에서 멸종 위기에 처한 종을 수입하거나 판매하는 일을 금지했다. 1973년, 80개국이 '멸종 위기에 처한 야생동식물의 국제거래에 관한 협약(CITES, Convention on International Trade in Endangered Species of Wild Fauna and Flor)'에 서명해 멸종위기종의 국제 거래 금지를 강화했다. 그해 말 미국 대통령 리처드 닉슨Richard Nixon은 완벽히 개편된 '멸종위기종 보호법(ESA, Endangered Species Act)'에 서명했다. ESA는 미국 내 CITES 법을 강화해 멸종 위기라고 선언할 수 있는 종 목록에 무척추동물과 식물을 추가했다. 1993년, 유엔환경계획United Nations Environment Programme은 '생물 다양성에 관한 협약Convention of Biological Diversity'을 제정했다. 이 협약은 생물 다양성이 전 지구의 번영에 필수적이며 국제 협력이 성공적인 자연 보전에 중요하다는 사실을 인정하며 전 세계에서 지지받는다.

표범 교배

미국에서 멸종 위협을 받고 멸종 위기에 처한 종을 보전하기 위한 멸종위기종 보호법은 법적 체계를 제공하지만 완벽하지는 않다. 이 목록에 포함된 모든 종에는 각각 고유한 복구 계획이 필요하지만, 이를 개발하기 위한 종별 진화 역사 및 서식지 요구 사항에 대한 지식은 턱없이 부족하다. 각 연방 기관은 등재된 종을 위험에 빠뜨릴 만한 일을 절대 피해야 한다. 등록된 종이 사유지에서 발견되어도 토지 소유자는 해당 종을 사냥 또는 사격하거나, 상처를 입히고 덫으로 잡거나, 괴롭히고 포획하거나, 해를 입히거나 추격할 수 없다. 당연히 이런 엄격한 규칙 때문에 매년 멸종위기종 보호법과 토지 소유자의 권리가 부딪히는 법적 문제가 끊이지 않는다. 그래서 야생동물 관리자는 불필요하고 위험한 행동은 피하고 목록에 있는 종에 부정적인 영향을 줄 수 있는 인간 활동을 제한하는 전략을 고수한다. 하지만 오늘날 이런 수동적인 전략으로는 생물 다양성 손실 속도를 늦출 수 없으며 인간이 자연을 보호하려면 자연에 적극적으로 개입해야 한다는 인식이 점점 커지고 있다.

북아메리카에서는 가장 잘 알려진 멸종 위기 종 하나가 인간이 개입한 덕택에 구출되었다. 플로리다표범은 표범의 생태형ecotype으로 마운틴라이언mountain lion, 카타마운트catamount, 페인터painter, 쿠거cougar, 마운틴스크리머mountain screamer 등 다양한 이름으로 불리는데 마운틴스크리머라는 마지막 이름은 암컷이 짝을 찾을 때 우는 섬뜩한 울음소리 때문에 붙은 이름이다. 유럽인들이 아메리카 대륙에 도착했을 때 표범은 캐나다 유콘에서 칠레 남단까지 거의 대륙 전역에 분포했다. 하지만 20세기 중반이 되자 사냥, 삼림 벌채, 농업 때문에 표범의 서식 범위는 보호지로 제한되었다. 그리고 1973년 멸종위기종 목록에 올랐을 때 플로리다표범 개체수는 플로리다주 남단에 서식하는 스무 마리 미만밖에 되지 않았다.

빠르게 시간을 돌려 플로리다 사냥 동물 및 어류 위원회Florida Game and Fish Commision의 생물학자 크리스 벨던Chris Belden이 플로리다표범 회복 계획을 주도하던 1981년으로 가보자. 계획을 시행하려면 관리자나 대중이 플로리다표범과 다른 표범을 구별할 수 있는 신체적 특성을 찾아야 했다. 벨던 팀은 몇 년에 걸쳐 빅사이프러스 국립 보존구역Big Cypress National Preserve에 남은 표범 십여 마리를 잡아 건강 상태와 체격을 기록했다. 연구진은 표범의 넓고 평평한 이마와 아치형으로 높게 솟은 코뼈에 주목했다. 이런 특성은 고생물학자인 오트람 뱅스Outram Bangs가 1899년 플로리다표범을 별개의 아종으로 구별할 때 이용한 특성이었다. 하지만 벨던 팀은 플로리다표범을 정의할 다른 두 가지 특성을 선택했다. 바로 목덜미의 뻣뻣한 털과 말린 꼬리다.

뻣뻣한 털과 말린 꼬리는 종을 정의하기에는 다소 특이한 특성이다. 진화론적 관점에서 볼 때 이런 특성은 진화적으로 중립적이거나 유익하다기보다 건강한 개체군에서라면 자연 선택으로 제거될 만한 기형의 모습이다. 물론 플로리다표범 개체군은 건강하지 않았다. 수십 년 동안 고립된 탓에 교배할 수 있는 유일한 선택지는 형제, 사촌, 부모가 전부였다. 결국 근친 교배로 인해 유전적 변이가 줄고 말린 꼬리 같은 부적응 특성이 늘었다. 더 심각한 유전적 질병도 겪었다. 1990년대 초반까지 빅사이프러스 국립 보존구역에 사는 수컷 표범 90퍼센트는 고환 중 적어도 한 쪽이 나오지 않았으며 수컷이 생산하는 정자의 90퍼센트 이상이 비정상인 잠복고환증을 앓았다. 심장 결함 발병률도 높았고 면역 체계가 억제되어 질병에도 취약했다.

말린 꼬리와 뻣뻣한 털로 플로리다표범을 정의하는 데는 또 다른 문제가 있었다. 빅사이프러스 국립 보존구역에 사는 표범은 모두 이런 특성을 가졌지만, 더 남쪽 에버글레이즈Everglades에 사는 표범 대부분에는 이런 특성이 없었다. 이 특성이 플로리다표범의 특성이라면 에버글레이즈 개체군은 다른 종일까?

DNA로 이런 분류학적 문제를 해결할 수 있다고 생각한 진화 생물학자 스티브 오브라이언Steve O'Brien과 복구팀 수의사 멜러디 롤크Melody Roelke는 에버글레이즈표범의 DNA를 다른 표범 DNA와 비교했다. 그 결과 플로리다표범 복구 계획은 사실상 중단되었는데 에버글레이즈표범은 완전한 플로리다표범이 아닌 것으로 밝혀졌다. 최근 어느 시점에서 에버글레이즈표범은 코스타리카표범과 유전자를 교환한 것이었다.

몇 가지 사실을 파헤친 후 롤크와 오브라이언은 수십 년 전 에버글레이즈 국립공원Everglades National Park 관리인이 개체수 감소를 막기 위해 보니타 스프링스Bonita Springs에 있는 노상 동물원 관장인 레스 파이퍼Les Piper에게서 사육하고 있는 플로리다표범 몇 마리를 얻었다는 사실을 발견했다. 관리자들에게 알려지지 않았지만 파이퍼는 이미 코스타리카에서 온 표범 개체군으로 자신이 사육하는 표범 개체수를 늘린 바 있다. 번식 성공률을 높이기 위한 이런 시도는 효과가 좋았다. 롤크와 오브라이언은 여기에서 아이디어를 얻었다. 근친 교배한 빅사이프러스표범에 비해 에버글레이즈표범이 상대적으로 번식률이 높다는 사실로 볼 때 다른 개체군에서 변이를 도입하면 플로리다표범을 구할 수 있을지도 몰랐다.

하지만 안타깝게도 미국 어류 및 야생동물 관리국은 잡종 보전에 대해 암묵적인 규칙을 갖고 있었는데, 그것은 교배종 플로리다표범에도 해당하는 규칙이었다. 그들은 잡종을 보호하면 멸종 위기에 처한 종의 유전자 풀이 오염되고 종의 특성이 줄어들지도 모른다고 염려했다. 종의 고유한 특성이 말린 꼬리와 뻣뻣한 털이라 할지라도 말이다. 일부 복구팀원은 잡종이 있다는 사실이 알려지면 플로리다표범 보전 계획이 위태로워지리라 염려한 나머지 오브라이언과 롤케에게 결과를 알리지 말라고 할 정도였다. 복구팀 사이에 불협화음이 커지며 플로리다 상황은 통제 불능 상태에 빠졌다. 플로리다 남쪽에 사는 표범은 사실 플로리다표범이 아니므로 살육될 수도 있다는 소문까지 돌았다. 표범을 사냥하거나 잡아먹은 사건을 맡은 변호인단은 전문가조차 플로리다표범이 무엇인지 합의할 수 없다면 일반인도 마찬가지라며 주장했고 사건은 분류학적 이유로 기각되었다. 그사이 플로리다표범 개체수는 계속 줄었다.

스티브 오브라이언은 플로리다표범을 구하려면 미국 어류 및 야생동물 관리국이 잡종에 대한 관점을 바꾸도록 설득해야 한다고 확신했고 당시 그들을 그렇게 설득했다고 내게 말해주기도 했다. 1940년, 그는 생물학적 종 개념Biological Species Concept을 처음으로 이론화한 과학자이자 규제 기관의 관심을 끌 수 있으리라 기대한 진화 생물학자인 에른스트 마이어Ernst Mayr와 손을 잡았다. 그들은 함께 과학 저널 《사이언스Science》에 의견을 기고해, 정의상 같은 종species인 아종subspecies 사이에서도 잡종이 자연히 발생한다고 지적했다. 그들은 비슷한 종끼리 서식 범위가 겹치고 이종교배하는 일이 흔하지만 이렇게 뒤섞인 잡종이 단일한 개별 종으로 구분되지는 않는다는 점에 주목했다. 그리고 이들은 고유한 자연사가 있으며 고유한 서식지나 서식 범위에서 살고, 분자적·신체적으로 정의되고 유전되는 특성을 공유하는 개체라는, 아종에 대한 새로운 정의를 제안했다. 이 주장의 핵심은 아종이 때때로 다른 종과 섞이더라도 야생동물 관리자나 일반인이 충분히 구별할 수 있다는 점이다.

어류 및 야생동물 관리국은 플로리다표범과 지리적·진화적으로 가장 가까운 건강한 암컷 텍사스표범 여덟 마리를 빅사이프러스 국립 보존구역에 도입해 사육하는 데 동의했다. 그리고 4년 후 1세대 잡종 새끼 표범이 태어났다. 도입된 텍사스표범 암컷 여섯 마리에서 열다섯 마리 잡종이 살아남았다. 이어 다음 몇 년 동안 잡종 표범이 더 태어났다. 잡종은 강하고 건강했다. 건강을 약하게 만드는 질병과 신체 기형 발생률은 줄었고 플로리다표범 개체는 50퍼센트 이상 늘었다.

공식적으로 법이 바뀌지는 않았지만 기존 잡종 정책을 포기하자 다른 종에게도 이익이 되었다. 줄무늬올빼미Barred owls는 북아메리카를 가로질러 서쪽으로 확장하며 멸종 위기에 처한 북방점박이올빼미northern spotted owls와 교배한다. 2011년에 수정된 북방점박이올빼미 복구 계획에서는 줄무늬올빼미가 드물게 교배하고 북방점박이올빼미의 회복에 큰 영향을 주지 않는다고 언급했다. 이와 비슷하게 미시시피강 하류와 아차팔라야강Atchafalaya-Rivers에서 멸종 위기에 처한 아메리카 삽코철갑상어pallid sturgeon와 이보다는 자주 발견되는 러시아 삽코철갑상어shovelnose sturgeon 사이의 자연 교배는 아메리카 삽코철갑상어 회복에 위협이 된다고 간주되지 않는다. 종의 고유 특성이 유지되는 한 잡종도 멸종위기종 보호법의 보호를 받으며 유지될 수 있다.

문제는 교배가 일어나면 때로 고유한 종 특성이 모호해질 수도 있다는 사실이다. 웨스트슬로프 컷스로트송어westslope Cutthroat trout는 북서 태평양 전역에 서식한다. 그러다 비행기를 이용해서 그동안 부화 장에서 사육한 무지개송어rainbow trout 수천 마리를 호수나 개울에 투하해 수십 년 동안 스포츠 낚싯감으로 이용하며 이들이 웨스트슬로프 컷스로트송어 서식지로 유입되었다. 두 종은 쉽게 교배해서, 무지개송 어나 잡종은 순종 웨스트슬로프 컷스로트송어를 넘어섰다. 수십 년 전 보전 단체는 멸종위기종 보호법으로 웨스트슬로프 컷스로트송어를 보호해달라고 청원했다. 하지만 과학자들이 개체를 평가한 결과 순종 웨스트슬로프 컷스로트송어를 잡종과 구별할 수 없어 보호 지침을 만들 수 없었다. 고대 DNA가 작은 희망이 될 수 있지만 이 문제를 해결할 방법은 아직 없다. 우리 연구실은 국립 해양 대기청National Oceanic and Atmospheric Administration 남서부 어업 과학 센터Southwest Fisheries Science Center의 카를로스 가르자Carlos Garza 및 데번 피어스Devon Pearse와 협력 해 비행기로 무지개송어를 본격적으로 흩뿌리기 전인 20세기 초 송어 에서 DNA를 채취해 서열분석했다. 박물관에 보존된 토착종 송어에서 부화장에서 자란 종과 구별되는 유전자 표지자genetic marker를 찾아, 야 생동물 관리자가 이 표지자로 개체군의 우선순위를 정해 종을 보전할 방법을 개발하도록 도울 목적이었다. 성공하면 미국 어류 및 야생동물 관리국에서도 비슷한 방식으로 다른 잡종 문제를 해결할 수 있다.

미국 어류 및 야생동물 관리국의 규제자들은 잡종에 대한 공식 정 책 없이 사례별로 결정을 내린다. 그런데 오늘날 유전자 정보를 보면 생 물학자들이 DNA 서열분석을 하기 전 생각했던 것보다 훨씬 광범위하 게 교배가 일어난 것으로 보인다. 게다가 교배가 일어난 뒤의 진화적 결 과도 다양해서 효과적이고 포괄적인 잡종 정책을 세우기 어렵다. 북방점박이올빼미나 아메리카 삽코철갑상어처럼 교배가 거의 영향을 미치지 않을 수도 있다. 하지만 웨스트슬로프 컷스로트송어처럼 교배가 심각한 결과를 가져올 수도 있고, 종의 고유 특성을 덮어버리고 멸종위기종의 생존을 위협할 수도 있다. 하지만 교배는 플로리다표범에서 근친교배의 부작용이 일어나지 않도록 개체군을 구하는 일종의 DNA 추가 조치 사례처럼 긍정적인 효과를 낼 수도 있다.

미국 어류 및 야생동물 관리국의 허가로 플로리다표범과 텍사스표범을 교배해 플로리다표범을 구출한 지 25년이 지났다. 지금도 플로리다표범 개체군은 1995년보다 더 건강하며 구출 전보다 더 많은 개체가 살아 있다. 하지만 우리 일은 여기서 끝나지 않는다.

2019년, 스티브 오브라이언은 우리 연구팀과 함께 1990년대 초 플로리다표범 세 마리에서 채취해 둔 DNA를 서열분석했다. 두 마리는 빅사이프러스 개체군이고, 한 마리는 텍사스표범을 플로리다로 들여왔을 때 안타깝게도 멸종한 에버글레이즈 개체군이다. 우리는 각 개체의 유전체를 오늘날 살아 있는 여러 종의 표범 유전체와 비교했다. 예상대로 빅사이프러스표범 유전체는 근친 교배 징후가 뚜렷했고, 에버글레이즈 표범 유전체는 최근 일어난 교배의 신호를 담고 있었다. 에버글레이즈 표범 유전체 일부에는 빅사이프러스표범 유전체와 비슷하게 부모가 서로 가까운 종임을 보여주는 긴 DNA 신장부가 있었다. 유전체의 다른 부분에는 중앙아메리카 조상에서 도입된 변이가 있었다. 에버글레이즈 표범의 염색체를 확인하자 변이의 양은 차이가 컸다. 유전적 구출 상태면 변이가 많았고 근친 교배 상태면 변이가 없었다. 변이 양의 차이는 유전적 구출 이후 무슨 일이 일어났는지 보여준다. 불과 몇 세대 만에 모든 에버글레이즈표범에서는 이종교배로 도입된 변이가 거의 사라졌다. 교배로 얻은 이점은 계속되는 근친 교배로 사라지고 있었다.

텍사스표범을 빅사이프러스에 도입했을 때 얻은 다양성이 근친 교배로 손실되었는지 확인하지는 않았지만 충분히 그러리라 예상된다. 유전적 구출은 효과가 있었지만 개체군은 여전히 작고 고립되어 살며, 플로리다표범은 가까운 친척과 번식하는 것 외에 선택의 여지가 거의 없다. 개체는 건강해 보이지만 2019년 8월, 《뉴욕 타임스》는 뒷다리를 제어하지 못하는 신경 장애로 고통받는 플로리다표범 몇 마리를 담은 영상을 보도했다. 야생동물 관리자들은 최근 발생한 이 질병이 새로운 유전적 돌연변이 때문인지, 아니면 주변에 있을지도 모를 독소 때문인지 아직 모른다. 하지만 분명 플로리다표범의 미래는 우리 책임이다. 우리는 최근 일어난 이 현상을 통해 표범의 생존을 위협하는 원인을 알아내고 해결책을 찾아야 한다. 그렇지 않으면 플로리다표범을 구하기 위해 수십 년 동안 계속해온 노력에도 불구하고 플로리다표범은 멸종할 것이다.

플로리다표범은 인간이 적극적으로 개입하지 않았다면 회복하지 못했을 것이다. 사람들은 표범 개체가 개체군을 오갈 수 없을 정도로 서식지를 바꾸어놓았다. 표범을 그저 내버려 두었다면 표범은 근친 교배의 부작용 때문에 병들거나 번식할 수 없게 되었을 것이다. 멸종 위기에 놓인 다른 표범 개체군은 개체가 자연스럽게 흩어질 수 있는 야생동물 이동 통로를 만들어 구할 수 있다. 불가능하다면 비슷한 효과를 위해 야생동물 관리자가 개체군 간에 동물을 물리적으로 계속 이동시켜야 한다. 이 과정은 자연스럽게 발생하는 이동과 같은 빈도로 수행해야 한다. 그렇지 않으면 개입은 성공하지 못한다.

플로리다표범은 인간이 적극적으로 개입해 어떻게 성공적으로 종을 보전할 수 있는지 보여주는 희망적인 사례지만, 인간의 행동에는 결과가 따른다는 점도 알려준다. 오늘날 살아 있는 플로리다표범은 이전과 다르며 인간이 개입하지 않았을 때와도 다르다. 본질적으로 인간은 오늘날 플로리다표범으로 알려진 종을 구하는 동시에 새로 창조한 셈이다.

부레옥잠 문제

오늘날 종의 멸종 속도는 빠르다. 하지만 19세기 개척 과정을 그대로 따라갔다면 당연히 훨씬 더 빨랐을 것이다. 지금은 대륙 전역에서 황무지를 개발하지 못하도록 보호하는 민간 및 공공 프로그램이 만들어졌다. 수백 개의 풀뿌리단체와 정부 후원 보호단체가 구성되어 밀렵과 포경을 근절하고 기업 및 지역 사회에 생물 다양성을 보존하는 것의 이점을 교육해 종과 생태계를 보전하는 활동을 펼쳤다. 개발은 멈추지 않고 인구도 계속 늘고 있다. 하지만 오늘날 우리는 전보다 생물 다양성을 더 중요하게 여기게 되었고, 생물 다양성을 보호하려는 노력은 더욱 환영받고 실행 가능해졌다. 물론 해야 할 일이 아직 많다. 기존 보호 방식은 효과적이었지만 충분하지 않았다. 보전 목표를 달성하려면 더 우수하고 정교한 기술을 개발해야 하며 생물 환경에 개입하려는 의지도 있어야 한다. 또 다른 기술 혁명도 필요하다.

부레옥잠 문제로 다시 돌아가보자.

1910년, 브루사드가 법안을 발표한 후 루이지애나 주민들은 부레옥잠을 없애기 위해 하마를 제외한 모든 방법을 시도했다. 손으로 부레옥잠을 뽑고, 불을 지르고, 기름을 뿌려 덮고, 살충제를 쳤다. 하지만 물리적·화학적 통제가 실패하자 사람들은 다른 종에 눈을 돌렸다. 침입성 수생 식물을 먹는 중국풀잉어를 데려왔지만 부레옥잠은 맛이 없는지 먹지 않았다. 부레옥잠을 전문으로 처리하는 바구미 두 종과 나방 한 종도 들여왔다. 해충은 부레옥잠이 병충해에 취약하도록 만들고 개화를 억제하는 피해를 주었지만 그럼에도 부레옥잠은 계속 퍼졌다. 오늘날 부레옥잠의 두꺼운 녹색 잎은 물을 덮어 햇빛을 차단하고 산소를 고갈시켜 물고기를 죽이며 수로를 막아 남극을 제외한 모든 대륙에서 경제적·생태학적 혼란을 초래한다. 이제 부레옥잠 문제에 대해서는 다른 해결책이 필요하다.

침입종은 어제오늘 일이 아니다. 종은 자연스럽게, 때로는 멀리까지 퍼져나간다. 물고기알과 식물 씨앗은 철새를 통해 대륙과 바다를 가로질러 이동한다. 태풍과 해류가 일어나면 물 위에 떠 있는 식물을 따라 동식물이 퍼진다. 작물화된 식물 전문인 고대 DNA 과학자 로건 키틀러 Logan Kistler와 나는 몇 년 전 조롱박을 연구했다. 조롱박 씨앗은 아프리카에서 수백 일 동안 대양을 횡단해 아메리카 대륙으로 흩어져 생존했고 충분한 개체군을 이룰 수 있었다. 그리고 후에 아메리카 원주민은 이 씨앗을 발견하고 작물로 심었다.

장거리 여행이 가능해지며 인간은 의도적이든 아니든 종을 퍼트리는 또 다른 수단이 되었다. 기술이 발전하며 인간이 종을 확산시키는 속도도 빨라졌다. 식민지 개척자들은 고향을 떠올리게 하는 종을 들여왔다. 나중에는 특정 결과를 염두에 두고 종을 수입했다. 칡은 토양 침식을 억제하기 위해 19세기 말 아시아에서 미국으로 도입된 종이다. 칡은 미국 일부 지역에서 하루 최대 30센티미터나 자라며 초목, 전력선, 도로 표지판, 자동차, 그 밖에 주변에서 자라는 모든 것을 질식시켜 '남부를 잡아먹는 덩굴'이라고 불리기도 한다.

인간은 외양이나 맛이 이국적이거나 유용할 것 같아서, 혹은 자신도 모르는 새에 종을 여기저기 퍼트린다. 2016년, 샌프란시스코 공항에서 일하던 미국 농무부 조사관은 살아 있는 유충이 가득 든 소포를 압수했다. 살인 말벌이라고도 불리는 아시아 거대말벌의 유충이었다. 이 것은 진미나 진통제로 먹기도 하기 때문에 조사관은 이 유충 소포가 생태계를 교란할 목적이 아니라 선물로 들어왔다고 추정했다. 어쨌든 조사관들은 2016년에 살인 말벌 침입을 막아냈지만 2019년 워싱턴주와 브리티시컬럼비아주에서 다 자란 아시아 거대말벌이 발견되며 토종 꿀벌 멸종이 임박했다는 소동이 일어났다. 생물 종은 국경이나 법을 모르므로 계속 서식지를 옮겨 다니며 침입할 것이다. 서식지 기후가 적합하고 먹이가 충분하거나 잡아먹힐 위험이 없으면 침입종이 정착할 가능성이 있다.

오늘날 토종 생물을 보전하려는 노력은 외래종이 들어올 때 생태적·경제적 피해를 일으키는 종에 주로 초점을 맞춘다. 과학자들은 생태계에 거리낌 없이 개입해 침입종에 부적합한 환경을 만들어 정착을 방해한다. 화학 제초제와 살충제로 침입종을 박멸하거나, 수질과 토질을 낮춰 침입종 개체수를 일시적으로 감소시키거나, 침입종을 잡아먹고 경쟁하는 더 파괴적인 종을 들여오기도 한다. 심지어 일일이 침입종을 제거하기도 한다.

상당한 성공을 거둔 사례도 있다. 1993년, 과학자들은 남대서양

세인트헬레나섬Island of St. Helena이라는 작은 섬에 무당벌레딱정벌레 ladybird beetles를 풀어놓았다. 2년 전 도입된 남아메리카 비늘곤충scale insects이 토종 고무나무를 파괴하는 곳이었다. 무당벌레딱정벌레는 비늘곤충의 효율적인 포식자다. 1995년 이후 섬에서는 비늘곤충이 보고되지 않고 토종 고무나무는 번성했다. 2005년에는 미국 국립공원 관리국US National Park Service이 공동 사냥 프로그램을 주도한 지 불과 1년 만에 캘리포니아 연안의 작은 섬인 산타크루즈섬에서 해로운 돼지를 근절했다. 돼지가 사라지자 등재된 멸종위기종 여덟 종을 포함해 섬의 토종 동식물이 되살아나기 시작했다.

일일이 손으로 제거하는 방법은 기존 전략 중 장기적으로 생태적 피해를 일으킬 가능성이 가장 작지만 힘들며, 효과는 단기적이다. 2017년에서 2019년까지 사냥꾼들은 밤새 플로리다 에버글레이즈를 돌아다니며 침입종 버마비단뱀Burmese pythons을 잡았다. 침입종 버마비단뱀은 에버글레이즈에서 진화적으로 엄청나게 번식했다. 교묘하게 위장한 버마비단뱀은 작은 포유류와 새부터 흰꼬리사슴, 심지어 악어까지 몽땅 먹어 치웠다. 당연히 버마비단뱀은 지역 야생동물, 특히 새에게 치명적인 영향을 미쳤다. 사냥꾼들은 2년 동안 캠페인을 벌여 에버글레이즈에서 버마비단뱀 2,000여 마리를 잡았다. 그중에는 길이 5미터가 넘는 비단뱀도 있었다. 하지만 이들의 노력은 비단뱀 개체수를 줄이는 데 역부족이었다. 다른 해결책이 필요했다.

2019년 초, 비영리 단체인 섬보호Island Conservation는 테우아우아의 마르퀘산섬Marquesan island에서 쥐를 박멸했다고 보고했다. 섬보호가 침입 쥐를 성공적으로 박멸한 64번째 섬이다. 생태적 회복은 놀라웠다. 새알을 먹는 쥐가 더 이상 보이지 않자 토종 바닷새 개체수가 다시 늘었다. 쥐가 씨앗과 어린 식물을 먹지 않아 토종 식물도 돌아왔다. 작물 수확량이 늘고 설치류 매개 질병이 사라지며 사람도 이익을 얻었다. 하지만 쥐를 제거하는 섬보호의 방식은 논란의 여지가 있다. 그들은 헬리콥터와 드론으로 쥐약을 떨어트려 섬 전체를 살충제로 뒤덮었다. 쥐약은 효과적이지만 부작용도 있다. 쥐약은 개별 종만 표적으로 삼을 수 없기에 쥐약을 먹은 쥐를 새가 잡아먹으면 위험할 수 있는 것이다. 게다가 모든 화학 물질이나 독은 토양과 물을 오염시킬 가능성이 있다. 하지만 지역 사회는 쥐약이 잠재적인 위험은 있지만 그만한 보상을 준다고 여긴다. 섬보호 팀은 이런 의견에는 동의하지만 미래에는 합성 생물학을 이용해 새롭고 안전한 해결책을 얻을 수 있을 거라고 전망한다. 섬보호 팀은 국제 과학자 및 비영리 단체와 협력해 '침입 설치류의 유전 생물학적 통제 프로그램Genetic Biocontrol of Invasive Rodents program'을 구성했다. 이 프로그램의 목표는 쥐 DNA에 돌연변이를 삽입해 쥐가 번식할 수 없도록 조작하는 것이다.

합성 생물학은 손으로 침입종을 일일이 제거하는 방식보다 효율적이며, 독을 뿌리는 방식보다 인도적이고, 환경에는 안전하다. 하지만 이 방법은 다른 종의 진화적 미래를 조작하는 주인 역할을 할 수 있도록 인간을 더 깊이 밀어 넣는다. 물론 우리가 이미 받아들인 역할이기는 하다. 이제 문제는 우리가 얼마나 멀리 나아갈 것인가이다. 인간이 종의 DNA를 직접 바꿔 다른 종을 구제하거나 멸종을 막는 역할을 해도 될까? 이 방식은 지금 우리의 방식과 얼마나 다를까?

현재 우리 앞에 놓인 질문과 선택지를 염두에 두고, 남동부 늪지대의 자원봉사자들은 계획된 정화 작업을 위해 매년 연못과 호수, 강으로 걸어 들어간다. 큰 플라스틱 양동이를 들고 허리 깊숙이까지 탁한 물

속으로 들어간 자원봉사자들은 카약을 타거나 수영을 하면서 물고기가 살 공간을 확보하기 위해 침입종 부레옥잠을 몇 줌씩 뽑아 넣는다. 그리고 부레옥잠은 매년 다시 자란다.

2부

생명이
나아갈 길

06

뿔 없는 소

2019년 초가을 오후, 나는 캘리포니아 데이비스 시내에서 알리손 판 에이네남Alison Van Eenennaam을 만나 그의 SUV 조수석에 타고 그의 연구원 몇몇과 함께 데이비스 캘리포니아 대학교 소 축사에 견학을 갔다. SUV 번호판에는 '바이오비프BIOBEEF'라 쓰여 있었고 계기판에는 알리손의 호주 계보를 떠올리게 하는 초록색 플라스틱 악어가 달려 있었다. "이건 소 운반용 차예요. 알리손이 함부로 들이받지 말라고 하더라고요." 알리손의 연구실 매니저이자 오른팔인 조시 트로트Josie Trott가 운전석에 앉으며 내게 말해주었다.

다음 날 아침, 나는 제노믹 센터Genomics Center에서 핼러윈 특강을 하기 위해 데이비스에 왔다. 알리손을 만날 기회였기 때문에 수락한 일이기도 했다. 알리손은 생명공학으로 축산업을 발전시키려는 주요 과학자 중 한 명이며 이 분야의 노련한 커뮤니케이터이자 대표자이기도 하다. 나는 그가 진행하는 연구를 상세히 알고 싶었을 뿐만 아니라 축산업에 생명공학을 이용하는 일을 탐탁지 않게 생각하는 대중을 어떻게 교육하는지에 대해서도 듣고 싶었다. 그리고 무엇보다 지난 몇 달 동안 숱한 사건을 겪은 그의 자랑스러운 소 프린세스Princess를 만나고 싶었다. 안타깝게도 알리손은 핼러윈 동안 호주에서 열리는 동물 번식 및 유전학 학회에 참석하고 있어 나와 일정이 맞지 않았다. 하지만 조시가 자신을 대신해 다른 사람들을 소개해주고 소도 만날 수 있게 해주겠다고 했다.

중간에 잠깐 쉬며 점심을 먹었다. 음식이 나오기를 기다리는 동안 조시와 다른 두 연구원 조이 오언Joey Owen과 톰 비숍Tom Bishop은 진행 중인 프로젝트에 대해 말해주었다. 조이와 톰은 생명공학으로 소를 조작해 수컷이나 암컷을 낳도록 하는 다양한 방법을 모색하고 있었다. 예를 들어 낙농가는 다 자라도 젖을 짤 수 없는 수컷 대신 암컷을 선호하는데 유전적 방법으로 수컷 생산을 제한하면 수컷을 식용으로 팔거나 수컷 송아지를 도살하는 비용을 절약할 수 있다.

조이와 톰의 말을 듣고 나는 프린세스를 떠올렸다. 새로운 생명공학은 유전자를 끄고, DNA 암호 문자를 변경하고, 한 종의 유전자를 가져와 다른 종의 유전체에 삽입하는 분자 도구를 발전시켰으며 이것은 주변 동식물과 인간의 관계를 크게 바꾼 것이 분명했다. 하지만 합성 생물학 연구자들은 우리가 아직 그런 급격한 변화에는 이르지 않았다고 생각하는 것 같다. 오늘날 신기술을 이용하려는 동기는 우리 조상이 살아온 동기와 같다. 인간의 삶, 가축의 삶, 그리고 우리가 함께 사는 환경을 개선하려는 것이다. 그런데 새로운 기술은 어딘가 다르고 부자연스럽게 느껴진다. 게다가 생명공학 기술을 이용한다는 사실에는 어딘지 모를 불편함이 있다. 이 불편함은 거대한 자금을 원조받는 전 세계적

운동의 지원을 받고, 잘못된 정보는 생명공학이 할 수 있는 일과 할 수 없는 일로 구분 짓는 것을 의도적으로 흐리게 만들어서 널리 퍼진다. 이런 운동으로 말미암는 결과는 결코 간과할 수 없다. 오늘날 환경은 너무 양극화되어 생명공학이라는 도구를 이용하는 프로젝트 이야기를 꺼내기만 해도 불신, 분노, 심지어 폭력을 유발할 수도 있다.

알리손의 연구는 이런 새로운 환경에서 연구하는 것이 얼마나 어려운지를 보여준다. 그는 동물의 고통을 줄이며 가축 사육의 경제성을 개선해 동물 복지를 개선하려 한다. 알리손은 생명공학 기술을 알리는 데 힘썼지만 미래는 밝지 않았다.

실험에 대해 열변을 토하던 조이와 톰의 흥분도 조금 누그러졌다. 나는 이 팀이 지난 몇 달간 어려움을 겪으면서도 긍정적으로 연구를 이어가기 위해 최선을 다하고 있다고 느꼈다. 하지만 이들은 프린세스에게 일어난 일에 분노하는 대중의 반응을 마주해야 했으며, 자신의 연구가 의도한 대로 좋은 영향을 미칠 미래를 상상하며 싸워야 했다.

점심을 먹고 우리는 다시 SUV를 탔다. 다음에 멈춘 곳은 소 축사였다. 나는 프린세스를 만나고 싶었다. 이곳에 오는 동안 우리는 과학과 생명공학 연구 이력이나 이 분야의 미래에 관해 이야기했다. 박사 학위를 막 마친 조이는 학계에 남아 연구를 계속할지 산업계로 나갈지 고민했다. 쉬운 선택은 아니다. 대학에서 일하면 창의적으로 일할 수 있는 기회가 있겠지만 농업 분야에 생명공학을 적용하는 일에 대한 규제가 어디로 튈지 모르는 시점에서 알리손의 연구에 자금이 모일 리 만무했다. 체계적인 규제가 없다면 알리손, 조시, 조이, 톰 같은 연구자들은 규제가 언제 갑자기 바뀌거나 다른 식으로 해석될지도 모른 채 새로운 장애물이 나타날까 전전긍긍하며 수년을 허송세월해야 할 수도 있다.

UC 데이비스 같은 공공기관에는 오늘날 끊임없이 달라지는 규제 환경에 맞춰 실험을 계속할 자금이 없다. 결국 조이가 이런 연구를 계속하려면 산업계를 택하는 수밖에 없다.

농장에 차를 세울 때쯤 우리는 조용해졌다. 나는 기존 규제 환경에서 프린세스가 겪어야 했던 사투를 떠올렸다. 적어도 내 생각에 프린세스는 평범한 젖소였다. 하지만 프린세스는 언론이 보도한 것처럼 계획대로 진행되지는 않은 실험의 산물이기도 했다. 결국 프린세스의 형제들은 도살됐고 지금은 프린세스만 살아남았다. 프린세스를 직접 보면 유전공학적으로 조작되었다는 사실이 분명하게 드러날까?

우리는 SUV에서 내려 중앙 축사를 통해 반대쪽 문으로 나가 다시 농장 한가운데로 향했다. 여기저기 소가 있었다. 멀리 소 한 무리가 조금 남은 풀을 뜯고 있었고 근처에는 실험을 위해 소를 나이와 품종별로 분리해 둔 우리 수십 개가 미로처럼 얽혀 있었다. 우리는 암소 두 마리와 어린 송아지들이 있는 우리를 지나쳤다. 그중 한 마리는 젖을 짜려 애쓰고 있었지만 젖이 나오지 않았다. 모퉁이를 돌자 되새김질하며 먼 곳을 멍하니 바라보는 암소 스무 마리 정도가 나타났다. 이어 마찬가지로 평온해 보이는 비슷한 숫자의 황소 송아지 무리를 지나쳤다. 마침내 그 줄의 세 번째인 마지막 우리에서 프린세스를 만났다. 프린세스의 우리는 다른 우리와 같은 크기였지만 이곳에는 프린세스와 건장한 황소 딱 한 마리만 있었다. 우리가 걸어가서 그 앞에 멈추자 두 마리가 우리를 빤히 바라보았다.

"프린세스 남편이에요." 조시가 황소를 가리키며 농담했다. 그러고는 다시 제대로 말해주었다. "프린세스를 임신시키는 것이 임무죠." 조시는 구유로 손을 뻗어 귀리 건초 더미에서 알팔파alfalfa 덩어리를 뜯어 프린세스에서 간식으로 주었다.

나는 혼란스러웠다. "실험 끝난 거 아니었어요?" 나는 조심스럽게 물었다.

"젖을 실험해야 하니까요. FDA에 제출해야 하거든요." 조시가 설명했다.

"왜요?" 나는 엉겁결에 큰 소리로 물었다.

조시는 나를 돌아보았다. 좌절과 당혹감이 뒤섞인 표정이었다. 톰이 흠, 하고 돌아서자 조시가 말했다. "글쎄요."

GMO는 나빠! 그런데 GMO가 뭐지?

농업에 유전공학을 이용한다는 사실은 논쟁의 여지가 있는 주제다. 어떤 사람들은 합성 생물학이라는 도구로 작물과 동물을 조작하는 것에 결사반대한다. 그 과정에 부자연스럽고 예측 불가능한 위험이 따른다는 이유다. 농업이 시작된 이래 인간이 계속 다른 종을 조작해왔듯 유전공학도 종을 조작하는 빠르고 정확한 수단의 하나라고 보는 사람도 있다. 진실은 그 중간쯤이다.

유전공학의 목표는 전통적으로 선택 번식한 목표와 같다. 더 맛있고 유용한 동식물을 만드는 것이다. 하지만 과정은 다르다. 전통 방식에서는 두 개체를 교배해 일부 자손에서 의도한 특성이 나타나기를 기대한다. 반면 유전공학을 이용하면 DNA를 직접 편집하기 때문에 의도하는 형질이 다음 세대에 분명히 나타나게 할 수 있다. 유전공학은 선택 번식보다 빠르고 형질 개선 과정을 수십 년 단축할 수 있는 도구다. 지구상에 먹일 인구가 늘어나는 오늘날 작물과 가축을 개선하는 빠르고 효율적인 방법은 환영받아 마땅하다.

그런데 유전공학이 의도하는 최종 결과물은 여러 세대의 선택 번식을 거친 뒤 예상되는 결과물과 비슷하지만 반드시 같지는 않다. 유전공학은 다른 종의 형질을 결합한 생물인 트랜스제닉transgenic 동식물을 만들 수 있다. 형질전환 생물은 공상과학 소설 속 이야기처럼 들리지만 그렇지 않다. 형질전환 작물은 해충을 죽이는 박테리아 유전자를 발현할 수 있다. 암컷 염소가 인간 유전자를 발현하도록 형질전환하면 염소 젖의 조성을 바꿔 항균성antimicrobial properties을 강화하거나 우유에 알레르기가 있는 사람도 마실 수 있다. 형질전환한 하와이파파야는 파파야 링스팟 바이러스에 면역이 된 바이러스 유전자를 발현한다. 하지만 이들은 형질전환 유기체의 일부일 뿐이다.

합성 생물학 초창기에 나온 유전자 조작 생물은 예상되는 최종 결과물이 전통 육종의 모습을 하고 있더라도 아주 약간은 트랜스제닉 형질전환된 생물이었다. 의도한 유전자 편집이 제대로 이루어졌는지 확인하기 위해 박테리아 DNA 조각을 끼워 넣는 일이 흔했기 때문이다. 이 과정에 대해서는 나중에 자세히 설명하겠다. 어쨌든 이런 실험은 유전자 변형 식품을 뭉뚱그려 프랑켄푸드Frankenfoods라는 기괴한 별명으로 몰아붙이는 현상으로 이어졌다. 이 용어는 보스턴칼리지 영어 교수인 폴 루이스Paul Lewis가 1992년 유전자 변형 토마토에 반대하는 글을 《뉴욕 타임스》에 실은 뒤 널리 퍼졌다.

오늘날 유전공학은 유전체에 편집 과정된 흔적을 남기지 않는다. 새로운 유전자 조작 생물은 종 간의 형질전환을 의미하는 트랜스제닉 transgenic보다는 다른 생물의 DNA를 포함하지 않는 시스제닉cisgenic

이라고 볼 수 있다. 둘을 구별하기 위해 시스제닉 제품은 유전자 조작 genetically engineered이 아니라 유전자 편집gene-edited 제품이라 불린다. 시스제닉 유전자 편집 생물은 트랜스제닉 유전자 조작 생물보다 시장에서 더 쉽게 받아들여진다. 그래서 많은 기업은 새로운 생물 조합을 선택하는 것이 아니라 기존의 형질을 부풀리거나 삭제하는 쪽으로 방향을 틀었다.

대부분의 유전자 편집 생물은 본질적으로 전통 육종 생물과 비슷한 결과물을 갖는다. 하지만 보통 사람들은 유전자 조작 생물genetically engineered organisms 또는 유전자 변형 생물(GMO, genetically modified organisms)이라고 하면 트랜스제닉 형질전환 생물 혹은 당시에도 없었고 지금도 없는 '물고기 DNA를 가진 토마토'처럼, 루이스가 상상했던 기괴한 형질전환 생물을 떠올린다. 이런 말도 안 되는 편견 때문에 GMO에 대한 잘못된 정보가 널리 퍼졌고 혼란스러워졌다. 소비자의 불쾌함에서 이익을 얻으려는 식품 생산자나 마케팅 담당자들은 자신들이 파는 일반 제품을 대체할 유전자 조작 제품이 없는데도 대중이 안심하도록 일부러 눈에 잘 띄는 밝은 초록색 비非 GMOnon-GMO 라벨을 붙인다. 식품점을 돌아다녀 보면 대체할 수 있는 GMO 제품이 없는 감귤류, 토마토, 강낭콩, 올리브 같은 작물에도 떡하니 비 GMO 라벨이 붙어 있는 것을 쉽게 볼 수 있다. 심지어 미네랄로만 구성되어 있어 조작할 DNA조차 없는 소금에도 비 GMO 라벨이 붙어 있는 것을 보고 까무러칠 뻔했다. 밝은 초록색 비 GMO 라벨은 정확히 무슨 뜻일까? 곧 알게 되겠지만 사실 별 의미는 없다.

GMO의 정의는 까다롭다. 일부 사람들이 말하는 것처럼 우리가 먹는 것은 모두 유전자 변형되었다고 할 수도 있다. 인간이 수천 년 동안 선택 번식으로 동식물을 순화해왔다는 점에서 보면 사실이다. 하지만 이것은 GMO라는 용어가 의도한 정의는 아니며, 그런 식으로 잘못 해석하면 유전공학이라는 도구와 전통 육종의 진짜 차이를 무시하게 된다.

GMO의 좁은 정의는 전통 육종 외의 방법으로 인간이 개발한 생물이다. 하지만 이 정의 역시 너무 광범위하다. 허니크리스프 사과honey-crisp apples, 네이블 오렌지navel orange, 씨 없는 수박seedless watermelons, 헤이즐넛hazel nuts 같은 식품은 전통 육종 제품은 아니지만 유전자 변형 제품도 아니다. 이런 제품은 서로 다른 종의 일부나 서로 다른 식물을 접합하는 접목으로 만든 것이다. 접목은 우리가 좋아하는 비 GMO 라벨이 붙은 식품 생산에 필수적이다. 와인용 포도는 진딧물이 일으키는 질병인 필록세라phylloxera병에 취약하다. 19세기, 우연히 아메리카 대륙에서 유럽으로 들어온 진딧물은 포도나무에 빠르게 퍼졌고 유럽 와인 산업은 거의 무너질 뻔했다. 하지만 유럽 포도나무를 필록세라 저항성이 있는 미국 포도나무 품종의 뿌리에 접목하자 유럽 포도나무가 되살아났고 맛있는 와인을 계속 생산할 수 있었다. 오늘날 전 세계에서 재배되는 와인용 포도 대부분은 미국산 대목에 접목해 만들지만 이런 와인을 GMO라고 표시해야 한다고 주장하는 사람은 거의 없다.

접목은 식물 세포의 DNA에 영향을 미치지 않기 때문에, GMO의 정의를 '변형된 DNA를 가진 생물'로만 좁히면 접목 식물은 GMO에서 제외된다. 이를 염두에 두고 유럽 연합은 GMO를 '교배 또는 자연적 재조합 등 자연 상태에서 발생하는 방법 이외의 방식으로 변형된' DNA를 포함한 생물로 정의한다. 하지만 흥미롭게도 이 정의는 지난 세기 동안 돌연변이 육종mutation breeding으로 생산된 여러 과일, 채소, 곡물도 놓친다. 돌연변이 육종은 묘목을 방사선이나 화학 물질을 쐬어 의도적으로 돌연변이를 유발해 새로운 식물 품종을 만드는 전략이다.

돌연변이 육종은 식물 유전체 전반에 걸쳐 무작위로 DNA 서열을 바꿔 식물 표현형에 변화를 일으킨다. 현미, 루비레드 자몽Ruby Red grapefruits, 유명한 질병 저항성 밀인 레난 밀Renan wheat은 모두 돌연변이 육종의 산물이지만, 우리 집 냉장고에 있는 루비레드 자몽 주스 병에 붙은 밝은 초록색 라벨에서 알 수 있듯 이런 식물은 GMO로 여겨지지 않는다. 이런 제품은 왜 GMO가 아닌가? 유럽 연합은 돌연변이 육종으로 돌연변이가 단번에 일어났을 수도 있지만, 충분한 시간 동안 자외선 같은 자연 돌연변이원에 노출되면 이런 유용한 돌연변이가 저절로 나타날 수도 있기 때문이라고 주장한다. 이런 새로운 품종은 자연스럽게 발생할 수 있다고 여겨지므로 유럽 연합의 GMO 정의에는 포함되지 않는다.

분명히 말하지만 나는 돌연변이 육종 제품이 GMO라고 주장하는 것은 아니다. 이런 제품이 전통 육종 품종보다 더 규제받아야 한다고 생각하지도 않는다. 돌연변이는 본질적으로 위험하지 않다. 세포가 분열할 때마다 해당 세포 유전체의 새로운 복사본이 생기고 이 복사본에는 몇 가지 실수가 일어난다. 모든 아이의 유전체에는 부모 모두에게 없는 새로운 돌연변이가 40개 정도 일어나지만, 이 돌연변이는 대부분 아이에게 큰 영향을 미치지 않는다. 돌연변이 육종 제품에 대한 규제를 강화하자는 이야기도 아니다. 대신 돌연변이 육종에서 일어나는 확인되지 않고 무작위적인 수천 가지 유전자 변형은 무시하고, 신중하게 유도한 몇 가지 특이한 돌연변이를 지닌 제품은 의도치 않은 위험한 결과를 초래할 수 있다며 시장에서 배척하는 위선을 강조하고 싶은 것이다.

유럽 연합은 생물 조작 과정에 초점을 맞추어 GMO를 규제하지만, 미국은 최종 제품에 초점을 맞추어 규제하기로 했다. 하지만 모든 GMO를 똑같이 취급한다는 의미는 아니다. 미국에서는 세 개 기관이 생명공학 기술 규제를 위한 협력체계Coordinated Framework를 이루어 GMO를 규제한다. 미국 농무부는 식물을, 미국 식품의약국(FDA, Federal Drug Administration)은 동물과 동물 사료를, 미국 환경보호국(EPA, Environmental Protection Agency)은 살충제와 미생물을 규제한다. 각 기관의 규제 방식은 약간 다르다. 미국 식품의약국은 유전자 조작 동물과 동물 사료를 의약품으로 규제하므로 신약에 요구하는 수준과 같은 안전성 및 효능 평가를 요구한다. 하지만 미국 농무부는 최종 제품이 전통 육종으로 자란 식물과 구별할 수 없다면 유전자 조작 식물을 규제하지 않기로 했다. 미국 농무부의 결정은 다른 나라보다 미국에서 유전자 편집 식물을 개발할 때에 받는 제한을 덜어주었지만 전 세계적으로 통일된 규제 체계가 없다는 점에서 장기적으로 지지할 수는 없다. 미국에서 유전자 편집된 식물이 유럽 농장에 퍼지면 어떻게 될까? 갑자기 GMO가 되는 것일까? 최종 제품은 GMO인지 알 수 없는데 누가 어떻게 구별한단 말일까? 그리고 그것이 정말 문제가 될까?

뿔 없는 홀스타인 소

2015년, 미네소타의 한 농장에서 프린세스의 아버지인 부리Buri가 태어났다. 부리는 체세포 핵 이식somatic cell nuclear transfer 또는 일반적으로 복제cloning라 불리는 과정으로 그해 봄 태어난 송아지 중 한 마리였다. 복제는 정자와 난자가 수정할 때 형성되는 세포가 아니라 신체의 다른 조직에서 채취한 체세포에서 출발해 전체 생물을 만드는 과정을 말한다. 기본적으로 복제는 다음과 같이 일어난다. 수정되지 않은 난자 세포를 채취해 DNA가 있는 핵을 제거한 다음 대신 체세포 핵을 넣는다. 그러면 리프로그래밍reprogramming이 일어나 난세포 단백질이 체세포 유전체를 속여 본래 이 체세포가 피부나 유선 등 어떤 유형의 세포였는지를 잊고 정자가 난자를 수정할 때 만드는 것과 비슷한 세포로 바꾼다. 이 세포는 전체 생물을 구성하는 모든 세포 유형으로 분열하고 분화할 수 있다. 2015년, 건강한 복제 송아지 부리가 태어나며 환영을 받았지만 사실 복제는 소 축산업에서 흔했기 때문에 특별한 뉴스거리는 아니었다. 하지만 부리는 단순한 클론clone이 아니었다. 부리는 유전자 편집 클론이었다.

리콤비네틱스Recombinetics라는 생명공학 회사는 부리의 유전체를 편집했다. 연구자들은 초기 배아에서 소 1번 염색체chromosome 1에 있는 DNA 문자열 일부를 삭제하고 약간 더 긴 다른 DNA 문자열로 교체했다. 어떤 개체의 유전체에는 같은 DNA 신장부에도 약간 차이가 나는 유전자가 있는데 이를 대립유전자allele라고 한다. 리콤비네틱스는 특정 대립유전자를 다른 대립유전자로 바꿔 뿔 없는 소를 얻으려 했다.

뿔 없는 소는 수천 년 동안 가축 소에 있었다. 뿔 없는 소를 보여 주는 가장 오래된 증거는 뿔 없는 소의 젖을 짜는 아이를 묘사한 고대 이집트 그림이다. 뿔 없는 소는 유순함의 상징이다. 지난 4,000년 동안의 고고학적 자료 중에는 뿔 없는 소 머리뼈 수십 점이 포함되어 있는데, 이는 여러 문화권의 농부들이 뿔 있는 소보다 뿔 없는 소를 선택했음을 보여 주는 사례다. 리콤비네틱스가 목표로 한 대립유전자는 약 1,000년 전에 진화했다고 추정되는 뿔 없는 돌연변이고, 오늘날의 몇몇 소 품종에서 발견된다.

　역사적으로 목동과 농부들이 뿔 없는 소를 선호한 이유는 금방 알 수 있다. 날카로운 뿔에 찔리면 다른 소나 사람이 상처를 입지만 뿔 없는 소는 무리 짓고, 이동하고, 젖을 짜기 쉽다. 뿔 없는 소는 더 밀집해서 살 수 있으므로 농부는 같은 공간에 소를 더 많이 길러 자산을 불릴 수 있다. 오늘날 뿔 없는 소는 좋은 평가를 받기 때문에 농부들은 수술로 뿔을 제거하기도 하고 이런 일은 법적으로 강제되기도 한다.

　미국에서는 매년 약 1,500만 마리의 송아지 뿔을 수술로 제거한다. 뿔 제거는 유쾌한 일이 아닐뿐더러 돈이 많이 들고 고통스러운 과정이어서 당연히 동물 복지와 관련해 심각한 우려를 불러일으킨다. 리콤비네틱스가 부리의 유전체를 조작한 이유도 뿔을 없애는 수술을 하지 않아도 되거나 최소한으로 줄이기 위함이었다. 리콤비네틱스는 뿔 없이 진화한 엘리트 소고기 품종인 앵거스Angus의 뿔 없는 대립유전자를 낙농의 주종 얼룩소인 홀스타인 유전체에 삽입했다. 이를 통해 일반 홀스타인과 교배할 수 있는 뿔 없는 홀스타인 소를 개발해 낙농에 중요한 홀스타인종에서 뿔 없는 소의 비율을 늘리고자 했다.

　하지만 잠깐 살펴보자. 뿔 없는 소는 이미 앵거스 종에 존재한다. 사실 많은 소 품종에는 일부 젖소를 포함해 자연적으로 뿔이 없는 개체가 있다. 그리고 이들 중 어느 개체든 홀스타인과 교배할 수 있다. 그런데도 그냥 일반적인 방법을 선택하지 않는 이유는 무엇일까?

　그런 방법은 환경적·경제적으로 재앙이 될 것이기 때문이다.

　전통 육종이나 인공수정을 이용하면 앵거스의 뿔 없는 대립유전자를 홀스타인으로 옮길 수 있다. 홀스타인 소가 뿔 없는 앵거스 황소의 정자로 수정되면 송아지는 아버지로부터 뿔 없는 대립유전자를 물려받는다. 의도한 효과를 얻으려면 유전자 사본 하나만 있어도 충분하기 때문에 이 송아지는 뿔이 없이 태어난다. 물론 문제는 뿔 없는 대립유전자가 아버지로부터 물려받은 유일한 DNA는 아니라는 점이다. 사실 이송아지의 유전체 절반은 아버지에게서 온 것이므로, 이 송아지의 모든 유전자 사본 하나는 낙농이 아니라 식육에 최적화되어 있다. 낙농가에는 끔찍한 일이다. 오늘날 엘리트 홀스타인 젖소는 10년 전보다 우유를 25퍼센트 더 많이 생산하면서도 사료와 물을 적게 먹고 공간도 덜 차지한다. 먹은 사료 대부분으로 우유를 생산하므로 분뇨와 메탄도 적게 나온다. 하지만 홀스타인 소와 앵거스 황소를 교배하면 이 최적화가 모두 사라진다. 송아지 유전체는 홀스타인과 앵거스 대립유전자가 무작위로 혼합되므로 이 송아지는 엘리트 젖소도 엘리트 육우도 아니게 될 것이다. 여러 세대에 걸쳐 뿔이 없지만 덜 최적화된 홀스타인을 엘리트 홀스타인과 선택 교배해 고부가가치의 낙농 특성을 회복할 수도 있겠지만, 낙농가는 수십 년 동안 상당한 경제적 손실을 입는다.

두 유전체를 무작위로 혼합하고 최고의 효과가 나기를 기다리기보다, 유전자 편집을 이용하면 정확하고 표적화된 선택 번식을 할 수 있다. 우리는 유도하려는 표현형이 뿔 없는 표현형임을 정확히 알고 있으며 그 형태를 확실히 만들 수 있다. 유전자 편집을 이용하면 자연에서 발생하는 뿔 없는 표현형을 한 세대 만에 앵거스에서 홀스타인으로 옮길 수 있어서 엘리트 우유 생산자인 홀스타인 젖소의 특성을 없애지 않으며 동물 복지를 개선할 수 있다. 유전자 편집된 뿔 없는 홀스타인은 자연에서 발생하는 형질이므로 트랜스제닉이 아니다. 그리고 뿔 없는 대립유전자는 수백 세대 동안 소에 있었기 때문에 우리는 어떤 표현형을 원하는지 정확히 안다. 또한 건강하고 생식능력 높으며 뿔이 없는 소의 고기와 우유는 수천 년 동안 그랬던 것처럼 안전하게 먹을 수 있다.

괜찮은 일이지 않은가? 뿔 없는 홀스타인 소 이야기를 새로운 생명공학의 서막으로 받아들인 사람은 왜 호들갑이 일었는지 이해할 수 없을 것이다. 하지만 유전공학 기술이나 이에 대한 반대가 여기서 시작되지는 않았다. 유전공학 기술의 시작을 이야기하려면 거의 50년은 돌아가야 한다.

"이제 어떤 DNA든 합칠 수 있어!"

1973년, 한 과학 학회에 참가한 허버트 보이어Herbert Boyer는 무심코 비밀을 말하고 말았다. 아마 실수였을 것이다. 보이어는 연구실에서 새로 발견한 제한효소restriction enzyme EcoR1을 발표하러 학회에 초대받았다. EcoR1은 과학자들이 DNA를 전례 없이 상세히 연구할 수 있게 해주는 도구다. EcoR1은 보이어가 발표한 내용의 핵심이지만 그가 무심코 발설한 비밀은 다른 이야기였다. 그것은 당시에도 청중의 관심을 끌었고, 우리가 지금도 제대로 되돌려 놓으려 애쓰는 일련의 사건이 시작된 계기였다.

샌프란시스코 캘리포니아 대학교 생화학자인 보이어는 제한효소를 최초로 밝히고 분리했다. 제한효소는 특정 DNA 서열을 찾아 절단하는 일종의 분자 가위인데 1970년대에 흔히 그랬듯 보이어는 EcoR1을 발견한 다음 다른 실험실에도 보내 연구에 이용할 수 있도록 했다. 보이어는 EcoR1을 근처 스탠퍼드 대학교의 생화학자 폴 베르크Paul Berg에게 보냈다.

베르크의 실험실에서는 유전자 기능을 밝힐 도구를 개발하고 있었다. 연구자들은 어떤 세포의 유전체에 유전자를 추가한 다음, 그 세포가 단백질을 더 많이 생산하거나 혹은 성장 속도가 달라지는 등의 변화를 일으키는지 알아보려 했다. 배양접시에서 세포를 배양해 집락colony, 集落으로 만들 수 있었던 베르크는 특정 유전자를 이 세포 유전체로 옮길 방법이 필요했다. DNA를 자르는 EcoR1의 기능이 필요한 지점은 바로 이 부분이다. 베르크는 EcoR1으로 유전체를 잘라 열면 다른 DNA를 삽입할 수 있으리라 생각했다. 그다음 새로 발견한 다른 분자인 연결효소ligase를 이용해 DNA를 다시 붙이면 된다.

베르크는 두 바이러스 유전체를 접합할 계획을 세웠다. 하나는 원숭이를 감염시키는 유명한 작은 바이러스 SV40이고, 다른 하나는 박테리아를 감염시키는 람다 바이러스lambda virus였다. 람다 바이러스를 선택한 것이 핵심이었다. SV40 같은 바이러스는 숙주의 DNA 복제 메커니즘에 관여하는 요소를 가로채 자신을 복제하는 반면, 람다 바이러스는 숙주 DNA에 자기 DNA를 직접 삽입해 번식한다. 두 바이러스를 접합하면 람다 바이러스는 접합된 바이러스 유전체를 숙주 세포의 유전체에 삽입한다. 실험이 성공하면 유전체에 DNA를 삽입해 유전자 기능을 연구하는 완전히 새로운 시스템을 얻게 된다.

1972년, 베르크 연구실은 SV40 바이러스와 람다 바이러스의 둥근 고리 모양 유전체를 잘라 열고 두 바이러스 유전체를 접합했다. 하나 이상의 생물에서 나온 DNA를 결합한, 즉 유전학 용어로 재조합recombined한 유전체인 세계 최초의 재조합 DNArecombinant DNA가 탄생한 것이다. 베르크는 람다 바이러스가 저절로 감염시키는 대장균Escherichia coli 박테리아에 재조합 DNA를 삽입하려고 했다. 하지만 실험을 시행하기도 전에 대학원생이자 베르크 팀의 핵심 멤버인 재닛 메르츠Janet Mertz가 강의를 듣던 콜드스프링하버 연구실 과학자들에게 계획을 공개해버렸다. 반응은 혹독했다. 과학자들은 대장균이 인간의 장에서 쉽게 자라며 SV40 바이러스는 작은 포유동물에서 암을 유발한다고 알려져 있다는 사실을 지적했다. 그들은 베르크가 이 실험으로 팀원은 물론 전 세계를 불필요한 위험에 빠트릴지도 모른다고 걱정했다. 메르츠는 과학자들의 우려 섞인 반응을 베르크에게 알렸다. 베르크는 다른 연구원들을 조사한 끝에 많은 이들이 비슷한 걱정을 한다는 사실을 발견했고 곧 실험을 중단했다. 중요한 실험이었지만 안전이 우선이었다.

메르츠와 베르크 및 다른 연구자들이 바이러스를 접합splice하는 동안, 스탠퍼드 대학교의 다른 과학자인 스탠리 코언Stanley Cohen은 보이어에게서 EcoR1을 받아 박테리아가 서로 유전자를 교환하는 작은 원형 DNA 분자인 박테리아 플라스미드plasmid를 EcoR1으로 절단할 수 있는지 연구했다. 다행히도 EcoR1은 일부 박테리아 플라스미드를 절단할 수 있었다. 보이어와 코언은 이 결과를 이용해 두 박테리아 플라스미드의 DNA를 재조합하고 이 재조합 플라스미드를 대장균 세포에 삽입했다. 그들이 선택한 플라스미드는 대장균이 항생제 내성을 갖도록 만드는 플라스미드였다. 각 플라스미드에는 서로 다른 항생제에 내성을 갖는 유전자가 포함되어 있었다. 재조합된 대장균이 두 항생제에 모두 내성을 보인다면 실험은 성공이다. 대장균 집락이 살아남는다면 두 플라스미드가 모두 대장균 유전체에 삽입되었다고 볼 수 있다.

박테리아에 항생제를 처리하자 집락은 살아남았다. 실험은 성공이었다. 오늘날 부정적인 의미를 얻은 유전자 변형이라는 용어를 이용하지는 않았지만, 보이어와 코언은 최초의 자기 복제self-replicating 유전자 변형 생물을 만든 셈이다.

보이어가 1973년 학회에서 실수로 공개한 비밀은 두 플라스미드를 연결한 재조합 플라스미드를 대장균에 삽입하는 실험이 성공했다는 사실이었다. 학회장 뒤에서 이 말을 들은 누군가가 "이제 어떤 DNA든 합칠 수 있어"라고 외쳤다고 한다. 하지만 메르츠가 콜드스프링하버 연구실에서 바이러스 접합 실험을 폭로했던 때처럼 모두 흥분했던 것은 아니었다. 학회에 참가한 과학자들은 긴장했다. DNA를 접합할 수 있다는 사실은 분명 멋진 일이었다. 실험은 시작에 불과했지만 과학자들은 이미 암을 유발할 수 있는 바이러스와 여러 항생제에 내성을 가진 박테리아를 만든 셈이다. 분명 강력한 기술이지만 선을 넘은 것은 아닐까? 과학자들은 더 연구하고 싶었지만 모두 안전해야 한다고도 생각했다.

학회가 끝날 때쯤 참석자들은 국립과학원National Academy of Sciences 과 의학연구소Institute of Medicine에 편지를 보내 재조합 DNA 연구의 위험성을 따져 볼 위원회를 열어달라고 요청했다. 이 편지는 재조합 DNA 실험이 과학을 발전시키고 인간의 건강을 개선할 가능성을 강조했지만 동시에 실험실에서 DNA를 재조합할 때 일어날지도 모를 결과를 우려했다. 실험실에서 일하는 연구자들과 일반 대중을 보호하기 위해 어떤 통제나 억제 조치가 필요한지 알고 싶었던 과학자들은 수동적이기보다 능동적으로 행동했다.

즉시 다음 조치가 취해졌다. 위원회가 구성되고, 재조합 생물을 만드는 연구는 임시 중단되었으며, 재조합 DNA 연구의 미래를 결정할 국제회의가 계획되었다. 대중을 안심시키려는 조치였지만 안타깝게도 반대 작용이 일어났다. 과학자들이 최악의 상황을 두려워한다는 사실을 감지하자 대중은 기술을 평가하기도 전에 재조합 DNA 기술에 반발했다. 반 GMO 운동을 시작한 공로를 인정받는 제러미 리프킨Jeremy Rifkin은 사람도 복제될지 모른다며 대중을 공포에 몰아넣어 자금을 모았다. 재조합 DNA 기술은 복제가 아닌데도 말이다. 우려하는 사람들은 조사를 중단하도록 정부 대표단에 로비를 했다. 국제회의가 열릴 무렵에는 재조합 DNA 연구의 성공을 기원하는 사람과 아예 금지하려는 사람 사이에 이미 명확한 선이 그어져 있었다.

1975년 2월, 캘리포니아 퍼시픽그로브에서 열린 아실로마 컨퍼런스Asilomar Conference는 재조합 DNA 기술의 미래를 결정할 회의였다. 여기에는 과학자, 윤리학자, 법률학자 등이 참석했다. 대부분은 재조합 DNA 연구를 지지했지만 주저하는 사람도 있었다. 연구자들은 동식물 유전자에 박테리아 유전체가 삽입되면 어떤 일이 일어날지 걱정했다. 새로운 유전자가 도입되면 박테리아가 동식물에 해가 될 물질을 만들지 않을까? 동물이 재조합 박테리아를 먹으면 새로운 유전자가 그 동물 유전체로 끼어들어 새로운 숙주 동물을 해치지 않을까? 과학자들은 이 엄청난 잠재력을 지닌 연구가 계속되어야 한다는 데는 동의했지만 잠재적인 위험을 막을 엄격한 보호 및 억제 조치도 있어야 한다고 주장했다. 그리고 참가자들은 안전한 재조합 DNA 연구를 위한 길을 마련했다고 여기며 회의를 종료했다.

아실로마 컨퍼런스의 결론이 과학 및 대중 매체에 보고되었다. 참석한 과학자들은 만족스럽게 합의했고 대중도 동의하리라 믿었다. 하지만 그런 희망은 오산이었다. 전과 마찬가지로 반생명공학 활동가들은 회의 결과가 위험을 외면한다고 주장하며 대중의 불신을 부추겼다. 재조합 DNA 기술이 곧 슈퍼버그super-bugs나 슈퍼 인간을 만드는 데 이용될지도 모른다는 소문이 무성했다. 지지자와 반대자 사이의 분열은 더욱 깊어졌다.

아실로마 컨퍼런스 이후 재조합 DNA 연구는 철저한 조사 하에 다시 시작되었다. 대장균은 공기로 퍼지지 않고, 설령 대장균이 유출된다 해도 인간의 장에 정착하지 못하는데도 매사추세츠주 케임브리지 정치인들은 실험실에서 이용하는 균주가 탈출하지 못하도록 공기감염 질병에 적합한 수준의 격리시설을 설치하라고 주장했다. 그렇게 하면 연구가 매우 위험하다는 인식이 더욱 강화될 것이 불 보듯 뻔했지만 실험을 계속하려면 따를 수밖에 없었다. 하지만 온갖 어려움에도 불구하고 재조합 DNA 기술이 갖고 있는 실제적인 힘은 분명했다. 과학자들은 박테리아를 유도해서 인간이 조작한 유전자를 발현하도록 했고, 재조합 DNA 기술을 이용해 유전자의 기능을 밝히고 유전체 해독에 속도를 더했다. 게다가 박테리아를 살아 있는 단백질 공장으로 바꿔 생물학적 제품을 만들 때 더 이상 동물에만 의존하지 않아도 되었다.

보이어가 설립한 생명공학 스타트업인 제넨텍Genentech은 아실로마 컨퍼런스가 열린지 3년도 채 지나지 않아 박테리아를 조작해 혈중 포도당을 조절하는 단백질인 인슐린을 발현하는 기술을 개발했다. 제1형 당뇨병 환자는 스스로 인슐린을 만들 수 없어 생명을 유지하기 위해 인슐린을 주사해야 한다. 재조합 인슐린이 개발되기 전에는 돼지나 소의 췌장에서 인슐린을 얻어야 했고, 이를 위해 매년 5천만 마리가 넘는 동물이 도살되었다. 인슐린 시장 대부분을 점령한 제약회사 일라이 릴리Eli Lilly는 즉시 재조합 인슐린의 진가를 알아보았다. 일라이 릴리는 제넨텍의 기술을 사들여 생산을 확대해 동물 추출 인슐린 생산을 빠르게 앞질렀다. 1980년에 시작된 재조합 인슐린 임상시험은 놀라운 성공을 거두었다. 인슐린은 제대로 작용했고 동물 인슐린에 잘 반응하지 않는 일부 당뇨병 환자도 인간 유래 재조합 인슐린에는 잘 반응했다. 합성 생물학의 시대가 열린 것이다.

재조합 식물

재조합 DNA 기술의 상업적 가능성을 처음 받아들인 것은 의료 산업이었지만 농업도 크게 뒤처지지 않았다. 하지만 그전에 과학자들은 재조합 DNA를 식물에 삽입하는 방법을 찾아야 했다. 다행히도 이런 역할을 할 수 있는 박테리아가 있었다.

아그로박테리아Agrobacteria는 땅에 사는 박테리아로 식물의 뿌리, 줄기, 잎에 상처를 입혀 감염시킨다. 람다 바이러스나 박테리아 플라스미드가 박테리아 유전체에 삽입되듯 일단 이 박테리아가 식물 세포에 들어가면 자체 DNA 플라스미드 일부를 식물 유전체에 삽입한다. 그러면 감염된 식물은 새로 삽입된 아그로박테리아 플라스미드 유전자를 마치 자신의 원래 유전자처럼 발현한다. 하지만 아그로박테리아는 원래 식물의 것이 아니다. 그들은 침략자다. 아그로박테리아 유전자가 발현되면 식물은 종양 같은 덩어리를 만들고 박테리아는 여기에서 증식한다. 식물이 질병과 싸우는 능력을 파괴하는 호르몬을 분비하거나 박테리아가 증식하도록 돕는 오파인opines이라는 분자를 만들기도 한다. 식물 반대편에서 본다면 놀라운 속임수다. 재조합 식물 조작 역시 정확히 같은 속임수를 이용한다.

과학자들은 아그로박테리아 플라스미드가 식물 유전체에 삽입되려면 플라스미드 DNA의 어느 부위가 필요한지 안다. 어떤 부분이 질병을 유발하는지도 알고 있으므로 재조합 DNA 기술을 이용해 식물을 병들게 하는 부분을 잘라내고 그 자리에 다른 DNA를 삽입한다. 그다음 상처 입은 식물을 감염시키는 아그로박테리움의 자연스러운 메커니즘을 이용해 식물의 유전체에 변형된 플라스미드를 삽입한다.

1983년, 생화학 학회 마이애미 동계 심포지엄Miami Winter Symposium의 한 세션에서는 수년 동안 서로 경쟁해온 세 연구팀이 아그로박테리아를 이용해 식물 유전체를 성공적으로 조작했다고 앞다투어 발표했다. 세 팀 모두 아그로박테리아 플라스미드에서 질병을 일으키는 부분을 제거하고 식물이 항생제에 내성을 갖도록 하는 유전자를 삽입했다. 항생제 내성 유전자는 표지자marker 역할을 해서 어떤 식물 세포가 감염되고 변형되었는지 알 수 있으며, 다음 해에 걸쳐 각 연구팀은 식물 세포 조작 설명서를 발표했다.

마이애미 동계 심포지엄 이후 몇 년 동안 농업용 재조합 DNA 기술 개발에 막대한 투자가 쏟아졌다. 학계와 상업 연구실에서는 어떤 식물 유전자가 어떤 특성을 유발하는지 밝히고, 유전자 기능을 바꿀 기술을 개발하고, 아그로박테리움을 매개로 DNA를 더 효율적으로 전달할 방법을 모색했다. 예를 들어 어떤 유전자가 감자를 갈변하게 만드는지 밝히고, 감자를 갈변시키는 유전자를 억제할 기술을 개발하고, 조작한 유전자를 감자 유전체로 도입할 방법을 찾는 식이다. 1987년 개발된 유전자 총gene gun은 혁신을 가속하는 열쇠였다. 유전자 총 이전에 변형된 플라스미드를 식물 세포에 도입하려면 자연적인 경로로 우연히 아그로박테리아를 감염시켜야 했지만 이런 방법으로는 감염되는 식물 세포 수가 너무 적었다. 유전자 총을 이용하면 플라스미드 DNA로 코팅된 입자를 식물 조직에 직접 발사해 플라스미드 삽입 속도를 향상할 수 있다. 사실 유전자 총을 이용하면 조작된 DNA가 각 식물 유전체에 여러 번 삽입되기도 한다.

곧 아그로박테리아로 조작된 작물이 온실이 아닌 농장에서 재배되기 시작했다. 이중 첫 번째 작물은 농부들에게 도움이 되는 특성을 발현하도록 설계되었다. 1986년, 프랑스와 미국 농장에서는 제초제에 저항성을 갖도록 조작된 담배를 동시에 실험했는데 제초제 저항성 담배를 재배하는 농부들은 효과는 적은데도 환경에 오래 잔류하는 제초제 대신 강력하지만 빠르게 분해되어 사라지는 제초제로 바꿀 수 있었다. 1년 후에는 박테리아 바실러스 투링기엔시스(Bt, Bacillus thuringiensis) 유전자를 발현하도록 조작된 최초의 Bt 작물을 심었다. Bt는 곤충에게 유독한 단백질을 생산하므로 살충제 사용을 줄일 수 있다. 얼마 후, 식물 잎을 주름지게 만들고 변색시켜 식물 생장을 저해하고 수익을 줄이는 담배모자이크병 바이러스에 면역되도록 조작한 담배를 판매하도록 승인한 중국은 유전자 조작 작물을 상업화한 최초의 국가가 되었다.

초기 식물 공학 실험은 작물의 질보다는 작물 생산량 개선을 목표로 했기 때문에 유전공학 작물의 최종 소비자인 대중은 과학적 논의에서 대부분 제외되었다. 일반인은 유전공학이 왜 유용한지, 이런 기술을 더 개발하면 무엇을 얻을 수 있는지 분명히 알 수는 없었다. 수년간의 연구로 Bt가 일부 곤충에만 독성이 있고 인간이나 다른 포유동물에는 독성이 없다는 사실이 확인되었지만 이를 대중에게 제대로 알린 사람은 아무도 없었다. 유전자 변형 종자를 심을 때 생태적 영향을 고려하는 규제에 대해 아는 사람도 거의 없었다. 그 사이 유전공학 기술에 반대하는 잘못된 정보만 늘었다. 새로운 작물을 비방하는 가짜 정보가 금세 퍼져 공문서까지 바꾸어놓았다. 생산자보다 소비자를 사로잡는 유전자 조작 제품이 간절히 필요했다. 유전자 조작 식물의 과학과 안전성에 대해 대중의 관심을 끌 만한 고도의 전략 말이다. 업계는 반 GMO 활동가들을 뛰어넘어 대중에게 다가갈 이야기가 필요했다. 그들은 토마토를 선택했다. 바로, 한겨울에도 식품점 선반에서 볼 수 있는 아주 맛있고 통통하고 단단한 토마토 말이다.

더 맛있는 토마토

나는 토마토를 좋아한다. 특히 작고 달콤한 토마토는 최고다. 덩이가 크고 모양이 이상한 종도 있고 특이한 반점이 있는 초록색 토마토도 있지만 토마토를 살 때면 그런 것은 매번, 음, 좀 별로다. 맛이 별로인 토마토도 겉보기에는 맛있어 보인다. 밝은 빨간색에 껍질은 흠집 하나 없이 매끈하고 통통하다. 하지만 한 입 깨물면 너무 무르고 퍽퍽하거나 맛이 심심하거나 혹은 아무 맛이 안 나기도 한다. 다행히 요즘은 토마토를 먹고 실망한 적이 거의 없지만 1980년대에서 1990년대에 식품점 선반에 놓인 토마토는 거의 항상, 특히 제철이 아닐 때는 정말 맛이 없었다. 사람들은 일년내내 맛있는 토마토를 원했다. 토마토가 유전공학으로 개선할 이상적인 후보로 발탁된 이유다.

토마토는 유통 기한이 너무 짧다는 점이 문제다. 잘 익은 신선한 토마토도 단 며칠만 지나면 살이 물러지고 썩기 시작한다. 이를 해결하려면 온난한 지역에서 토마토를 대량 재배해 덜 익어 돌덩이처럼 딱딱한 초록색 상태일 때 수확하면 된다. 이런 토마토는 겹쳐 쌓으면 장거리 운송할 수 있다. 그 상태로 저장하다가 팔기 직전에 자연 숙성 신호를 모방한 에틸렌 가스를 분사하면 토마토는 먹음직스러운 빨간 색으로 변하고 부드러워지기 시작한다. 하지만 겉모습에 속으면 안 된다. 가지에 달려 익은 게 아니라 가스를 먹고 숙성한 토마토는 풋내 나고 맛없는 토마토가 된다.

1988년, 캘리포니아 데이비스에 있는 작은 생명공학 회사 칼젠 Calgene은 유전공학의 힘을 빌려 맛없는 토마토 문제를 해결했다고 발표했다. 칼젠과 다른 연구팀 과학자들은 온실에서 토마토가 익으며 폴리갈락투로나제(PG, polygalacturonase)라는 단백질 농도가 증가한다는 사실을 발견했다. 무르지 않고 익은 돌연변이 토마토에는 PG가 거의 없다는 사실도 확인했다. 이런 결과는 PG가 토마토를 무르게 하는 원인이라는 가설로 이어졌다. 칼젠은 토마토가 숙성되는 동안 PG 단백질 발현을 억제하는 방법을 연구하기 시작했다. 목표는 빨갛게 변해도 물러 썩지 않는 토마토를 개발하는 것이었다.

칼젠 과학자들은 PG 유전자 사본을 토마토 유전체에 역으로 삽입해 PG 발현을 억제했다. 안티센스antisense라는 이 역방향 PG 유전자 사본이 도입되면 정방향 PG 사본 발생을 차단한다. 그 결과 토마토가 숙성해도 PG 단백질이 발현되지 않아 수확한 뒤에도 일반 토마토보다 몇 주나 더 오래 단단함이 유지된다. 이 새로운 토마토라면 가지에 달린 채로 익힌 다음 장거리를 운송할 수 있을 것이다. 가스 친 초록색 토마토는 이제 안녕이다!

후에 플레이버세이버Flavr Savr라고 불린 이 토마토를 칼젠이 전 세계에 발표했을 때만 해도 이 토마토를 소스나 샐러드에 넣을 날은 멀어 보였다. 칼젠은 작은 회사였고 유전자 변형 식품을 시장에 출시한 전례도 없었다. 안티센스 PG 기술을 가진 경쟁 기업도 있었다. 이사회는 재정 전망을 밝게 보았지만 변호사들은 신중하게 선별된 실험실 노트를 증거로 들면서 유전자 변형 식품에 반대하는 사람들과 싸워야 했다. 토마토 재배 및 운송 기술도 새로 배워야 했다. 무엇보다, 사람이 먹을 세계 최초의 유전자 변형 식품을 상업화한다는 새로운 길을 개척한다는 임무도 맡았다.

칼젠은 유전공학에 대해 반 GMO 운동을 널리 퍼트린 대중의 불신을 잘 알았다. 하지만 칼젠은 플레이버세이버토마토가 대중이 아는 다른 GMO와 다르다고 믿었다. 칼젠의 토마토는 박테리아 독소나 바이러스를 발현하거나 제초제에 저항성을 갖도록 조작되지 않았다. 게다가 칼젠이 해결한 토마토 문제는 가스를 이용해 억지로 익힌 초록색 토마토에 실망한 적이 있는 대중이라면 충분히 공감할 만한 문제였다. 칼젠의 토마토는 반 GMO 벽을 깰 상품이 될 수도 있었다.

칼젠은 플레이버세이버 토마토를 대중이 수용하려면 규제를 완화해야 한다고 믿었다. 대중을 보호하는 기관에서 이 제품이 안전할 뿐만 아니라 기존 품종과 비슷해서 추가 규제가 필요 없다고 선언해야 한다는 의미였다. 반 GMO 운동이 가진 공격성을 생각하면, 사람들이 제품과 그 의도를 의심하리라는 사실은 분명했다. 이에 칼젠은 청원서와 데이터를 공개하고 실험을 설명하는 등 규제 기관과 교류한 모든 정보를 대중에게 공개해 이 문제에 정면으로 맞섰다. 칼젠은 이 문제를 신중하게 풀고 싶었다. 이들 앞에 놓인 것은 토마토뿐만이 아니라 산업 전체의 미래였다.

칼젠은 먼저 규제 완화를 위해 가장 논란의 여지가 있는 항생제 내성 유전자의 안전성을 입증했다. 당시 대부분의 유전공학자처럼 칼젠은 실험이 성공했는지 빠르게 확인하기 위해 항생제 내성 표지자 유전자를 아그로박테리아 플라스미드에 삽입했다. 안티센스 PG 유전자도 토마토 유전체에 삽입했다. 이렇게 하면 항생제 내성 유전자와 안티센스 PG 유전자가 모든 토마토 세포에서 발현된다. DNA에 항생제 내성 유전자가 있는 토마토를 섭취해도 일반 토마토를 섭취하는 것보다 위험이 크지 않다는 점을 FDA에 확신시켜야 했다. 그래서 칼젠은 항생제 내성 유전자를 섭취할 때 일어날 수 있는 가능한 모든 위험을 상상한 다음 그 일이 실제로 일어날지 확인했다.

항생제 내성 유전자를 먹으면 어떤 위험이 있을까? 사람이나 동물이 항생제 내성 유전자를 먹으면 항생제 내성이 생길지도 모른다. 하지만 우리는 항생제 내성 유전자가 인간 DNA에 삽입될까 걱정하지 않는다. 우리가 먹는 모든 음식에는 외부 DNA가 포함되어 있지만 햄버거를 먹으면 소로 변할지도 모른다고 걱정하지는 않는다. 햄버거를 먹으면 소로 변할지도 모른다는 생각은 우리가 먹은 동식물의 DNA가 소화되지 않고 살아남아 내장 박테리아의 유전체에 삽입될 수 있다는 가설에서 시작한다. 이런 일이 가능할까? 아니면 DNA는 소화 과정을 거쳐 분해되어 사라져버릴까? 칼젠은 이를 밝혀야 했다.

칼젠 연구팀의 벨린다 마르티누Belinda Martineau는 우리가 먹은 DNA가 얼마나 빨리 분해되는지 측정하기 위해 모의 소화액에 DNA를 넣었다. 그는 음식이 일반적으로 소화 시스템을 통과하는 시간보다 훨씬 짧은 시간을 설정해 모의 위액에서 10분, 모의 장액에서 10분 견딘 후 남아 있는 DNA를 확인했다. 결과적으로 항생제 내성 유전자처럼 긴 DNA 단편은 살아남지 못했다. 유전자가 기능하려면 형태가 온전해야 하므로, 이 결과는 항생제 내성 유전자가 소화 과정을 견디고 장에 사는 미생물 유전체에 통합될 가능성이 극히 낮다는 의미였다. 하지만 대체 얼마나 낮을까? 마르티누는 결과를 숫자로 나타내기 위해 살아남은 DNA 조각의 길이 분포를 측정했고, 플레이버세이버 토마토를 1,000명이 먹었을 때 미생물에 통합될지도 모를 온전한 항생제 내성 유전자는, 한껏 양보해서 딱 하나 살아남아 장까지 전달될 수 있을 거라고 추측했다. 우리 장에는 수십억 마리의 장내 미생물이 살고 그중 다수는 이미 항생제에 내성이 있으므로, 실험 결과로 볼 때 플레이버세이버 토마토를 섭취해도 장내 미생물의 항생제 내성을 유의미하게 증가시키지는 않으리라 예상되었다(그리고 FDA도 결국 이 생각에 동의할 것이다).

항생제 내성 문제를 극복한 칼젠은 플레이버세이버 토마토 자체로 눈을 돌렸다. 토마토가 먹기에 안전하고 동시에 위험한 식물이 아니라고 인정받으려면 FDA와 USDA의 승인을 모두 받아야 했다. 칼젠 과학자들은 먼저 플레이버세이버 토마토가 일반 토마토와 다른 점을 설명했다. 플레이버세이버 토마토는 안티센스 PG 유전자 사본을 하나 더 갖고 있었고 일반 토마토에 비해 PG 발현율이 낮았다. 둘 다 간단히 측정할 수 있었다. PG를 억제한 플레이버세이버 토마토는 단단하고, 유통 기한이 길고, 수확 후 질병에 걸릴 위험이 적어 모든 결과에서 일반 토마토와 다른 양상을 보였다. 이 또한 쉽게 측정할 수 있는 특성이었다. 하지만 더 어려운 점은 토마토 유전체에 안티센스 PG 유전자를 추가해서 발생할 의도치 않은 결과를 알아내고, 측정하고, 보고해야 한다는 점이었다. 여기에는 감소한 영양소 함량, 초록색 감자 껍질에 축적되는 독성 화합물인 글리코알칼로이드glycoalkaloids의 유무 등도 포함된다. 안티센스 PG 유전자와 다른 유전자 사이의 예상치 못한 상호작용으로 의도치 않은 효과가 나타날 수도 있다. 유전자 총으로 하나의 유전체에 여러 사본이 삽입된 아그로박테리아 플라스미드가 다른 유전자의 기능을 방해할 수도 있다.

유전체를 적게 변화시킬수록 의도치 않은 효과가 일어날 가능성이 작아지기에 칼젠은 안티센스 PG 유전자 사본이 하나만 삽입된 식물을 찾아 집중적으로 상업화하려 했다. 최근 개발된 유전체 서열분석 기술을 이용하면 간단했겠지만 당시에는 이런 기술이 없었다. 대신 마르티누는 각 플레이버세이버 토마토에 삽입된 유전자 수를 계산할 분석 기술을 개발했다. 실험 결과 안티센스 PG 유전자가 전혀 삽입되지 않은 5퍼센트 미만을 제외하고 성공적으로 유전자가 삽입된 960개 식물 중 여덟 개만이 안티센스 PG 유전자 사본을 하나만 갖고 있었다. 칼젠은 이 여덟 개의 토마토 계보에 사활을 걸었다.

칼젠은 이 여덟 개 계보에서 말 그대로 수 톤의 토마토를 재배했다. 칼젠 과학자들은 이 토마토를 다른 실험실로 보내 영양소 함량과 글리코알칼로이드 농도를 측정했다. 한 실험실에 의뢰해 퓌레로 만든 토마토를 쥐에게 과량 먹인 다음 이상 징후를 찾으려 하기도 했다. 맛도 실험했다. 하지만 참가자들은 토마토를 삼키면 안 되었고 씨앗, 당, 산 및 대부분의 향미 성분이 있는 자실locule은 먹을 수 없었다. 소화되지 않은 씨가 환경으로 흘러 들어갈까 염려해서였다. 칼젠 과학자들은 토마토에 무거운 물체를 떨어뜨리고 짓누르고 날카로운 막대기로 토마토를 찔러서 껍질이 터지는 데 얼마나 많은 압력이 필요한지 확인하는 등 경도 시험도 했다. 가지에 달린 채로 익는 속도와 시기, 수확 후 부패 속도도 측정했다. 결과는 명확했다. 플레이버세이버 토마토는 수확 후 더 천천히 썩는다는 점을 제외하곤 일반 토마토와 다르지 않았다. 칼젠은 FDA에 허가 신청을 제출했다.

FDA는 4년 동안 플레이버세이버 토마토와 항생제 내성 유전자의 안전성을 살폈다. 그동안 칼젠은 FDA와 USDA의 잇따른 요청에 응답해 더 많은 정보와 추가 실험 결과를 제출했다. 하지만 그동안 토마토는 계속 자랐지만 팔지 못했고, 칼젠은 지출만 하고 돈을 벌지 못했다.

그리고 핵심 질문은 여전히 풀리지 않았다. 잘 익은 플레이버세이버 토마토는 쌓아서 운송할 수 있을 만큼 아주 단단할까? 견고성 실험 결과는 희망적이었지만 정작 운송이 실험의 성패를 가를 열쇠였다. 최종적으로 이 중요한 실험을 수행하기 위해 칼젠은 멕시코 농장에서 플레이버세이버 토마토를 대규모 생산했다. 작물이 준비되자 플레이버세이버 토마토를 따서 큰 통에 넣었다. 그다음 통에 채운 토마토를 트럭에 싣고 일리노이주 시카고 근처에 있는 칼젠 본사까지 3,200킬로미터를 운반했다. 며칠 후 트럭은 토마토즙을 줄줄 흘리며 시카고 칼젠 본사 주차장으로 들어섰다. 잘 익은 플레이버세이버 토마토는 잘 익은 일반 토마토와 비슷하게 물렀다. 일반 토마토와 마찬가지로 곤죽이 되지 않도록 살살 다뤄야 한다는 의미다. 플레이버세이버 토마토는 초록색 토마토만큼 단단하지는 않았다.

선적 실험 후에도 칼젠의 상황은 전혀 나아지지 않았다. 플레이버세이버 토마토가 일반 토마토보다 늦게 썩는다는 장점은 여전히 남아 있었으므로 칼젠은 규제 완화를 계속 밀어붙였다. 물론 좋은 소식도 있었지만 대부분 칼젠의 뜻대로 되지 않았다. 시장에 내놓을 경로가 막히자 토마토 재배자들은 칼젠과 맺은 계약을 철회하고 팔 수 있는 토마토를 재배했다. 규제 완화가 임박했다고 생각할 때마다 규제 기관은 더 많은 데이터를 요구했고, 칼젠은 그 데이터를 위해 더 많은 토마토를 기르고 실험해야 했으며, 토마토를 팔지 못하는 시간만 늘어났다.

그러다 1994년 5월 18일, FDA는 플레이버세이버 토마토와 항생제 내성 유전자를 공식 승인했다고 발표했다. FDA는 항생제 내성 유전자를 식품 첨가물로 규제하기로 했다. 이 소식은 전국에 퍼졌다. 대부분 언론은 몇 주 동안 잘 익은 채로 썩지 않는 토마토를 칭찬했다. 토마토에 물고기 DNA가 포함되어 있다고 잘못 보도한 신문이 하나 있을 뿐이었다. 플레이버세이버 토마토는 생명공학에 반대하는 환경보호기금 Environmental Defense Fund Calgene에서도 이례적으로 긍정적인 평가를 받았다. 칼젠의 자발적인 토마토 검토가 제품의 안전성에 대한 확신을 주었다. 제러미 리프킨 조직은 토마토에 항생제 내성 유전자가 들어 있다는 사실을 들어 계속 반대했지만, 그가 조직한 피켓 홍보, 시위, 토마토 으깨기 행사도 세계 최초의 유전자 변형 식품에 대한 대중의 열광을 꺾지 못했다. 이제 플레이버세이버 토마토는 수요가 공급을 초과해 식품점에서 하루에 한 사람이 살 수 있는 토마토 수량을 제한해야 할 정도였다.

플레이버세이버 토마토에 대한 긍정적인 반응은 초기에 칼젠이 내린 두 가지 결정 덕분이었다. 첫째, 규제 기관이 자료를 검토하려면 시간과 비용이 든다는 사실을 알고도 자발적으로 FDA와 USDA에 토마토 검토를 요청했다. 이 결정은 일반 대중이 유전공학 토마토의 위험을 평가할 기회를 주었다. 둘째, 칼젠은 토마토가 유전자 조작되었다는 사실을 숨기지 않았다. 플레이버세이버 토마토가 판매되는 곳마다 소비자들은 이 토마토가 유전자 변형 식품이라고 자랑스럽게 선전하는 안내문을 볼 수 있었다. 이 안내문에는 생산 절차에 대한 간략한 설명이 적혀 있었고 무료 전화번호도 기재해서 추가 정보가 필요하면 요청할 수 있도록 했다. 구매하고 싶지 않은 제품을 속아서 샀다고 느낄 일은 전혀 없었다. 농부뿐만 아니라 소비자도 정보를 바탕으로 플레이버세이버 토마토를 선택할 권한이 있었다.

플레이버세이버 토마토가 안전하다고 승인되며 엄청난 판매량을 달성했지만 안타깝게도 칼젠을 구하기에는 역부족이었다. 프리미엄 토마토인 플레이버세이버 토마토는 1킬로그램당 약 4달러로 시장에서 가장 비쌌다. 하지만 성장 및 운송의 비효율성 때문에 칼젠은 식품점에 토마토를 진열하기까지 토마토 1킬로그램당 약 20달러를 지출해야 했다. 이런 어려움에도 불구하고 토마토는 개선되었다. 플레이버세이버 유전자를 가진 새로운 품종은 더 맛있고 운송도 쉬웠다. 하지만 제철이 지나고 제대로 재배 관리를 하지 못하게 되면서 점점 토마토를 시장에 출시하기 어려워졌다. 1995년 6월, 플레이버세이버 토마토를 판매하기 시작한 지 불과 1년 후 칼젠은 플레이버세이버 토마토가 아니라 칼젠의 식물 유전체 공학 특허에 눈독을 들이던 몬산토Monsanto에 회사 절반을 매각했다. 칼젠은 몬산토의 투자를 받아 살아남으려고 애썼지만 투자금은 너무 적었고 또 너무 늦었다. 1997년 1월, 몬산토는 칼젠의 나머지 주식을 사들였고 칼젠은 역사 속으로 사라졌다.

플레이버세이버 토마토는 유전공학 제품이라서가 아니라 잘못된 여러 사업적 결정 때문에 실패했다. 칼젠은 신선한 채소 시장에 대해 너무 몰랐고, 식물 유전공학을 다루는 대기업에 비해 작은 회사인데도 생명공학 식품의 미래를 열기 위해 막대한 자본과 시간을 쏟아부었다. 하지만 칼젠이 신중하게 설계하고 수행한 뒤 보고한 실험 덕분에 안티센스 유전자 기술과 표지자로 이용된 항생제 내성 유전자가 미국과 영국 농업식품수산부Ministry of Agriculture, Fisheries, and Food에서 안전성을 인정받았다. 칼젠은 새로운 산업의 토대를 마련했다는 점에서는 명백한 성공을 거두었다.

정밀 유전자 편집

플레이버세이버 토마토의 사례에서 알 수 있듯 아그로박테리아 매개 유전체 공학의 핵심 과제는 유전체의 특정 위치에 DNA를 삽입하는 일이 불가능하다는 점이었다. 플라스미드는 어디에나 삽입된다. 효과를 내기 위해 함께 작용해야 하는 유전자에서 너무 먼 곳에 끼어들거나, 중요 지점을 방해하며 유전자 내부에 삽입되기도 한다. 하지만 새로운 기술 덕분에 문제는 해결되었다. 지금은 세 가지 기술을 할 수 있는 유전자가위programmable nuclease로 정밀하고 표적화된 유전체 편집을 할 수 있다. 실험실에서 합성한 유전자가위는 유전체의 특정 위치로 직접 가서 DNA 가닥에 결합하고 절단한다.

유전자가위는 제한효소와 비슷하다. EcoR1 같은 제한효소는 짧은 DNA 서열을 인식해 해당 DNA를 잘라낸다. 제한효소를 이용하면 두 생물을 접합하거나, 새로운 DNA를 유전체에 붙이거나, DNA를 다른 식으로 편집할 수 있다. 단점은 제한효소가 인식하는 DNA 서열이 짧고 대개 몇 문자에 불과하다는 점이다. 세포에 전달된 제한효소는 유전체를 수천 조각으로 자르는데, DNA 서열을 몇 문자만 인식한다면 아무 곳이나 자르게 된다. 바람직한 일은 아니다. 정밀 유전체 편집에 이상적인 DNA 절단기라면 특정 위치에서만 유전체를 잘라야 한다. 다행히 DNA 절단기가 인식하도록 설계된 서열의 길이만 늘여도 특이성은 늘어난다. 인식 부위의 DNA 문자가 스무 개 이상만 되어도 충분히 유전체의 특정 위치만 인식할 수 있다.

1996년, 이런 서열 특이성을 지닌 최초의 DNA 절단 도구가 개발되었다. 징크핑거 뉴클레이즈(ZFNs, Zinc finger nucleases)라고 불리는 아연집

계핵산분해효소는 세 개의 DNA 문자 서열인 DNA 삼중항triplet을 인식하는 징크핑거 단백질, 그리고 서열 특이성 없이 어디든 자르는 DNA 절단기인 Fok1 제한효소로 구성된다. 징크핑거 단백질은 처음에 개구리에서 발견되었지만 인간을 포함한 대부분의 진핵생물 유전체에도 있다. 이 단백질은 DNA에 결합해 근처 유전자 발현을 바꾼다. 징크핑거 단백질이 DNA를 인식하고 결합하는 메커니즘을 이해한 과학자들은 실험실에서 새로운 징크핑거를 만들어 특정 DNA 삼중항에 결합하도록 했다. 곧 과학자들은 긴 DNA 서열을 인식하는 합성 징크핑거 단백질 서열을 개발했다. ZFN은 제한효소 Fok1과 짝을 이루어 조작된 대로 정확하게 DNA를 찾고, 결합하고, 절단한다.

ZFN은 거의 15년 동안 최첨단 맞춤형 유전체 편집 도구였지만 완벽하지는 않았다. 비싸고 설계가 번거로우며 대부분의 실험실에는 없는 특수 장비가 필요하다. 특이성이 좋은 편이지만 아주 높지는 않다. 대부분 ZFN은 자를 부위 양쪽 DNA 문자열 아홉 개씩, 총 열여덟 개 문자열을 인식하도록 설계되어 있다. 유전체의 한 곳 또는 몇 곳은 충분히 인식할 수 있지만 서열을 인식할 때 오류가 있을 수도 있다. 다른 부위에도 절단이 일어날지, 일어난다면 얼마나 일어날지 예측할 수 없다는 뜻이다. 게다가 모든 DNA 삼중항에 맞는 징크핑거 단백질이 있지는 않으므로 유전체의 특정 위치에는 이 방법을 이용할 수 없다. 하지만 ZFN은 유전공학 기술의 엄청난 도약이었고 차세대 도구를 개발할 길을 열어주었다.

2010년에는 탈렌(TALEN, transcription activator-like effector nuclease)이 유전자가위 목록에 추가되었다. ZFN과 마찬가지로 탈렌도 특정 DNA 문자를 인식하는 문자열과 DNA를 절단하는 Fok1으로 구성된다. 잔토

모나스 박테리아Xanthomonas bacteria에서 발견된 탈렌은 DNA에 결합해 근처 유전자의 발현을 조절한다. 하지만 ZFN과 달리 탈렌의 구성요소는 삼중항이 아닌 단일 DNA 문자를 인식하므로 탈렌 설계가 더 쉽다. 하지만 탈렌은 분자 크기가 커서 세포핵으로 전달하기는 어렵다. 과학자들이 이 부분을 연구하는 동안 3세대 유전자가위가 등장해 판도를 완전히 바꾸었다.

2012년, 버클리 캘리포니아 대학교의 제니퍼 다우드나Jennifer Doudna와 현재 베를린 막스 플랑크 연구소Max Planck Institute 소장인 에마뉘엘 샤르팡티에Emmanuelle Charpentier가 이끄는 팀은 유전자 편집 시스템의 마지막 퍼즐을 맞추었다. 이들이 개발한 기술은 민주적 유전체 공학이라 불리기도 한다. 이야기는 20여 년 전 오사카 대학교의 이시노 요시즈미Ishino Yoshizumi와 동료들이 박테리아 유전체에서 반복되는 비정상적인 반복 서열을 발견하며 시작된다. 오늘날 크리스퍼, 즉 '일정한 간격으로 배치된 짧은 회문 반복(CRISPR, clustered regularly interspaced short palindromic repeats)'으로 알려진 이 반복 서열은 박테리아가 바이러스 공격을 피하려고 개발한 시스템의 일부다. 다우드나와 샤르팡티에는 이 시스템을 이용해 유전체를 편집하는 방법을 발견했고, 이 발견으로 2020년 노벨 화학상을 수상했다.

크리스퍼 시스템의 회문回文 반복은 과거에 박테리아를 감염시킨 적이 있는 바이러스를 만나면 이와 일치하는 짧은 DNA 단편을 잘라버린다. 이 짧은 DNA 단편은 박테리아 유전체가 암호화한 다른 단백질인 카스(Cas, CRISPR-associated) 단백질과 함께 박테리아 면역 시스템을 이룬다. 목표물을 쓴 깃발을 들고 싸울 준비가 된 군인을 상상해보면 된다. 카스 단백질은 군인이고, 깃발은 전염성 바이러스와 일치하는 회문 반복 사이에 있는 서열이다. 깃발과 일치하는 서열을 가진 새로운 바이러스가 박테리아에 침입하면 깃발 서열은 침입한 바이러스와 결합하고 이 깃발을 든 군인인 카스 단백질이 서열을 절단해 바이러스를 비활성화한다.

다우드나와 샤르팡티에는 연쇄상구균Streptococcus bacteria에서 유래한 카스9Cas9 단백질을 이용하면 깃발로 어떤 서열을 이용해도 카스 단백질을 목표 유전자 서열로 인도할 수 있다고 설명했다. 예를 들어 토마토 유전체에서 PG 유전자를 파괴하고 싶다면 먼저 이미 알려진 PG 유전자 서열을 바탕으로 깃발을 설계한다. 깃발인 가이드 서열과 카스9 단백질을 세포에 도입하면 카스9 단백질이 가이드 서열을 PG 유전자로 전달한다. 일치하는 PG 유전자 서열에 이 가이드 서열이 결합하면 카스9 단백질이 DNA를 절단한다. ZFN이나 탈렌에서 Fok1 제한효소가 DNA를 자르는 역할과 마찬가지다. 하지만 ZFN이나 탈렌과 달리 크리스퍼 가이드 서열은 단백질 복합체가 아니라 RNA 문자열이기 때문에 제작 비용도 저렴하고 설계도 간단하다. 크기도 작고 세포로 도입하기도 쉽다. 그리고 더 유연하다. 두 사람이 크리스퍼를 개발한 뒤 DNA 한 가닥만 자르거나 혹은 DNA를 절단하지 않고 그대로 붙어 있으면서 유전자 발현을 억제하는 등의 역할을 하는 여러 카스 단백질이 개발되었다. 크리스퍼 기반 유전자 편집 도구를 이용하면 누구나 유전체 엔지니어가 될 수 있다.

유전자가위 기술은 유전공학의 판도를 바꾸었다. 오늘날 DNA는 유전체의 특정 위치에 삽입될 수 있을 뿐만 아니라, 단일 DNA 문자를 교체하고 개별 유전자를 표적으로 삼아 파괴하고 끌 수도 있다. 정밀 유전자 편집은 유전체의 여러 위치에서 무작위로 절단이 발생할 가능성을 최소화해 의도치 않은 영향을 줄였다. 하지만 놀랍게도 이 유전자 가위가 하는 유일한 역할은 DNA를 찾고 절단하는 일뿐이다. 유전공학자들은 DNA를 자르고 난 다음 다양한 기술을 이용해 원하는 대로 편집한다. 하지만 이런 일은 항상 계획대로 이루어지는 것은 아니다.

우연히 트랜스제닉이 되다

생명공학 회사 리콤비네틱스가 뿔 없는 홀스타인을 조작하기 시작했을 때 그들이 의도한 것은 유전체 내 하나의 유전자를 다른 유전자로 대체하는 변화였다. 새로운 생물을 만들려는 의도는 아니었다. 뿔 없는 표현형을 유발하는 대립유전자는 수천 년까지도 아니고 수백 년 동안 소에서 자연스럽게 진화했다. 리콤비네틱스는 전통 방식으로도 뿔 없는 대립유전자를 홀스타인으로 전달할 수 있지만 홀스타인 품종의 우유 생산 능력이 저하되고 이를 회복하는 데 몇 세대가 걸릴지도 모른다는 사실을 잘 알았다. 유전자가위를 이용한 정밀 유전공학은 이 문제를 해결할 완벽한 방법이었다. 게다가 대립유전자와 그 표현형이 잘 알려져 있고 이런 표현형을 나타내는 홀스타인도 이미 식품으로 간주되었으므로, 유전자 편집된 홀스타인이 '대체로 안전하다고 인정되는' GRAS(Generally Recognized As Safe) 자격을 갖추었다는 데 FDA가 동의하리라는 사실은 의심할 여지가 없었다.

하지만 마지막 사실은 약간 위험이 있었다. 실험이 진행된 2015년까지도 FDA와 USDA는 여전히 이 새로 조작된 생물군을 어떻게 분류할지 결정하지 못했다. 유전자 편집 생물에서 일어나는 유전체 변화는 전통 육종으로도 발생할 수 있다. 이런 정의로 볼 때 조작된 생물군에는 시스제닉 생물만 포함되었다. 트랜스제닉 생물을 만들 때 일어나는 종간 DNA 이동은 실험실 밖에서는 발생할 수 없기 때문이다. 리콤비네틱스의 실험이 의도대로 진행된다면 뿔 없는 홀스타인도 이 범주에 정확히 들어맞을 것이다. 이 생물이 농업계에서 받아들여질지는 기관의 결정에 달려 있었다.

리콤비네틱스 과학자들은 대체하려는 대립유전자를 포함한 1번 염색체 영역에 결합할 탈렌을 설계했다. 그들은 박테리아 플라스미드를 벡터로 이용해 탈렌 및 앵거스 소의 뿔 없는 대립유전자를 암호화할 DNA를 소 세포주에 주입했다. 소 세포주에서 일어날 일은 다음과 같다. 첫째, 세포는 탈렌과 뿔 없는 대립유전자 사본을 많이 만든다. 둘째, 탈렌이 세포에서 1번 염색체의 두 사본을 모두 찾아 일치하는 서열에 결합한다. 셋째, 탈렌의 제한효소 Fok1이 1번 염색체의 두 사본 DNA를 모두 절단한다. 이렇게 DNA를 손상하면 세포의 복구 반응이 다음과 같이 두 방향으로 활성화된다. 보통 염기 한 개 정도가 누락되며 DNA 가닥이 다시 이어지는 비상동 말단 결합nonhomologous end joining이 일어나거나, 염색체의 다른 사본이 DNA 복구 템플릿으로 이용되는 상동 재조합homologous recombination이 발생한다. 과학자들은 상동 재조합한 세포가 필요했다. 이때 과학자들은 탈렌으로 자른 1번 염색체의 사본이 아니라 탈렌과 함께 세포에 삽입한 앵거스 소의 뿔 없는 대립유전자가 DNA 복구 템플릿으로 이용되도록 만들었다. 일이 순조롭게 진행된다면 1번 염색체의 두 사본 모두 정밀하게 조작된 방식으로 복구되고 다른 일은 일어나지 않을 것이다.

실험이 완료되자 과학자들은 조작한 226개 세포주를 모두 확인했다. 이 중 다섯 개는 뿔 없는 대립유전자가 적어도 하나 있었고, 세 개는 1번 염색체의 두 복사본에 뿔 없는 대립유전자를 모두 갖고 있었다. 과학자들은 성공적으로 편집된 세포주를 복제한 후 배아를 만들어 뿔 없는 소로 자라게 했다. 몇 달 후 건강한 송아지 부리와 스포티지Spotigy가 태어났다.

그다음 결과를 확인했다. 실험 중 뿔 없는 대립유전자 서열에 어떤 변화가 일어났을까? 1번 염색체에서 의도치 않은 위치에 탈렌이 붙어 뿔 없는 대립유전자를 삽입하지는 않았을까? 과학자들은 부리와 스포티지를 만드는 데 이용한 세포주의 전체 유전체를 분석해 두 세포주 모두 염색체 양쪽 모두에서 뿔 없는 대립유전자가 뿔 있는 대립유전자를 대체했음을 확인했다. 유전체에서 탈렌이 인식하도록 설계된 곳과 가까운 DNA 서열 총 6만 1,751곳을 모두 확인한 결과 뿔 없는 대립유전자나 그 일부가 잘못해서 추가로 삽입되었다는 증거를 얻지 못했다. 게다가 부리와 스포티지 둘 다 뿔이 없었다.

부리와 스포티지는 미네소타 리콤비네틱스 농장에서 UC 데이비스로 옮겨졌다. 알리손 판 에이네남 팀은 이곳에서 소들의 발달을 확인했다. 2016년, 고기 품질 분석을 위해 스포티지를 도살했고, 부리의 정액을 채취해 냉동 보관했다. 알리손은 부리의 정액으로 뿔 있는 소를 인공수정해 뿔 없는 표현형이 예기치 않은 영향 없이 다음 세대로 전달되는지 실험했다. 2017년 1월, 여섯 마리가 임신했다. 이어 첫 번째 타격이 왔다. FDA는 전통적인 방법으로 조작할 수 있는지와 관계없이 모든 유전자 편집 동물을 신규 동물 의약품으로 간주한다는 결정을 발표했다. 이런 결정이 나자 부리와 그 후손은 신규 동물 의약품으로 허가받지 않고는 식품으로 이용될 수 없었다. 새로 허가받으려면 시간이 오래

걸리고 돈도 많이 들 것이 뻔했으므로 알리손 팀이나 리콤비네틱스 모두 원치 않는 일이었다. 예상하지 못한 결과였다. 몇 달 전 USDA는 이들이 실험한 유전자 편집을 가속화된 일반 육종으로 취급하기로 했기 때문에 FDA도 같은 결정을 내릴 것으로 예상했는데 말이다. 알리손은 실망했지만 아주 건강한 송아지가 탄생하리라 예상되는 데이터를 보면 FDA도 생각을 바꿀지도 모른다는 희망을 품었다.

그해 9월 암컷 한 마리와 수컷 다섯 마리가 태어났다. 이 암컷이 프린세스다. 여섯 마리 모두 건강하고 뿔이 없었으며, FDA에서 의약품으로 분류했기 때문에 도살되어 소각될 예정이었다. 알리손 팀은 송아지의 건강 상태를 검사하고 혈액을 채취해 분석하고 각 송아지의 DNA를 서열분석했다. 송아지가 태어난 지 1년이 조금 넘자 알리손은 신규 동물 의약품으로 분류된 이 송아지들을 식품으로 허가 신청하는 데이터를 FDA에 보냈다. 모든 데이터로 볼 때 송아지는 완전히, 그리고 당연하게도 정상이었다. 알리손 팀은 실험이 성공했다고 강조하며 결과 보고서를 마무리했다.

그러나 이어 두 번째 타격이 왔다. 2019년 3월, FDA는 알리손에게 좋지 않은 소식을 전했다. FDA 과학자들은 2016년부터 대중에게 공개되었던 부리의 유전체 서열분석 데이터를 다시 검토했다. 뿔 없는 대립유전자는 있어야 할 위치에 제대로 있었고, 리콤비네틱스가 유전자 편집 도구를 세포에 전달할 때 이용한 박테리아 플라스미드와 일치하는 DNA도 모두 있었다. 하지만 뜻밖에도 박테리아 플라스미드가 뿔 없는 대립유전자 바로 옆에서 발견되었다. 유전자 편집 과정에서 박테리아 DNA가 우연히 뿔 없는 대립유전자와 함께 통합되었음이 틀림없다. 리콤비네틱스 팀이나 알리손 팀 모두 부리의 유전체에서 이런 박테리아 DNA를 본 적이 없었다. 그것을 찾으려 하지도 않았다. 하지만 결과는 분명했다. 부리의 유전체에는 소 DNA와 박테리아 DNA가 모두 들어 있었다. 규제에 따르면 부리는 트랜스제닉 개체였고 그에 따라 규제될 것이다.

박테리아 DNA가 들어 있다는 사실을 알게 된 알리손은 송아지 여섯 마리에서 유전체 데이터를 다시 선별해 이 송아지들도 트랜스제닉인지 확인했다. 송아지 네 마리에서 뿔 없는 대립유전자 옆에 박테리아 DNA가 발견되었다. 송아지 두 마리에는 박테리아 DNA가 없었기 때문에 아버지가 트랜스제닉이었지만 이들은 트랜스제닉이 아니었다. 이 시스제닉 송아지 두 마리가 물려받은 부리의 염색체 중 한쪽에만 오류가 났다는 뜻이었다. 2년 반 후 핼러윈 때에 내가 데이비스를 방문해 만난 프린세스는 박테리아 플라스미드가 들어 있는 염색체를 물려받았다. 프린세스는 실수로 트랜스제닉이 된 개체였다.

알리손은 보고서를 수정해 송아지가 건강하고, 뿔 없는 표현형이 부작용 없이 다음 세대로 전달되었다는 사실을 언급했다. 하지만 그동안 FDA는 과학 문헌을 검토하기 전 공개하는 온라인 사이트에 부리의 유전체에서 박테리아 DNA가 발견되었다고 발표했다. 언론은 이를 즉각 보도했다. 언론은 선정적인 헤드라인으로 알리손과 리콤비네틱스의 연구를 깎아내렸다. 안토니오 레갈라도Antonio Regalado는 〈MIT 테크놀로지 리뷰MIT Technology Review〉에서 '유전자 편집된 소의 DNA에서 심각한 문제 발견'이라고 썼다. 로비 버만Robby Berman은 웹사이트 〈빅 싱크Big Think〉의 기사에서 '유전자 편집된 유명 암소의 심각한 문제'를 지적했다. 이 기사들은 부리의 유전체에 있는 박테리아 서열에 두 개의 항생제 내성 표지자 유전자가 포함되어 있다는 다른 문제도 지적했다. 하지만 이 박테리아 유전자가 발현될 수 있는 유전체 일부가 없었으므로 두 유전자는 발현되지 않는다. 물론 이런 중요한 사항은 알려지지 않았다.

FDA 발표에 이은 언론 보도는 두려움을 확산하고, 오해의 소지를 일으키며, 피해를 늘렸다. 브라질 규제 기관은 USDA와 마찬가지로 유전자 편집을 따로 규제할 필요가 없다고 결정하고 리콤비네틱스와 협력해 자체적으로 뿔 없는 낙농 소 무리를 만들 준비를 하고 있었다. 부리의 자손을 평가하고, 일이 잘 진행된다면 뿔 없는 낙농 소 계통을 더 만들 계획이었다. 하지만 부리의 유전체에서 박테리아 DNA가 발견되었다는 소식이 전해지자 그들은 계획을 폐기했다. 리콤비네틱스가 박테리아 플라스미드 이용을 중단하고 숙주 유전체에 실수로 삽입될 리 없는 DNA를 이용해 세포에 편집 도구를 전달하는 새로운 방식을 도입했지만 이마저도 영향을 주지 못했다. 박테리아 DNA가 동물의 건강에 위험하지 않고 박테리아 DNA가 한 세대만 지나도 사라진다는 알리슨의 결과도 아무런 영향을 주지 못했다. 데이터는 전혀 쓸모없었다.

더 많은 데이터, 더 나은 실험

새로운 기술을 평가할 때는 사실과 의견을 구별해야 한다. 'GMO는 안전하다'도 하나의 의견이듯, 'GMO는 안전하지 않다'도 의견일 뿐이다. '플레이버세이버 토마토의 비타민 C 함유량은 일반 토마토와 같다'라는 말은 사실이다. 사실은 충돌하는 가설을 검증하기 위해 고안한 실험에서 나온다. GMO를 먹이거나 먹이지 않은 점만 제외하면 똑같은 조건에서 사육한 실험용 쥐에게 GMO를 먹이면 이 쥐들은 일반 사료를 먹은 쥐보다 암에 걸릴 확률이 높아지든지 그렇지 않든지 둘 중 하나일 것이다. 실험이 제대로 이루어지면 그 결과는 새로운 사실을 알려주고 이 사실은 의견을 내는 데 이용할 수 있다.

안타깝지만 실험에도 결함이 있을 수 있다. 2012년, 프랑스 캉노르망디 대학교의 질 에릭 세랄리니Gilles Éric Séralini 교수는 내가 앞서 설명한 사례와 비슷한 쥐 실험 결과를 발표했다. 그는 제초제 저항성 유전자 조작 옥수수를 먹인 쥐가 유전자 조작하지 않은 옥수수를 먹인 쥐보다 암에 걸릴 확률이 더 높다고 보고했다. 이 결과에 놀란 많은 언론은 GMO 식품 생산 및 판매를 즉각 중단해야 한다고 촉구했다. 하지만 언론이 발표한 이런 이야기는 세랄리니가 의도한 거짓일 수도 있다. 보통 언론은 새로운 결과를 발표하기 전까지는 연구를 진행한 과학자와 상의한다. 그러나 세랄리니는 이런 규칙을 깨고 기자 회견이 끝날 때까지 다른 과학자들에게 결과를 알리지 않겠다고 약속한 기자들에게만 조기 취재 권한을 주었다. 결과가 공개되자 GMO 식품 표시를 지지하는 과학자를 포함해 여러 과학자가 부당하다며 항의했다. 그들은 세랄리니가 연구 기간인 2년 내내 암에 걸려 있던 쥐를 이용했으며, 실험에 이용한 쥐의 수가 너무 적어 결과가 통계적으로 무의미하다고 지적했다. 세랄리니는 데이터를 요청한 과학자와 정부 기관에 실험 결과를 공개하지 않았으며, "과학 공동체를 사칭하는 로비 단체가 자신을 부당하게 공격하고 있다"라고 주장했다.*

---

* 이 인용 및 지금은 철회된 연구의 세부 내용은 2012년 10월 10일 〈네이처〉에 발표된 드클란 버틀러Declan Butler의 보고서에서 가져왔다. 다음을 참고하라.
www.nature.com/news/hyped-gm-maize-study-faces-growing-scrutiny-1.11566.

최근 유럽 연합의 지원을 받은 연구진이 세랄리니의 쥐 연구와 비슷한 실험을 진행했다. 세랄리니의 연구와 마찬가지로 예상처럼 암에 걸리기 쉬운 쥐가 암에 많이 걸렸다. 하지만 이 실험에서는 세랄리니의 실험보다 각 실험군에 다섯 배 많은 쥐를 이용했다. 새로운 실험의 통계 결과는 분명했다. 무엇을 먹든 쥐가 암에 걸릴 확률은 같았다. 지금까지 실험군과 대조군 쥐 사이의 차이를 살핀 여러 장기·다세대 연구 중 세랄리니의 연구는 유일하게 다른 결과를 보인다. 세랄리니의 연구는 전 세계 과학자와 규제 기관의 비난을 받았고 결국 철회되었다. 하지만 분명 거짓 결과인데도 이 실험은 오늘날까지 이어지는 반 GMO 공포를 굳건히 하는 효과를 낳았다.

때로 실험이 너무 늦게 이루어지기도 한다. 1999년 Bt 면화의 첫 번째 현장 실험이 이루어진 지 10여 년 후, 뉴욕 코넬 대학교의 한 연구팀은 바람에 날리는 Bt 옥수수 꽃가루가 북아메리카에서 사랑받는 제왕나비의 생존을 위협한다고 〈네이처〉에 보고했다. Bt는 제왕나비 같은 해충을 죽이는 박테리아에서 진화했기 때문에 Bt 꽃가루가 뿌려진 잎을 먹은 제왕나비 애벌레는 당연히 죽는다. 그런데도 반 GMO 운동가들은 이 결과가 유전자 조작 작물이 환경에 주는 위험을 보여 주는 명백한 증거라고 주장했다. 2년 후 여섯 건의 대규모 현장 연구가 이루어졌고 Bt 옥수수가 사실 제왕나비에게는 거의 위험하지 않다고 결론 내렸다. Bt가 나비에게 독성이 없어서가 아니라, Bt 옥수수는 빽빽하게 심지 않는 데다 Bt 옥수수 꽃가루에서 독성을 낼 정도로 Bt가 충분히 발현되지 않기 때문이었다. 이 새로운 연구에서는 특정 Bt 옥수수 한 종이 다른 아메리카나비인 검은제비꼬리나비black swallowtails의 폐사율을 높인다는 사실도 발견했다. 이 옥수수 품종은 나중에 시장에서 사라졌다.

이런 Bt 식물을 허가하기 전에 독성 시험을 실시했다면 실수로 검은제비꼬리나비가 폐사하는 일은 피할 수 있었을 것이다. 하지만 전통 살충제에 찬성하며 GMO 식물을 비난하기 전에, 유전자 조작된 Bt 작물보다 농업에서 흔히 이용되는 Bt 스프레이가 제왕나비와 검은제비꼬리나비에게 훨씬 유독하다는 사실을 기억해야 한다.

때로 실험이 제대로 계획되지 않거나 예정대로 이루어지지 않기도 한다. 그래서 충분한 사실을 바탕으로 결정을 내리기 어려울 때도 있다. 그래도 우리는 결정을 내려야 하며, 그 과정에서 어느 정도 위험을 감수해야 한다. 얼마나 많은 위험을 감수하느냐는 사람 및 상황에 따라 다르다. 우리 집 막내는 집 근처 거대한 떡갈나무에 매달린 밧줄 그네를 타게 해달라고 몇 년이나 나를 졸라댔다. 그네를 타려면 가파른 언덕을 올라 어깨높이의 나무판자로 기어 올라간 다음 아래로 몸을 날려야 한다. 높기도 하고 무섭다. 누가 그네를 만들었는지, 얼마나 튼튼한지는 모른다. 처음에는 너무 위험하다고 생각했다. 하지만 막내는 일곱 살쯤 되자 위험한 모험은 하지 않게 되었고, 막내보다 훨씬 크고 무거운 사람도 그네를 타는 것을 몇 번 보았기 때문에 나는 최근에야 운동신경 좋은 아들에게 그네를 한 번 타 보라고 했다. 내 결정을 후회하지는 않는다. 아니, 사실 많이 후회한다. 지금은 일주일에 몇 번이나 그네를 타러 가야 하기 때문이다. 하지만 다른 사람은 같은 사실을 두고도 다른 결정을 내렸으리라는 사실을 잘 안다. 새로운 기술을 두고 결정을 내릴 때도 마찬가지다. 얼마나 위험을 감수할지는 사람마다 다르며, 새로운 정보를 얻으면 마음을 바꿀 수도 있다.

개인이 기꺼이 감수하는 위험도 상황에 따라 다르다. 당뇨병 환자는 GMO 인슐린에 거부감이 없을 테고 암 환자는 실험 GMO 약물을 기꺼이 시도하겠지만, 같은 사람이라도 보통 사과 대신 유전자 조작된 사과는 꺼릴 수 있다. 위험 대비 보상이 다르기 때문이다. 아픈 사람에게 GMO 약물이 주는 잠재적 보상은 위험을 훨씬 넘어선다. 하지만 샐러드에 넣을 사과를 고르는 건강한 사람은 GMO를 먹는 위험을 감수하며 굳이 보기 좋은 사과를 선택하지 않을 수 있다. GMO 식품이 GMO 약물처럼 널리 받아들여지려면 생명공학 식품 산업계는 소비자에게 제품이 안전함은 물론 새롭고 참신한 가치를 제공한다는 사실을 이해시켜야 한다.

이 가치는 어떻게 설명할 수 있을까? 어떤 사람들은 유전자 변형 식품이 전 세계 식량 부족을 해결하고 영양소 함량을 늘리며 살충제 이용을 줄여 준다는 사실만으로도 충분히 위험을 감수할 것이다. 개인적 이점이 필요한 사람도 있다. 유전자 변형 식품은 덜 썩고 많이 수확할 수 있으며 생산 비용도 절감되므로 소비자는 더 저렴하게 상품을 구매할 수 있다. 외관이나 풍미 개선도 중요하다. 나는 몇 주 동안 단단하게 유지되는 토마토에, 깎아 두어도 색이 변하지 않고 맛도 신선한 사과를 곁들여 먹고 싶다. 잘 물러지는 토마토나 쉽게 갈변하는 사과 같은 기존 제품만큼 GMO도 먹기에 안전하다는 사실을 잘 알기 때문이다. 칼젠이 항생제 내성 유전자를 섭취할 때의 위험을 측정한 것처럼, 이런 제품을 먹을 때의 위험도 평가하고 측정할 수 있다. 물론 소비자가 이런 측정 결과를 이해하고 받아들일 수 있어야 한다. 하지만 오늘날에는 아직 어려운 일이다.

황금쌀은 인도주의적 동기를 지닌 가장 유명한 GMO의 사례일 것이다. 황금쌀에는 이식 유전자transgene 두 개가 들어 있는데 하나는 나팔수선화에서, 다른 하나는 곡물에서 비타민 A의 전구체前驅體인 베타카로틴을 발현하는 토양 박테리아에서 추출했다. 황금쌀이 널리 채택되면 식단에 비타민 A가 부족해 실명하고 그중 절반은 실명한 지 1년 이내에 사망하는 어린이를 매년 25만 명 이상 구할 수 있다. 이렇게 생명을 구할 잠재력이 있는데도 반 GMO 단체는 사람들이 황금쌀의 유용성을 받아들이지 못하도록 갖은 노력을 기울인다. 그린피스Greenpeace는 처음에 황금쌀이 베타카로틴을 충분히 만들지 못한다고 주장했다. 균주가 스무 배 개선되자 또 다른 반 GMO 단체인 과학사회 연구소Institute for Science and Society는 황금쌀이 영양실조 문제를 해결하기에 불충분함은 물론 독성 위험도 있다고 주장했다. 다른 단체는 베타카로틴이 유독하다는 생각에 사로잡혔다. 하지만 이는 사실이 아니다. 우리 몸은 필요한 만큼의 비타민 A를 만든 다음 과량의 베타카로틴을 배설한다. 하지만 이들은 황금쌀을 거부하며 베타카로틴이 풍부한 다른 식물을 먹으라고 주장했다. 전 세계 사람들은 온갖 색깔의 쌀을 먹는데도, 운동가들은 사람들이 노란 쌀을 먹지 않기 때문에 황금쌀은 분명 실패한다고 주장했다. 학계, 정부, 비영리 단체의 프로젝트 리더들이 종자를 무료로 나눠주겠다고 했는데도, 황금쌀은 서구 대기업의 돈벌이 수단이기 때문에 실패해야 한다고 입을 모았다. 황금쌀이 너무 성공하면 가짜 모사품이 나올 것이고 그러면 비타민 A가 포함된 진짜 황금쌀을 먹는다고 속는 사람들이 생겨서 위험에 처할지도 모른다고 주장하기도 했다. 이런 주장들은 더욱 터무니없고 비현실적인 황당한 음모 이론으로 변질했다. 아이들의 생명을 구할 좋은 의도를 지닌 실험도 사람들을 바꾸지 못했다.

2008년, 중국 과학자들은 스물네 명의 어린이에게 소량의 황금쌀을 먹이고 황금쌀과 베타카로틴이 풍부한 다른 채소에서 얻은 비타민

A 섭취량을 비교했다. 어린이들이 황금 쌀 1회분으로 섭취하는 비타민 A는 일일 비타민 A 권장량의 60퍼센트를 충족했다. 시금치 1회분보다 더 많은 양이다. 여러 독립 위원회가 실험 데이터를 검토한 뒤 신뢰할 수 있는 결과라고 밝혔다. 하지만 이런 결과가 공개된 2013년, 그린피스 활동가들은 필리핀에 있는 황금쌀 논을 파괴했다. 필리핀은 어린이의 20퍼센트가 비타민 A 결핍으로 고통받는 곳이다.

하지만 작은 희망도 있다. 2018년, 캐나다, 미국, 호주 및 뉴질랜드 규제 기관은 사람과 동물이 먹을 황금쌀 재배 및 섭취를 허가했고 2019년, 필리핀은 황금쌀을 식용으로 허가했다.

합성 생물학 도구를 이용해 만든 생물 대부분이 인도주의적人道主義的 목적으로 설계되지는 않았지만 인도주의에 상당한 영향을 미친다. 2017년 말, 우간다에서는 지역 농작물을 파괴하는 세균성 시듦병에 저항성을 지닌 한편 비타민 A가 풍부한 유전자 조작 바나나의 재배가 허가되어 식량 위기 해결에 도움을 주었다. 남아프리카공화국 케이프타운 대학교 과학자들은 가뭄으로 인해 부활초paschal candle에 휴면 형질이 유도되자 토착 작물인 테프에 도입해 가뭄에 강한 테프를 만드는 연구를 한다. 하와이에서는 링스팟 바이러스의 외피 단백질 일부를 발현하는 유전자 변형 파파야인 레인보우 파파야가 재배를 허가받아 지역 파파야 산업을 구했고, 그 과정에서 몇몇 GMO 회의론자들을 바꿔놓았다.

전통 육종으로 조작될 수 있는 유전자 조작 품종인 시스제닉 GMO는 미국 시장에서도 구매할 수 있다. 2021년부터 미국 소비자는 갈변하지 않는 양송이버섯과 북극 사과를 살 수 있다. USDA는 갈변 유전자의 발현을 억제하도록 설계된 이 식물들이 일반 버섯이나 사과보다 환경에 더 위험하지 않다고 보아 규제를 완화했다. 갈변되지 않는 특성은 사소해 보이지만, 사실 미국에서 재배되는 작물 거의 절반이 버려지는 흔한 이유는 그저 맛이 없어 보여서이다. UN이 2050년까지 전 세계 농장에서 오늘날보다 70퍼센트 더 많은 식량을 생산해야 한다고 예상한다는 점을 볼 때, 우리가 이미 가진 것을 낭비하지 않도록 하는 기술은 분명한 이점이 있다.

소비자에게 이익이 되는 제품을 만들면 GMO 식품의 평판을 높일 수 있지만, 소비자는 위험도 평가할 수 있어야 한다. GMO를 향한 귀에 거슬리는 거짓과 왜곡된 반쪽 진실을 구별해야 한다는 의미다. 유전자 변형 식품이 암을 유발한다는 증거는 없으며, GMO가 암을 유발하는 메커니즘을 확인한 사람도 없다. 물고기 유전자가 포함된 유전자 변형 채소도 없다. 그리고 밝은 초록색 비 GMO 라벨이 붙었다고 해서 육종 과정에 새롭고 특정화되지 않은 돌연변이가 전혀 없다는 뜻도 아니다.

유전공학이 유전암호를 바꾼다는 점은 사실이다. 그것이 바로 유전공학의 핵심이다. 하지만 모든 유전자 조작 제품과 비 GMO 제품을 하나로 뭉뚱그려 소비자에게 둘 중 하나를 선택하라고 강요하는 일은 잘못이다. 유전자 조작 제품의 범주를 명확히 정의하려는 노력이 있지만, 열성적인 반 생명공학 선전으로 대부분 무산되고 만다.

하지만 상황이 바뀌는 징후도 보인다. 아프리카와 남아시아에서는 반 GMO 법이 약화되거나 때로는 뒤집힌다. 미국에서는 명확한 허가 경로가 나타난다. 유럽 연합에서는 일부 GMO 작물이 허가받기도 했다. 지금의 난국이 영원히 지속되지는 않으리라는 암시다. 이런 기술이 생태계 건강을 회복하고 종을 멸종에서 구하면, 대중이 합성 생물학 도구를 폭넓게 수용하는 길은 농업 바깥에서 열릴 수도 있다.

언제든 그런 일이 일어난다면 프린세스, 그리고 부리의 뿔 없는 대립유전자를 물려받지 않은 프린세스의 후손에게는 너무 늦은 일일 것이다. 프린세스는 2020년 8월 마지막 날 출산했다. 알리손과 조시는 송아지의 우유를 평가해 프린세스의 뿔 없는 대립유전자가 어떤 효과를 일으키는지 밝히려 했다. 예상대로 뿔 없는 대립유전자가 우유에서 발현될 리가 없으므로 아무것도 발견되지 않았다. 이들은 홀스타인에서 나타나는 여러 특성 목록에, 실수로 트랜스제닉이 되었지만 절대 뿔이 자라지 않는 즉 완벽하게 정상인 이 새로운 데이터를 추가했다.

07

의도한 결과

한 번은 강의를 하면서 청중들에게 질문을 한 적이 있다.

"매머드를 다시 살려놓는다면 세상이 어떻게 바뀔까요?"

그러자 여기저기서 손을 들고 외치기 시작했다.

"너무 싫어요!"

"구경하고 쓰다듬을 거예요! 엄청 크고 북슬북슬하니까요!"

"집에서 키우고 싶어요! 그런데 집이 더러워질 테니까 동물원이 나을 거예요. 올라탈 수도 있겠죠?"

"시베리아에 살며 순록이랑 친구도 되고요, 거기 사는 사람들이 잡아먹고 털로 옷도 만들어 입을 수 있어요!"

아, 청중이 내 아들 또래의 초등학교 2학년 아이들이었다는 점을 말해 두어야겠다. 요나스 선생님은 내 직업에 관해 이야기해달라고 나를 초대했는데, 선생님은 아마 이쯤 후회했을지도 모르겠다.

과학자는 모두 흰 가운을 입은 나이 든 남자라는 사실을 불식시키기 위해 나는 시베리아에서 매머드 화석을 수집하던 내 사진과 영상을 보여주었다. 아이들끼리 돌려 보도록 매머드 어금니와 뼈 몇 점도 가져왔다.

아이들 손에서 손으로 거대한 매머드 뼛조각이 옮겨지며 나는 교실 분위기가 약간 달라지는 것을 느꼈다. 아까보다 손이 더 많이 올라왔지만 이번에는 아이들의 흥분은 가라앉았고 소리도 지르지 않았다.

"매머드가 관심을 너무 많이 받으니까 코끼리가 질투해서 화내지 않을까요?"

몇몇 아이들이 동의하며 고개를 끄덕였다.

"매머드는 야생에서 살고 싶을 텐데, 돌볼 사람이 없을 것 같아."

아이들의 관심이 수그러들기 시작한 것이 분명했다.

"나무가 수백 수천 그루는 있을 텐데 매머드가 나무를 다 쓰러트려 버릴 거야!"

한 아이가 몹시 걱정하며 딱풀이 쌓인 책상 한가운데를 주먹으로 쾅 치며 나무를 넘어뜨리는 매머드 수백만 마리의 파괴력을 강조했다.

딱풀이 자신에게 굴러가자 건너편에 있던 여자아이가 움찔했다. 여자아이는 남자아이를 빤히 바라보며 반박했다. "시베리아엔 나무가 하나도 없으니까 그럴 일은 없어."

나는 감동했다. 여자아이는 흥분한 친구에게 딱풀을 던지지도 않았고 내가 이야기하며 보여 준 자료 내용도 잘 기억하고 있었다. 나무가 하나도 없는 북극 툰드라 캠프장 사진이었다.

"그래? 그럼 매머드가 뭘 먹는데?" 딱풀 소년이 반박했다.

옆자리에 앉은 아이가 끼어들며 말했다. "지루해하거나 굶어서 멸종하겠지."

반 친구들이 전부 고개를 끄덕였다.

잠시 불편한 침묵이 흐른 뒤 다른 학생이 이번에는 손을 들지 않은 채 혼잣말처럼 말했다. "매머드가 돌아오면 잘 살 수 없을 테니까 돌아오게 하지 말아야 할 것 같아."

나와 2학년 아이들은 조용해졌다. 단 몇 분 동안 우리는 이 상징적인 동물의 운명에 대해 생각했다. 매머드는 인간 덕분에 두 번째로 번성했고 이어 소멸했다. 그리고 지금 우리는 매머드를 다시 복원하고 다시 멸종시켰다. 오늘날에는 매머드가 살 만한 장소가 없을 수도 있으므로 매머드를 부활시킨다는 아이디어는 괜찮은 생각이 아닐지도 모른다.

종이 울리고 쉬는 시간이 되었다. 교실 문 옆에 선 나는 아이들이 돌려 본 매머드 화석 조각을 주섬주섬 모으며, 햇살 속으로 뛰어나가는 아이들에게 이야기를 들어줘서 고맙다고 말했다. 인사를 받아주는 아이들도 있었지만 아이들의 관심은 이제 정글짐을 먼저 선점하거나 땅따먹기에서 일등 자리를 확보하는 더 시급한 일로 옮겨갔다.

그런데, 마지막 아이가 교실을 나가다 잠시 멈춰 나를 올려다보았다. "우리가 매머드를 죽여서 매머드가 사라졌다면 우리가 다시 매머드에게 기회를 주어야 할까요?"

나는 천천히 숨을 들이쉬며 사려 깊은 대답을 생각해 내려 애썼다. 결국 나는 이렇게 대답했다. "글쎄다, 매머드가 살았던 세상은 이제 없는데 다시 데려와도 될까?"

여자아이는 어깨를 으쓱하고 발끝을 내려다보았다. 그러더니 고개를 떨구고 "좀 불쌍해요……"라고 속삭이곤 교실 문을 나섰다.

나도 동의했다. "그렇네." 그리고 운동장으로 달려가는 아이에게 외쳤다. "하지만 우리에겐 아직 코끼리가 있잖니!"

멸종은 계속된다

고대 DNA 분야에서 일하는 우리 대부분은 복원에 관한 질문을 던지는 데 익숙하다. 복원은 생명공학을 이용해 멸종한 종을 다시 살려놓는 일을 말한다. '우리는 그렇게 했는가? 아직 아니라면 그렇게 하는 데 얼마나 가까워졌는가? 멸종한 종을 되살리는 일이 정말 가능하기는 한가? 복원은 실제로 어떻게 작용하는가?'라고 묻는다면, 내 대답은 항상 같다. '아직은 아니지만 곧 가능할 것이다.'

멸종한 종을 똑같이 되돌려 놓는 일은 불가능하며 아마 앞으로도 불가능할 것이다. 하지만 언젠가는 멸종한 종의 구성요소인 멸종 형질을 부활시킬 기술이 나타날 것이다. 코끼리에 매머드 DNA를 더해서 털이 있고 지방층이 두꺼워 북극에서도 살 수 있는 코끼리를 만들 수도 있다. 줄무늬꼬리비둘기를 조작해 깃털 색깔과 꼬리 모양이 나그네비둘기처럼 보이도록 만들 수도 있다. 하지만 이 변형된 코끼리와 줄무늬꼬리비둘기가 실제로 매머드와 나그네비둘기일까? 나는 그렇게 생각하지 않는다.

멸종한 종을 되살릴 수 없는 이유는 무엇일까? 극복해야 하는 기술적 장애물부터 종 조작에 대한 윤리적 우려, 수만 년 동안 그들이 없던 서식지로 복원된 종을 방사하는 생태적 문제까지, 오랫동안 멸종했던 종을 부활시키기 어려운 수많은 이유가 있다. 새의 생식선을 편집하는 방법이나 발달 중인 코끼리 배아를 사육 상태의 대리모에게 옮기는 방법처럼 일부 기술적 장애물은 극복할 수 있지만, 멸종한 털북숭이코뿔소의 장내 미생물군 유전체를 재창조하거나 스텔러바다소의 대리모를 찾는 방법 등은 풀리지 않을 것 같다.

매머드를 생각해보자. 나는 현재 매머드를 되살리려 애쓰는 연구진 세 곳을 알고 있다. 이 중 한국의 수암생명공학연구재단의 황우석과 일본 킨다이 대학교의 이리타니 아키라Iritani Akira가 이끄는 연구진은 매머드를 복제해 부활시키려 한다. 이 과정에서 가장 유명해진 사건은 복제 양 돌리Dolly의 탄생이다. 동물을 복제하려면 살아 있는 세포가 필요하므로 황우석은 지구 온난화 덕분에 녹고 있는 시베리아 영구 동토층에 냉동 미라 상태로 보존된 매머드 세포를 찾으려 했다. 황우석 연구소는 반려동물을 복제하려는 사람들에게 10만 달러를 청구한 후 그 돈으로 러시아 마피아에게 돈을 대 새로 발견된 냉동 매머드에 접근했다. 하지만 이 방법은 사망 직후부터 세포 부패가 진행되기 때문에 미라 상태로 보존된 냉동 매머드에도 살아 있는 세포는 없다는 것이 문제였다. 이리타니 팀은 살아 있는 매머드 세포가 발견될 가능성이 거의 없다는 사실을 인정하고 대신 분자 생물학으로 눈을 돌려 죽은 매머드 세포를 되살리거나 혹은 최소한 복제할 수 있을 만큼만이라도 살려놓으려고 했다. 손상된 DNA를 복구하는 쥐 난자의 단백질을 이용해 매머드 세포의 손상된 DNA를 재구성하려 한 이리타니 팀은 2019년, 매우 잘 보존된 유카라는 매머드 미라의 세포를 이용해 이 과정을 실험한 과학 논문을 발표했다. 곧 언론은 그 논문을 매머드 부활의 신호로 예고했지만, 데이터는 그 반대였다. 유카의 세포는 다른 매머드 미라의 세포에 비해 매우 상태가 좋은 편이기는 했지만 쥐 단백질로 매머드 세포 DNA를 복구하는 연구는 큰 진전이 없었다. 매머드 세포는 모두 죽었기 때문에 매머드를 복제할 수는 없다.

매머드를 부활시키려는 세 번째 연구진은 하버드 대학교 위스연구소Wyss Institute의 조지 처치George Church가 이끄는 연구팀이다. 이들은 마지막 매머드가 죽은 지 3,000년이 넘었다는 점을 고려해 살아 있는 매머드 세포를 찾을 수 없다는 점을 받아들였다. 하지만 처치는 이 사실 때문에 매머드를 되살릴 가능성이 없다고는 하지 않는다. 그는 매머드에 가까운, 즉 살아 있는 아시아코끼리의 세포는 무한하다고 지적한다. 합성 생물학을 이용하면 아시아코끼리의 세포를 실험실에서 배양해 매머드와 비슷한 종에서 완전한 매머드로 전환할 수 있다는 주장이다. 이를 위해 처치는 크리스퍼를 이용해 아시아코끼리 DNA를 조금씩 변형한 후 코끼리 세포 내 유전체가 매머드 유전체와 일치하게 만드는 프로그램을 시작했다.

코끼리 유전체를 매머드 유전체로 변환하는 일은 어려운 작업이다. 아시아코끼리와 털북숭이매머드로 이어지는 계보는 500만 년도 전에 갈라졌다. 고대 DNA 연구자들은 잘 보존된 매머드 뼈 화석에서 완전한 매머드 유전체 서열 몇 종을 재구성했다. 이 유전체를 아시아코끼리 유전체와 비교하자 두 유전체는 유전적으로 100만 개쯤 달랐다. 현재 가능한 어떤 유전자 편집 방법으로도 세포의 DNA를 한 번에 100만 개씩 편집할 수는 없다. 동시에 많은 편집을 진행하려면 여러 위치에서 동시에 유전체를 물리적으로 절단해야 하는데 이렇게 하면 세포가 복구되지 않는 재앙을 초래할 수도 있다. 게다가 편집을 하려면 각각 자체 편집 도구가 필요하며, 한 번에 모든 편집 결과를 세포에 제대로 전달할 수도 없다. 현재 처치 팀은 한 번에 하나 정도의 편집을 수행하고 해당 편집이 올바른지 확인한 다음 제대로 편집된 세포를 다음 편집에 이용한다. 내가 마지막으로 물었을 때 처치 연구팀에서는 매머드 유전자로 코끼리 유전체를 교체해 매머드가 코끼리보다 매머드에 더 가깝게 만드는 편집을 약 50개 수행했다고 말했다. 현재 처치 팀은 일부 매머드 특성을 부활시킬 유전적 지시를 포함한 살아 있는 세포를 보유하고 있는 셈이다. 매머드는 아니지만 매머드 비슷한 무언가라고 할 수 있다.

처치의 매머드 세포가 복제될 수 있을까? 복제 기술, 특히 양이나 소 같은 가축 복제 기술은 2003년 돌리가 복제된 후 상당히 발전했다. 하지만 다른 종의 경우 난자를 수확하는 방법과 시기, 초기 배아를 위한 이상적인 배양 환경을 만드는 방법, 배아를 대리모에 이식하는 시기 등 필수적인 세부 사항을 파악하는 데 오랜 시간이 걸린다. 하지만 가장 큰 장벽은 체세포가 원래 자신이 어떤 세포인지 잊고 전체 동물을 이룰 수 있는 세포로 되돌아가는 리프로그래밍 단계다. 이 단계는 효율이 매우 낮아서 과학자들이 흔히 복제하는 종에서도 복제 성공률이 20퍼센트를 넘지 않는다.

코끼리는 복제된 적이 없다. 그 이유 중 하나는 복제 코끼리 시장이 없기 때문이다. 하지만 가축 복제 시장은 날로 성장하고 있다. 생명공학 회사인 보야라이프 제노믹스Boyalife Genomics는 계속 성장하는 중국 쇠고기 시장의 수요를 맞추기 위해 톈진에 소 복제 공장을 건설하고 매년 100만 마리의 복제 와규 소를 생산하려 한다. 황우석의 수암바이오텍Sooam Biotech은 반려견을 복제하고* 텍사스주 시더파크에 본사를 둔 비아젠펫츠ViaGen Pets는 반려견이나 반려묘, 심지어 반려 말까지 복제한다.** 하지만 코끼리를 복제하려고 행동하는 사람은 거의 없다.

---

* 황우석은 돼지, 소, 코요테도 복제했다고 주장했으며 2004년에는 〈사이언스〉에 인간 배아를 복제했다고 주장하는 논문을 발표했다. 하지만 이 주장은 거짓으로 판명되었다. 원고는 철회되었고 황우석은 자료 조작, 연구비 횡령, 연구원들에게 연구용 난자 기증을 강요하는 등 연구윤리법을 위반한 혐의로 서울중앙지법에 기소되었다.

** 사실 2020년 8월 6일 비아젠 에퀸ViaGen Equine의 과학자들은 40년 된 냉동 세포에서 복제된

코끼리 복제는 실제로 불가능할 수도 있다. 코끼리는 큰 동물이라 생식 기관도 크다. 핵 이식에 이용할 난자를 채취하는 등의 핵심 복제 과정이 까다롭다는 의미다. 코끼리는 임신 사이에 처녀막이 다시 자라는데, 처녀막에는 작은 구멍이 있어 정자가 통과할 수는 있지만 코끼리 배아가 통과하기는 어려우므로 대리모의 자궁으로 발달 중인 배아를 전달하는 과정이 복잡해진다. 아시아코끼리도 멸종 위기에 처해 있는데, 만약 이 기술을 제대로 이용한다면 코끼리를 더 많이 만들 수 있을 것이다.

코끼리 복제가 기술적·윤리적으로 실현 가능하다고 하더라도 코끼리 엄마가 매머드 태아를 만삭까지 기를 수 있는지는 분명치 않다. 500만 년은 진화상 긴 시간이고 DNA가 100만 개쯤 다르다는 사실은 큰 어려움이다. 사실 매머드와 아시아코끼리의 진화적 차이는 인간과 침팬지의 차이만큼 크다. 침팬지 어미가 인간 아기를 만삭까지 키울 수 있다고 상상하기 어렵듯 아시아코끼리 엄마도 매머드 태아를 키우기는 힘들다.

하지만 종간 대리모가 성공한 예도 있으므로 진화적 거리가 있다고 이 실험이 멈출 것 같지는 않다. 가축 개는 복제된 야생 회색늑대 새끼를, 가축 고양이는 복제된 아프리카 살쾡이 새끼를, 가축 소는 복제

프제발스키 망아지가 탄생했다고 발표했다. 이 프로젝트는 샌디에이고 냉동동물원에 보관되어 있던 세포를 이용했으며, 동물원과 비아젠, 생명공학을 옹호하는 비영리 야생동물 보호단체인 리바이브 앤 리스토어 간의 협력으로 이루어졌다. 프제발스키 말은 아시아 스텝 지역이 원산지이며 심각한 멸종 위기에 처해 있는데 오늘날 살아 있는 프제발스키 말은 단 열두 마리에서 온 후손으로 모두 사육 상태에 있다. 사육 개체군에 이 망아지를 더하면 유전자 풀에 반가운 다양성이 추가될 것이다.

된 가우르 송아지를 건강하게 낳았다. 그런데 이 연구는 모두가 줄곧 고려해왔던 사실을 드러냈다. 종간 복제cross-species cloning 를 시도하는 두 종의 관계가 멀수록 각 복제 단계에서 성공률이 낮아진다는 사실이다. 현재까지 성공한 종간 복제 실험에서 가장 관계가 먼 종은 약 4백만 년 전 갈라진 단봉낙타와 박트리아낙타다. 진화적으로 갈라진 기간이 긴데도 사육된 단봉낙타는 2017년에 복제된 박트리아낙타 새끼를 낳았다. 오늘날 멸종 위기에 처한 대형 포유류 중 하나인 박트리아낙타는 물론 전체 종 보전에도 반가운 소식이다. 복제가 종 회복을 가능하게 만드는 도구라는 점에서 이 실험은 복제 기술이 멸종위기종의 어디까지 확장되어 적용될 수 있는지 보여준다.

현재까지 유일하게 성공한 복원에도 종간 복제가 이용되었다. 부카르도bucardo라고 알려진 피레네산양 한 마리가 종이 멸종한 지 3년 뒤인 2003년에 부활했다. 그로부터 4년 전 스페인 아라곤의 수렵어업습지부Hunting, Fishing, and Wetland Department 부장인 알베르토 페르난데스아리아스Alberto Fernández-Arias가 이끄는 팀은 마지막으로 살아남은 부카르도인 셀리아Celia의 세포를 채취한 다음 급속 냉동해 DNA를 보존했다. 페르난데스아리아스 팀은 이후 몇 년간 부카르도를 부활시킬 전략을 개발했다. 그들은 다른 야생 산양에서 셀리아의 세포를 복제할 난자를 채취하려고 했지만 인간에게 익숙하지 않은 야생동물은 금방 탈출해버려서 실험은 실패했다. 하지만 이들은 다행히도 가축 염소의 난자를 채취했다. 그 후 가축 염소 난자에 셀리아의 냉동 체세포에서 채취한 DNA를 넣은 다음, 형질전환된 난자 57개를 가축 사육 염소와 스페인산양의 잡종인 대리모에 이식했다. 새끼 일곱 마리가 임신되었고 그 중 한 마리가 부카르도였다. 하지만 복제 과정이 복잡한 탓에 복제된 부카르도는 안타깝게도 폐 기형을 가진 채 태어났으며 단 몇 분만에 죽어버렸다. 셀리아의 세포로 부카르도를 부활시키려는 계획은 현재 보류되어 있지만 셀리아의 세포 일부는 여전히 냉동되어 있다.

언젠가 코끼리 유전체를 매머드 유전체로 재 암호화하고 코끼리 엄마로 그 세포를 복제할 수 있겠지만, 발달 과정 자체가 매머드를 부활시키는 데 기술적 장벽이 될 수도 있다. 코끼리 엄마에게서 태어난 복제 매머드나, 조지 처치의 방법처럼 코끼리 복제 문제를 해결하기 위해 인공 자궁에서 키운 복제 매머드는 아마 매머드와 비슷할 것이다. 일란성 쌍둥이가 똑같아 보이듯 DNA가 외모에 얼마나 큰 영향을 미치는지는 누구나 안다. 하지만 쌍둥이라고 완전히 똑같지는 않다. 각자의 경험, 스트레스, 식단, 환경 때문에 두 사람은 매우 달라진다. 태아기에 코끼리 부모의 발달 환경에 노출된 새끼 매머드가 코끼리에게 길들고 코끼리 먹이를 먹고 코끼리의 장내 미생물을 받아들이면 이 코끼리는 매머드처럼 행동할까, 아니면 코끼리처럼 행동할까?

물론 최종 목표가 매머드의 특성 몇 가지를 지닌 코끼리를 만드는 것이라면 문제없다. 하지만 매머드를 만들 목적이라면 수정부터 사망할 때까지 매머드가 살았던 환경을 그대로 다시 만들어야 한다. 하지만 안타깝게도 그런 환경은 사라졌다.

같은 기술, 다른 목표

왜 우리는 매머드를 다시 데려오고 싶어 할까? 내 아들이나 2학년 어린 친구들처럼 그냥 매머드를 다시 보고 싶어 하는 사람도 있다. 매머드를 연구하거나 키우거나 사냥하고 먹으려는 사람도 있다. 북동 시베리아 홍적세 공원Pleistocene Park 관리자인 세르게이 지모프Sergey Zimov는 아들 니키타Nikita와 함께 매머드를 들여와 시베리아 생태계를 바꾸고 지구 온난화를 늦추려고 한다.

홍적세 공원에는 수입 들소, 사향소, 말, 순록이 산다. 지모프의 연구에 따르면 대형 포유동물이 있으면 이 지역에 번성하던 초원이 다시 돌아오고 영구 동토층이 느리게 녹는다. 언뜻 예상과 다른 결과지만, 이 동물의 역할을 생각해보자. 동물들은 먹고, 돌아다니고, 배설한다. 토양을 휘젓고 다니며 거름으로 영양분을 줘서 땅을 비옥하게 하고 씨앗을 퍼뜨린다. 겨우내 먹이를 찾으려고 눈을 헤집어 얼어붙은 맨땅을 북극 공기에 드러내거나 눈을 꾹꾹 눌러 토양 표면에 빡빡한 얼음층을 만든다. 세르게이 지모프는 동물이 사는 지역의 겨울 토양 온도는 동물이 없는 지역 온도보다 15도~20도 더 낮다고 보고했다. 동물 덕분에 영구 동토층이 녹는 속도가 느려진다는 의미다. 오늘날 지구 대기에 있는 탄소의 거의 두 배나 되는 1,4000기가톤 이상의 탄소가 북극 동토에 갇혀 있으므로, 영구 동토층이 덜 녹으면 온실가스 방출이 줄어든다.

코끼리는 생태계의 엔지니어다. 코끼리는 매일 분뇨 100킬로그램을 만들고, 딱풀 소년의 이야기처럼, 걸어가면서 관목을 쳐내고 나무를 넘어뜨려 주변 환경을 바꾼다. 지모프의 예상에 따르면 매머드도 비슷한 생태계 엔지니어였다. 그런데 지금 홍적세 공원에는 이런 역할을 할 동물이 없기 때문에 지모프의 아들은 오래된 소련군 탱크를 타고 돌아다니며 눈을 다지고 작은 나무를 쓰러뜨린다. 지모프 가족은 조지 처치 팀의 연구가 언젠가 성공해 홍적세 공원이 동토에 온실가스를 가두는 야생 매머드의 고향이 되기를 바란다.

매머드가 영구 동토층의 해빙을 늦추리라 확신할 수는 없다. 하지만 지모프의 주장대로 지속 가능한 여러 야생동물 개체군을 만들어서 잃어버린 생태적 역할을 채우고 생태계를 보존한다는 이론적 근거는 매머드를 되찾아야 하는 가장 설득력 있는 이유로 보인다. 하지만 그러기 위해 실제 매머드가 필요한지, 아니면 아시아코끼리를 조작해 시베리아에서 번성하도록 만들어도 같은 효과를 거둘 수 있는지는 알 수 없다. 멸종한 종을 부활시킨다는 목적이 아니라 서식지를 보존한다는 목적을 위해서도 복원 기술을 이용할 수 있을까?

유전적 구출을 위한 생명공학

1981년 9월 26일 이른 아침, 존 호그John Hogg와 루실 호그Lucille Hogg 부부가 키우는 개 셰프Shep가 마당에서 무언가와 싸우고 있었다. 싸움은 잠깐이었고 셰프는 종종 다른 동물과 싸웠기 때문에 부부는 그다지 신경 쓰지 않았다. 그리고 다음 날 아침, 존 호그는 베란다에서 죽어 있는 작은 동물을 발견했다. 처음 보는 동물이었다. 몸은 비정상적으로 길었고 털은 창백한 흰색이었으며 네 발과 꼬리 끝이 검고, 크고 뾰족한 귀에 검은색 털이 씌워져 있었다. 코는 작고 검은색으로 반짝였으며 눈가에 동그랗게 검은색 털이 나 있어 마치 가면을 쓴 것 같았다. 호그는 그 사체를 집어 들고 잠시 살펴본 다음 덤불에 던져버리고 다시 집으로 들어갔다.

점심 무렵 호그는 아내와 아이들에게 그 동물 이야기를 했다. 가면 쓴 듯한 얼굴과 검은 발이 기억에 남았다. 호그는 그 동물이 밍크라고 생각했지만 아닐 수도 있다는 생각이 들었다. 아내는 흥미를 느꼈고 동물을 버리는 대신 와이오밍주 미티시에 있는 박제사에게 갖고 가 박제로 만들자고 했다. 박제사라면 그 동물이 무엇인지 알 수 있을지도 모른다.

그들이 옳았다. 지역 박제사인 래리 라프렌시Larry LaFrenchie는 동물의 검은 발을 슬쩍 보고 그것이 무엇인지 바로 짐작했다. 라프렌시는 수심 깊은 표정을 한 채 셰프의 자랑스러운 노획물을 들고 뒷방으로 사라져 어딘가로 전화를 걸었다. 몇 분 후 다시 돌아온 라프렌시는 무척 흥분한 목소리로 "맙소사, 당신은 검은발흰족제비Black-footed Ferret를 잡았군요!"라고 말했다.* 호그는 그런 동물을 들어본 적이 없지만 라프렌시의 태도를 보고는 돌려받지 못할 거라고 생각했다. 이번에도 그가 옳았다. 라프렌시는 표본을 압수하고 가능한 한 빨리 미국 어류 및 야생동물 관리국 공무원에게 전달하라는 지시를 받았다.

검은발흰족제비는 1967년 멸종위기종 보호법으로 보호된 첫 번째 목록인 1967군의 일부였다. 멸종위기종 보호법 아래 야생 및 사육 상태의 검은발흰족제비를 구하기 위한 프로그램이 시행되었지만 거의 성공을 거두지 못했다. 셰프가 잡은 검은발흰족제비가 야생에 나타난 것은 거의 7년 만이었다.

검은발흰족제비는 땅다람쥐의 일종인 프레리도그prairie dog 사냥꾼으로도 알려져 있다. 프레리도그를 사냥하는 것이 사실 이들의 임무다.

---

* 와이오밍주 수렵부Wyoming Game and Fish Department는 호그 부부와 당시 열 살이었던 어린 딸 줄리 색스Julie Sax 및 이 프로젝트에 참여한 많은 보전 과학자들의 인터뷰를 담은 무료 영상을 만들어 검은발흰족제비의 재발견과 회복 과정을 공유한다. 이 영상에는 검은발흰족제비의 역사와 회복 프로그램에 대한 추가 정보도 있다. 다음을 참고하라. blackfootedferret.org.

검은발흰족제비는 한때 캐나다에서 멕시코까지 프레리도그가 번성한 곳이면 어디든 살았지만 프레리도그가 사라지며 검은발흰족제비도 사라졌다.

두 종의 멸종은 모두 인간 탓이다. 프레리도그는 작은 서식지를 여럿 이루어 사는 것이 아니라 퇴적물이 헐겁게 덮인 깊은 굴이 넓게 이어진 서식지에 살았다. 그런데 20세기 초 유럽 식민지 개척자와 그 후손들이 서쪽으로 확장해 가면서 프레리도그 서식지가 농업을 해치고, 농장을 잇는 도로와 마을을 건설하고 유지하는 데 방해가 된다는 사실을 발견했다. 게다가 프레리도그는 20세기 초 수십억 마리나 되었는데 이것은 식량을 놓고 소와 치열한 경쟁을 펼쳤다는 의미다. 정착민들은 그 경쟁에서 이기기 위해 새로운 유럽 질병인 야생흑사병을 프레리도그 서식지에 퍼트리는 광범위한 설치류 독살 프로그램을 시작했다. 오늘날 설치류 박멸 프로그램은 종료되었지만 야생흑사병은 계속 프레리도그를 감염시켜 죽이고 있다. 현재 프레리도그 개체수는 20세기 초의 약 2퍼센트에 불과하지만 프레리도그는 여전히 널리 퍼져 있고 다양한 유전형질을 가지고 있다. 또한 일부 프레리도그 개체군이 야생흑사병에 저항성을 보이기 시작했다는 사실은 장기적으로 이들의 회복과 생존에 좋은 소식이다.

하지만 검은발흰족제비의 미래는 밝지 않다. 검은발흰족제비는 프레리도그가 박멸되는 동안 당연히 잘 지내지 못했고, 감염된 프레리도그를 잡아먹어 그들도 야생흑사병에 걸리기도 했다. 1950년대 말, 생물학자들은 검은발흰족제비가 멸종했다고 여겼다. 그러다 1964년에 사우스다코타주 화이트리버 근처 작은 마을에서 검은발흰족제비 몇 마리가 발견되었다. 생물학자들은 이 개체군을 자세히 연구해 종 회복 방법을 연구했지만 연구자들이 검은발흰족제비를 따라갔을 때는 이미 많은 개체가 병에 걸린 상태였다. 시간이 얼마 없다고 여긴 연구자들은 검은발흰족제비 아홉 마리를 잡아 사육했다. 암컷 일부가 임신하고 새끼를 낳았지만 안타깝게도 한 마리도 살아남지 못했다. 사우스다코타주에서는 1974년에 마지막 야생 검은발흰족제비가 발견되었으며 마지막 포획된 개체는 1979년에 죽었다.

그러다 1981년, 셰프가 와이오밍주 미티시 근처에서 검은발흰족제비를 발견하자 과학자들은 사육 환경에서 무엇이 부족했는지 배우고 다시 이 종을 보전할 기회를 얻었다. 몇 달 동안 추적하고 포획한 끝에 와이오밍주 수렵부와 미국 어류 및 야생동물 관리국 생물학자들은 미티시 개체군에 새끼를 포함해 약 120마리의 검은발흰족제비 개체가 있다고 추정했다. 좋은 징조 같았다. 하지만 곧 상황이 바뀌었다. 생물학자들이 발견한 것은 건강한 족제비가 아니라 병들거나 죽은 족제비였다. 1985년이 되자 검은발흰족제비 개체군이 멸종 위기에 처해 있다는 사실이 분명해졌다. 연구자들은 가능한 한 많은 족제비를 포획해 사육하기로 긴급 결정을 내렸다.

생물학자들은 큰 노력을 기울였지만 와이오밍에서 검은발흰족제비 고작 열여덟 마리를 잡았을 뿐이었다. 이 열여덟 마리를 안정적인 개체로 전환하기 위해 미국 동물학 협회Zoological Association, 주와 연방 야생동물관리 단체, 국제 자연보호 연합International Union for the Conservation of Nature의 사육 전문가들이 모여 계획을 세웠다. 하지만 안타깝게도 이들은 여전히 검은발흰족제비를 사육 상태에서 번식시키는 데 어떤 조건이 필요한지 거의 몰랐다. 몇 달간의 노력에도 그다지 성과가 없었지만 현장 생물학자들은 결국 검은발흰족제비 한 마리를 포획했고 이 동물에 스카페이스Scarface라는 이름을 붙였다. 사육지에 합류한 마지막 검은발흰족제비였다. 놀랍고 다행스럽게도 스카페이스는 즉시 여러 암컷과 교배했고 처음으로 새끼들이 살아남았다.

스카페이스 이후 검은발흰족제비의 미래가 밝아졌다. 사육자들은 어떤 방법이 효과가 있고 어떤 방법은 효과가 없는지, 새끼를 어떻게 다루어야 할지, 새끼들을 야생으로 내보낸 후 살아남게 하려면 어떤 준비를 해야 할지 배웠다. 오늘날 검은발흰족제비 번식 프로그램은 미국 전역에 퍼져 있으며, 전 세계 협력 동물원 다섯 곳에서 대부분의 개체 번식이 이루어진다. 근친 교배를 최소화하기 위해 검은발흰족제비 혈통 대장에 기록된 가계도 정보를 이용해 번식 결정을 내리는데, 유전적 다양성이 손실되지 않도록 일부 암컷은 사육지 설립 당시 냉동해 둔 수십 년 된 개체의 냉동 정자로 수정된다. 매년 검은발흰족제비 200마리 정도가 연방과 주 정부 기관, 아메리카 원주민 부족, 사유지 소유자의 협력으로 야생에 풀려난다. 현재 야생 검은발흰족제비 개체수는 약 500마리 정도이며 열여덟 곳의 재도입 장소 중 최소한 세 곳에서는 자급자족하는 것으로 파악된다.

검은발흰족제비 복원 이야기는 대체로 성공적이다. 이 이야기는 전문가들이 협력해 어려운 문제를 해결할 때 어떤 결과를 얻을 수 있는지 보여준다. 멸종 위기에 처한 종을 발견하고, 연구하고, 함께 복구 노력을 들이면 종을 멸종 위기에서 되살릴 수 있다는 사실도 보여준다. 사육 번식, 인공수정, 이식 같은 방법의 유용성도 강조한다. 문제는 이런 성공에도 불구하고 검은발흰족제비가 여전히 곤경에 처해 있다는 사실이다. 번식 전략을 통해 초기 유전적 다양성은 대부분 유지했지만, 살아 있는 검은발흰족제비는 모두 단일 개체군에서 시작한 일곱 개체의 조상에서 나온 후손이므로 처음부터 다양성이 낮았다. 이들이 일단 야생에 풀려나면 개체군이 작다는 특성 때문에 더 많은 근친 교배를 일으키고 유전적 다양성은 더욱 낮아질 것이다. 야생흑사병과 개홍역에도 계속 노출된다. 백신을 접종할 수는 있지만 포획과 백신 접종이 계속 필요한 보전 프로그램은 지속 가능하지 않다. 검은발흰족제비는 멸종 위기에서는 거의 벗어났지만 완전히 멸종 위기를 벗어나려면 새로운 기술이 필요하다.

다행히도 이런 기술이 있다.

복원에 기반해 멸종 위기에 처한 검은발흰족제비 개체군에 새로운 유전적 다양성을 더할 수 있다는 아이디어가 나왔다. 샌디에이고 동물원 보존 연구소Institute for Conservation Research의 냉동동물원은 1970년대부터 멸종위기종의 조직을 수집하고 보존해왔다. 영하 200도에서 보관되는 냉동동물원 수집품에는 난자, 정자, 배아뿐만 아니라 해동, 소생 및 재성장이 가능한 냉동 세포 배양물도 있다. 살아 있는 세포는 과거의 다양성을 보존하는 한편 복제에 적합한 재료이기도 하다. 냉동동물원에는 1980년대에 냉동동물원 보존 생물학자들이 수집하고 보존한 검은발흰족제비 수컷과 암컷 두 마리도 있다. 그리고 현재 살아 있는 검은발흰족제비 중 이들의 후손은 없다.

하지만 야생 검은발흰족제비가 계속 야생흑사병에 걸린다면, 개체군에 새로운 다양성을 더하는 것만으로는 멸종 위기에 처한 족제비를 구하기에 충분하지 않다. 다행히 또 다른 해결책이 있다. 역시 복원에서 빌린 아이디어다. 아시아코끼리에 매머드 특성을 더해 추운 곳에서 살 수 있도록 만들듯, 검은발흰족제비에 질병 저항성을 더해서 전염병이 만연한 곳에서도 살 수 있도록 만들 수 있다. 이렇게 하면 질병 저항성 유전자를 얻기 위해 멸종한 종을 찾을 필요는 없다. 대신 전염병에 저항성이 있는 검은발흰족제비의 진화적 친척인 사육 흰족제비에서 이 유전자를 얻을 수 있다. 더 먼 친척으로는 전염병에 대한 저항력을 갖춘 쥐도 있다. 질병 저항성의 유전적 토대가 확인되면 검은발흰족제비 유전체도 전염병에 저항할 수 있도록 편집할 수 있다.

검은발흰족제비 유전체를 편집할 기술도 있다. 질병이나 제초제 저항성을 갖는 작물이나 뿔 없는 소를 만들기 위해 작물이나 가축의 유전체를 편집할 때 적용하는 기술인데 문제는 유전체 어디를 편집해야 할지 파악하는 일이다. 간단하지 않지만 방법은 있다. 집족제비, 생쥐, 검은발흰족제비 유전체를 서열분석한 다음 비교해 차이점을 파악하면 된다. 질병 저항성을 나타내는 면역 체계 유전자는 특히 주목할 대상이다. 동시에 과학자들은 살아 있는 동물이 아닌 실험실 기반 세포 배양 시스템을 이용해 전염병에 걸렸을 때 면역 체계 세포가 상호 작용하는 과정을 연구한다. 유전자 분석과 실험실 기반 연구는 전염병에 면역을 유발할 후보 유전자 목록을 좁히는 데 도움이 된다. 그다음 합성 생물학을 이용해 후보 유전자로 유전체를 한 번에 하나씩 바꿔 어떤 일이 일어나는지 살펴본다. 이 과정을 거치면 전염병에 면역이 있다는 점을 제외하고는 궁극적으로 오늘날 포획 사육된 검은발흰족제비와 모든 면에서 같은 유전자 조작 검은발흰족제비가 만들어진다.

이 작업은 이미 시작되었다. 2018년, 보존을 위한 생명공학적 해결책을 지원하는 비영리 단체 리바이브 앤 리스토어Revive & Restore는 미국 어류 및 야생동물 관리국의 허가를 받아 합성 생물학을 이용해 멸종 위기에 처한 검은발흰족제비를 구하는 연구를 시작했다. 리바이브 앤 리스토어는 샌디에이고 동물원, 비아젠 및 여러 학술 파트너와 협력해 샌디에이고 동물원이 보유한 세포주가 복제 가능한지 평가하고, 어떤 유전적 변화가 전염병 저항성을 세대를 거쳐 전달될지 실험했다. 그리고 2020년 12월, 검은발흰족제비 새끼가 탄생했다. 1983년에 세포를 보존해 둔 암컷 윌라Willa의 복제 족제비다. 윌라를 복제한 이 검은발흰족제비 새끼에는 엘리자베스 앤Elizabeth Ann이라는 이름이 붙었다. 엘리자베스는 초기 사육 개체수를 여덟 마리로 늘려 주었다. 유전적 다양성을 더한다는 면에서 환영할 만하고 의미 있는 도입이다. 분명 오랜 시간이 걸리는 과학적 탐구이고 아직 실험 및 승인 과정의 첫 단계에 불과하지만, 검은발흰족제비와 그들의 유전적 구출에는 중요한 승리다. 프레리도 그를 잡으러 미국 중부대륙을 배회하는 질병 저항성 검은발흰족제비가 계속 생존할 수 있게 만드는 첫 단계이기도 하다.

검은발흰족제비를 유전적으로 바꾸는 실험의 목적은 명확하다. 족제비를 죽이는 질병에 면역이 되게 하여 종의 멸종을 막는 것이다. 하지만 의도치 않은 결과는 무엇일까? 편집 과정이나 편집 자체가 유전자 발현이나 발달에 문제를 일으킨다면 어떻게 될까? 유전자 편집 중 오류가 발생해 유전자를 손상하거나 검은발흰족제비에게 부작용을 일으키면 이런 개체는 자연적으로 개체군에서 제거될 것이다. 하지만 지금도 검은발흰족제비는 전염병으로 멸종하고 있으므로 지금 일어나는 일보다 나쁜 결과를 초래할 일은 없다.

변형된 유전자가 환경으로 빠져나간다면 어떨까? 이 질문은 유전자 조작 생물을 야생으로 내보내는 모든 프로젝트에서 심각하게 고려해야 한다. 생물의 번식 전략에 따라 유전자 이탈gene escaping 위험이 있기 때문이다. 일부 계보는 비슷한 계보와 서로 교배할 수 있는데 이것은 변형된 DNA가 목적 계보 이외에 다른 계보로 흘러 들어갈 수 있다는 의미다. 검은발흰족제비와 가장 가까운 종은 시베리아족제비다. 시베리아족제비는 검은발흰족제비와 교배할 수 있지만 서식 범위가 베링해로 분리되어 있어서 서로 교배하지는 않는다. 검은발흰족제비와 비슷한 집족제비도 서로 교배하지는 않지만 할 수 없다는 의미는 아니다. 집족제비가 안락한 집에서 탈출해 프레리도그 거주지에 안착한다면 검은발흰족제비와 교배할 기회가 생길지도 모른다. 가능성이 희박하기는 하지만 그런 일이 일어나도 유전자가 이탈할 가능성은 거의 없다. 집족제비는 유전체에 순응 관련 유전자를 갖고 있으므로 집족제비나 이들의 잡종도 야생에서 번식하기는 힘들다. 유전자 편집이 일반 번식보다 선호되는 이유는 바로 이 점이다. 유전자 편집은 저항성 대립유전자만 전달하지만 번식은 배 긁기나 머리 문지르기처럼 집족제비에서 진화한 순응 성향 등 모든 특성을 전달하기 때문이다.

한 문제를 풀면 다른 문제가 생길 수도 있지 않을까? 멸종이라는 사형선고에서 갑자기 풀려난 검은발흰족제비가 너무 많아져 프레리도그를 모두 먹어 치워 생태계를 교란한다면 어떻게 될까? 검은발흰족제비는 이미 생태계에 존재하고 매우 엄격하게 생태학적 틈새를 채우고 있으므로 이런 현상이 문제가 될 가능성은 적다. 검은발흰족제비는 거의 프레리도그만 잡아먹기 때문에 검은발흰족제비 개체군은 프레리도그 개체군 크기로 제한된다. 검은발흰족제비가 프레리도그를 잡아먹듯, 검은발흰족제비를 잡아먹는 매, 독수리, 올빼미, 오소리, 코요테, 살쾡이, 방울뱀 덕에 두 종은 자연스럽게 억제될 것이다.

내 생각에 유전자 편집으로 질병 저항성을 갖게 된 검은발흰족제비를 즉시 서식지로 방사해도 그다지 위험하지는 않을 것 같다. 하지만 그렇게 하지 못하는 이유는 무엇일까? 서식지로 방사해서 살게 하는 것을 막는 이유는 바로 기본적인 유전 정보가 부족해서다. 멸종위기종의 유전체 정보는 가축의 유전체 정보보다 훨씬 얻기 어렵다. 근친 교배를 감지할 표준 유전체 서열, 또는 특정 유전자를 표현형과 잇는 지도 등이다. 따라서 멸종위기종에서 특정 형질을 암호화하는 대립유전자나 DNA를 찾기는 어렵다.

멸종위기종의 유전체 자원을 광범위하게 이용할 수 있게 되면 합성 생물학이 보전에 점점 더 중요해질 것이다. 우리가 해결해야 할 문제는 끝이 없다. 합성 생물학을 이용해 유럽박쥐의 흰코증후군 저항성을 미국박쥐로 옮길 수 있을까? 전 세계 산호초가 온난해지는 바다에 적응하도록 도울 수 있을까? 하와이의 오하이 나무를 죽이는 질병을 치료할 수 있을까? 아직은 어렵다. 하지만 이런 해결책을 가져올 기술이 존재하며, 분자 생물학자와 보전 생물학자들은 비슷한 생각에 공감하는 대중과 협력해 다음 세대가 환영할 만한 보전 기술 혁명을 낳을 씨앗을 심고 있다.

죽기를 거부한 나무

보전 분야는 농업보다 합성 생물학을 늦게 채택했지만 보전론자들은 한 가지 놀라운 성공 사례를 얻었다. 이 사례에는 형질전환 유기체를 고유 서식지로 방사하는 이야기뿐만 아니라 복원 이야기도 포함되어 있다. 복원이라기보다는 사실 복원 비슷한 이야기다. 이 종은 기능적으로만 멸종했을 뿐이지 거의 한 세기 동안 좀비 상태로 생존해 있었기 때문이다. 땅속뿌리에서는 잠깐 피었다 사라지기는 했지만 작은 싹이

드물게 났다. 이 살아 있는 좀비 나무는 기술 혁명을 시작하기에 완벽한 재료였다.

20세기에 접어들며 미국 동부 애팔래치아 삼림은 넓은 지역에서 빠르게 성장하며 열매를 많이 맺는 키 큰 미국밤나무Castanea dentata인 카스타네아 덴타타Castanea dentata가 지배했다. 미국밤나무는 수십만 년 동안 이곳 환경의 일부였으며, 거대한 줄기와 철마다 열리는 종자 덕분에 다람쥐, 어치, 야생 칠면조, 흰꼬리사슴, 흑곰, 나그네비둘기, 사람 등 여러 종에게 살 공간과 쉼터를 주었다. 그러다 갑자기 나무가 죽기 시작했다. 껍질을 따라 작고 짙은 주황색 반점이 나타났는데 마치 나무가 속에서부터 썩어가는 것처럼 반점이 부풀어 올랐고 줄기는 금이 가거나 움푹 팼다. 반점이 자라 나무 둘레를 단단한 띠처럼 잡고 물과 영양분의 흐름을 차단했다. 움푹 팬 자리 위쪽 이파리는 시들어 갈색으로 변했고 가지는 말라 부러졌다. 첫 번째 반점이 나타나고 몇 달도 되지 않아 나무는 완전히 죽었다.

나무가 죽기 시작한 직후, 뉴욕 식물원New York Botanical Garden 큐레이터인 윌리엄 머릴William Murrill은 나무가 죽는 원인이 밤나무 줄기마름병균Cryphonectria parasitica으로 알려진 곰팡이라고 밝혔다. 식물원에 있는 미국밤나무는 1904년경 이 질병의 징후를 보이기 시작했지만, 과학자들은 이 곰팡이가 그보다 몇 년 전 병충해 저항성이 있는 관상용 일본밤나무에 묻어 미국에 들어왔다고 파악했다. 일단 뉴욕에 정착한 곰팡이는 빠르게 퍼졌다. 비가 올 때마다 감염된 나무에서는 작은 노란색 덩굴손이 나와 수백만 개의 곰팡이 포자를 방출해 이웃 나무를 감염시켰다. 첫 번째 나무가 고사한 지 50년도 되지 않아 자생지에 살던 미국밤나무 40억 그루가 이 곰팡이에 굴복했다.

웅장한 미국밤나무 서식지는 20세기 중반 동부 숲에서 사라졌다. 하지만 70년이 지난 지금도 일부 나무는 완전히 죽지 않고 살아 있다. 곰팡이 손이 닿지 않는 곳과 땅속에는 뿌리가 남아 있고, 잠깐이지만 싹을 틔워 아기 나무가 자라고 드물게 꽃을 피우기도 하다가 다시 병충해에 굴복한다. 19세기에서 20세기 초 미국 중서부와 북서부에는 정착민들이 심은 작은 미국밤나무 서식지가 살아남았다. 하지만 안타깝게도 이런 고립된 서식지조차 위협받고 있다. 위스콘신주 웨스트세일럼 근처에서 거의 100년 동안 살고 있는 현존하는 가장 큰 미국밤나무 서식지는 1987년에 처음 곰팡이 감염 징후를 보였다. 생태적 틈새를 채운다는 기능적 의미로 보자면 미국밤나무는 멸종 상태다. 하지만 좀비 싹과 서식지에서 쫓겨난 나무에는 모든 과학자들이 간절히 원하는 것이 있다. 바로 살아 있는 세포다.

1920년대에 이르러 미국 동부 숲에서는 미국밤나무의 빈자리를 채우려는 노력이 시작되었다. 곰팡이 저항성 중국밤나무를 수입했지만 미국 서식지에서 번성하지 못하자 식물 육종가들은 중국밤나무와 살아남은 미국밤나무를 교배하려고 시도했다. 일반적인 식물 생명공학 접근법이다. 그들은 미국밤나무와 중국밤나무를 교배하면 병충해 저항성과 경쟁력을 모두 갖춘 후손을 미국 삼림에 만들 수 있으리라 내다보았다. 하지만 둘의 잡종은 저항성을 물려받기는 했어도 중국밤나무의 유전체 대부분은 다른 지역에서 진화했기 때문에 안타깝게도 잘 살지 못했다.

1983년에 설립된 미국 밤나무 재단(TACF, The American Chestnut Foundation)은 밤나무 줄기마름병을 해결하기 위해 수십 년간 계속될 연구를 시작했다. TACF는 일반 환경 보호론자들과 뉴욕 주립대학교 환경과학 및 임업 대학의 여러 과학자가 협력해 설립했는데 이들의 첫 번째 목표는 유전체에서 미국밤나무 DNA 양을 늘려 잡종 밤나무를 개선하는 것이었다. TACF 과학자들은 30년 이상 걸릴 역교배backcrossing 프로그램에 착수해 순종 미국밤나무와 저항성 잡종을 교배했다. 각 나무의 유전체에서는 세대마다 미국밤나무 DNA 비율이 늘었다. 3대가 지난 오늘날 이 나무들은 85퍼센트가 미국밤나무고 15퍼센트가 중국밤나무다. 하지만 중국밤나무 DNA가 더 많은 나무에 비해 줄기마름병 저항력은 적었다. 곰팡이 저항력이 단일 유전자가 아니라 여러 유전자가 협력해 작동한다는 의미다. 아직 불완전하지만 이 나무들은 미국밤나무가 돌아오는 데 도움이 된다. 오늘날 TACF는 기존 미국밤나무 서식지 전역에 걸쳐 40곳에 잡종 나무 서식지를 만들고 있다.

TACF의 잡종 나무도 나쁘지 않지만 사실 순종 미국밤나무의 훌륭한 복제품은 아니다. 문제는 교배가 부정확하고 느리다는 점이다. 유전체 어느 부분이 유전되는지 제어하기 어렵고 식물이 충분히 자라 곰팡이 감염 징후를 보이기 전에는 각 세대가 성공적으로 교배했는지도 알 수 없다. 유전학으로 선택 번식을 유도할 수 있지만 그러려면 먼저 유전체 어느 부분이 저항성 형질을 유발하는지 정확히 파악해야 한다. 그런데 미국밤나무의 경우에는 그러지 못했다. 물론 저항성을 발현하는 유전자를 알면 교배와 선택 번식이라는 까다로운 유전학에 의존할 필요가 없다. 대신 유전공학을 이용할 수 있다. 윌리엄 파월William Powell과 찰스 메이너드Charles Maynard가 1990년부터 해온 일이 바로 이것이다.

SUNY-ESF 대학교 교수인 윌리엄 파월과 찰스 메이너드는 TACF와 다양한 전문가 및 일반인 팀과 함께 줄기마름병에 저항력이 있는 형질전환 미국밤나무를 만드는 기술적·생물학적 방법을 개발했다. 현재 미국 환경보호국은 이들이 만든 형질전환 미국밤나무를 야생으로 방사하기 위해 평가하고 있다. 승인되면 산림 복원 목적으로 개발해서 이용한 최초의 유전자 조작 식물이 된다.

밤나무 줄기마름병을 막으려면 곰팡이가 나무 안으로 퍼지는 것을 막아야 한다. 패인 부위가 자라며 곰팡이가 식물 조직 안쪽으로 퍼져 옥살산oxalic acid이라는 독성 화합물을 만드는데 옥살산은 식물 세포를 태워 곰팡이가 이동할 구멍을 만든다. 파월과 메이너드는 산을 중화하면 곰팡이가 퍼지지 않고 나무가 생존할 수 있으리라 믿었다.

산을 만드는 곰팡이 문제를 해결해야 하는 식물은 밤나무만이 아니다. 땅콩, 바나나, 딸기에서 이끼, 풀, 심지어 다른 균류에 이르기까지 식물은 모두 비슷한 위협에 처해 있다. 그리고 많은 식물이 이런 위협에 대처할 메커니즘을 가지고 있다. 파월과 메이너드는 다른 식물이 산을 만드는 곰팡이 문제를 어떻게 해결하는지 알아보았다. 몇 가지 곰팡이 중화 유전자를 미국밤나무 유전체로 옮긴 결과, 옥살산 산화효소oxalate oxidase라는 효소를 생산하는 밀 유전자 하나가 밤나무줄기마름병에 특히 성공적으로 저항성을 준다는 사실이 밝혀졌다. 옥살산 산화효소는 옥살산을 분해해 식물 조직의 pH를 해가 없는 수준으로 중화한다. 이 방법은 곰팡이를 완전히 죽이지는 않으므로 곰팡이가 통제를 벗어나 마구 번식하도록 만드는 진화적 압력도 줄인다. 결과적으로 곰팡이는 중국밤나무나 일본밤나무에서처럼 미국밤나무와 공존한다. 이런 이식 유전자에는 다른 장점도 있다. 이 유전자는 일반적인 식용 식물인 밀의 유전자이고, 밀에서 온 이 유전자가 생산하는 옥살산 산화효소는 다른 주요 농산물에서도 많이 발견되므로 우리는 이미 옥살산 산화효소를 많이 먹고 있다. 곧 그런 일이 일어나겠지만, 우리가 형질전환된 미국 밤을 구워 먹는다 해도 옥살산 산화효소 섭취량은 거의 늘지 않을 것이다.

형질전환한 미국밤나무에 대한 초기 평가에서는 더 반가운 소식이 전해졌다. 옥살산 산화효소를 발현하는 밀 유전자의 단일 사본 하나만 물려받은 나무도 줄기마름병 저항력이 있다는 사실이다. 형질전환 유전자 사본이 하나만 있어도 된다면 형질전환 나무는 실험실에서 키우든 야생에서 키우든 교배하면 자손 절반이 저항성을 갖게 된다. 좀비 나무와 서식지에서 쫓겨난 개체군에 남은 모든 유전적 다양성과 지역 적응성도 형질전환 개체군으로 쉽게 전달된다. 밀에서 유래한 작은 유전자 하나를 추가한다는 점만 제외하고는 기능적으로 멸종한 미국밤나무 개체군의 다양성은 똑같이 유전체 전체를 흐리지 않고도 회복될 수 있다.

줄기마름병에 저항성이 있는 미국 밤나무 규제 승인 절차는 복잡하다. 약물로 이용하거나 농장에서 기르지 않고 야생으로 방사하기 위해 승인을 요청하는 최초의 유전자 변형 유기체이기 때문에 따라야 할 규제 선례가 없다. 형질전환 종이므로 USDA의 동식물 검역국Animal and Plant Health Inspection Service에서는 이 나무를 잠재적인 위험 식물로 규제할 수도 있다. 사실 지금까지 수행한 모든 작업은 USDA의 허가 아래, 과일이나 꽃이 달린 가지는 비닐로 감싸 형질전환 세포를 실험실 범위 안에서 유지하는 통제된 환경에서 수행되었다. FDA의 임무는 식품 안전을 보장하는 것이다. 사람과 가축 모두 밤을 먹기 때문에 FDA도 이 나무를 규제한다. FDA는 줄기마름병 저항성 밤나무의 규제 승인에 앞장서지 않기로 했지만 연구팀이 제출한 문서와 실험 데이터를 검토한다. 밀 유전자를 도입해 새로 생성된 옥살아세테이트oxalic acetate가 작물보호성분(PIP, plant incorporated protectant)에 해당하기 때문에, 미국 환경보호청도 연방 살충·살균·살서제 관리법Federal Insecticide, Fungicide, and Rodenticide Act에 따라 줄기마름병 저항성 미국밤나무를 규제할 권한이 있다. 미국밤나무의 원산지가 동부 대륙에 걸쳐 있으므로 형질전환 밤나무는 캐나다 규제 기관의 승인도 받아야 한다. 그 가운데 파월은 미국 정부의 허가를 받기 위한 여정을 계속하고 있다.

그동안 미국밤나무 복원을 위한 탐구가 계속되었다. 2019년, 형질전환된 줄기마름병 저항성 미국밤나무가 여러 주에 식재되었다. 미국밤나무가 복원되며 동부 숲에 어떤 일이 일어나는지 탐구하는 주 연합 장기 생태 연구 프로젝트의 시작이었다. TACF와 SUNY 연구팀은 첫 번째 이종교배 실험에서 얻은 형질전환 줄기마름병 저항성 밤나무를 묘목장에 심어 나중에 사유지나 공원, 수목원, 식물원에 심을 수 있도록 승인받을 준비를 했다. 형질전환 나무가 야생형 나무와 이종교배하면 부활한 개체군의 유전적 다양성이 늘 것이고, 언젠가는 이런 기술을 전체 산림 생태계를 복원하는 데 이용할 수 있을 것이다.

미국밤나무 복원 프로젝트를 반대하는 사람들은 되돌리기 불가능하지는 않지만 어려울 수도 있는 의도치 않은 결과를 걱정한다. 미국밤나무는 거의 한 세기 동안 숲에서 기능적으로 사라졌으므로 숲은 미국밤나무가 없는 생태계에 적응했을 것이다. 미국밤나무를 되돌리면 지금의 생태계가 예측할 수 없는 방식으로 불안정해질 수도 있다. 하지만 미국밤나무는 생태적 위험이 거의 없으며, 아직 완전히 멸종하지는 않은 이 미국밤나무의 영양적·구조적 이점이 생태계로 돌아오는 보상이 훨씬 더 클 것 같다는 것이 내 생각이다.

미국밤나무의 성공은 종의 적응과 생존을 돕는 합성 생물학의 역량을 보여준다. 이것이 생명의 나무 전체에서 진화적 혁신을 일으키는 결과를 가져오더라도 말이다. 하지만 해결해야 할 보전 문제가 특정 종의 멸종 위기가 아니라 우리의 통제 범위를 넘어선 종이라면 어떨까? 이 새로운 도구를 이용해 반대 방향으로 종을 조작할 수 있을까?

다시 한번, 대격전

모기를 좋아하는 사람은 없다. 모기는 작고 빠르며 말 그대로 피를 빤다. 제대로 된 모기를 처음 만난 것은 첫 북극 현장 탐험 때였다. 나는 북극에 벌레가 정말 많다는 말을 깊게 생각하지 않았다. 미국 남동부에서 자란 나는 밤마다 밀려오는 엄청난 벌레가 무슨 뜻인지 잘 알았다. 나는 살충제를 챙겼고 긴바지와 바람막이도 입었다. 이제 준비는 완벽하다.

하지만 전혀 아니었다.

처음 며칠은 괜찮았다. 우리는 알래스카 노스슬로프 익픽푹강Ikpikpuk River에 있었다. 봄에 녹아내린 눈이 잔잔한 시내를 이루는 7월 초였다. 우리는 강을 따라 유유히 카누를 띄운 후 진흙이 녹으면서 급류에 휩쓸려 내려와 강둑과 얕은 모래톱에 흩어진 빙하 시대 동물의 뼈와 이빨을 모았다. 시원했지만 춥지는 않았고, 하늘은 맑고 온종일 해가 지지 않았다. 산들바람이 상쾌했다.

그런데 바람이 그치자 모기가 나타났다.

끔찍했다. 모기는 보이지 않을 만큼 작았고 피부에 닿기도 전부터 피를 빨기 시작하는 것 같았다. 유행 시기의 막바지라 필사적으로 달려드는 것이라고 했다. 왕성한 시기였다면 모기가 더 커서 잡기 쉬웠을 것이다. 살충제는 전혀 소용이 없었다. 모기떼가 구름처럼 나타났다. 박

수 한 번만 딱 쳐도 눈앞에서 수십 마리가 으깨질 정도였다. 페어뱅크스 상점에서 급하게 산 그물을 쓰지 않았다면 분명 코와 눈알까지 물렸을 것이다.

그 강가에서 곤욕을 치르는 동물은 우리만이 아니었다. 북극에는 온혈 동물이 거의 없기 때문에 모기의 먹이가 되어 모기떼를 늘리는 데 일조할 만한 동물은 모두 고통을 겪었다. 나는 우리보다 앞서 강을 건너던 큰사슴이 몇 분에 한 번씩 멈춰서 차가운 물에 온몸을 담그고 숨을 돌리는 모습을 보았다. 큰사슴도 모기를 싫어하는 것이 틀림없었다.

북극에서 경험한 모기는 정말 끔찍했다. 하지만 북극 모기에게는 그나마 한 가지 장점이 있다. 바로 질병을 옮기지 않는다는 점이다. 북극 모기떼는 끔찍했지만 우리를 생명의 위험에 빠뜨리지는 않았다. 다른 지역 모기는 다르다. 물리면 사형선고나 마찬가지다.

모기 매개 질병은 전 세계적으로 인간과 동물의 건강을 해치는 주요 위협 중 하나다. 모기에 물리면 뎅기열, 웨스트나일열, 황열병을 유발하는 바이러스가 전염된다. 말라리아나 림프사상충증을 유발하는 기생충과 질병을 일으키는 박테리아도 옮긴다. 세계보건기구(WHO, World Health Organization)는 매년 10억 명이 모기에 물려 감염되고 100만 명이 모기 및 기타 매개체가 옮기는 질병으로 사망한다고 추정한다. 모기 매개 질병은 가축을 감염시켜 식량 공급에 영향을 미치며 특히 조류를 비롯한 전 세계 많은 종의 멸종 원인이 된다. 모기 매개 질병은 꼭 해결해야 할 문제다.

병원체를 표적으로 삼는 방법이 한 가지 해결책이 될 수는 있지만 쉽지 않다. 백신으로 모기 매개 질병을 일부 예방할 수 있지만 모든 질병을 막을 수는 없다. 게다가 모기 매개 질병의 영향을 크게 받는 지역에서는 백신을 구하기 어렵다. 의료 인프라가 현대화·세계화하며 모기 매개 병원체를 쉽게 감지하고 추적해서 치료할 수 있게 되었지만, 치쿤구니야chikun gunya나 지카 바이러스Zika virus처럼 새로 등장하는 질병은 우리의 능력에 계속 도전한다. 모든 질병을 단번에 잡을 방법이 필요하다. 과학자들은 각 질병을 하나하나 해결하려 노력하는 대신 매개체인 모기를 죽이는 방법을 찾는 데 집중해야 한다.

모기 퇴치는 새로운 아이디어가 아니다. 인간은 모기 번식지를 없애기 위해 늪을 메우고, 유독성 화학 물질을 뿌리고, 피크닉 테이블 주변에 소형 감전 장치를 설치했다. 이런 방법은 효과가 있지만 비효율적이거나 원치 않는 비용이 든다. DDT 때문에 새가 모두 죽었던 때를 기억하지 않는가?

생물학을 이용하면 모기 개체수를 제어할 몇 가지 환경친화적인 방법을 얻을 수 있다. 예를 들어 일부 식물에서 추출한 화학 물질은 모기 알과 유충을 죽인다. 물고기, 물벼룩, 개구리 같은 모기 유충 포식자를 모기 서식지에 풀어 넣을 수도 있다. 어떤 나라에서는 모기에 병원성이 있는 박테리아나 곰팡이를 방사하기도 했다. 하지만 이런 방식에는 단점도 있다. 도입된 종이 토착 수생 종을 능가해 생태계를 더욱 교란하기도 한다. 게다가 모기 개체군은 너무 크고 자연 선택에 따라 진화적 힘이 커졌으므로, 억제력을 도입해도 이에 저항성을 갖는 새로운 돌연변이가 확산할 가능성이 크다.

하지만 생태 친화적이며 저항성이 있는 생물학적 모기 구제 방식이 있다. 이 방법은 다소 상식 밖인데 그것은 더 많은 모기를 방사하는 것이다. 하지만 일반 모기는 아니다. 모기 개체군 내부에서 모기를 파괴할 수 있는 보이지 않는 초능력으로 무장한 트로이 목마 모기다.

초능력 트로이 목마 중 하나는 볼바키아Wolbachia 박테리아다. 볼바키아는 일부 곤충의 세포에 사는 내공생endosymbiotic 박테리아로 알을 감염시켜 어머니에서 자손으로 전달된다. 여러 모기 종을 포함해 곤충 종의 약 40퍼센트가 볼바키아에 감염된다. 볼바키아는 곤충을 죽이지는 않지만 번식에 문제를 일으키는데, 감염되지 않은 암컷 모기가 감염된 수컷과 교배하면 그 새끼는 살아남지 못한다. 1960년대 후반, 과학자들은 실험실에서 사육한 볼바키아 감염 수컷 모기를 당시 이름은 버마Burma였던 미얀마로 대량 방사했다. 이 수컷이 감염되지 않은 암컷과 교배하자 자손은 나오지 않았다. 지역 모기 개체수가 크게 줄며 이 방법이 효과가 있음이 증명되었다. 그 후 볼바키아에 감염된 모기는 생물학적 통제를 위해 호주, 베트남, 인도네시아, 브라질과 콜롬비아 모기 개체군에 도입되었다.

그런데 볼바키아는 효과가 좋지만 모기 방제를 위해 널리 이용하는 데에는 몇 가지 장벽이 있다. 첫째, 실험실 환경에서 수컷만 생산하기 어렵다. 볼바키아에 감염된 암컷의 자손은 살아남기 때문에 볼바키아에 감염된 암컷이 수컷과 함께 실수로 방사되면 볼바키아가 개체군 전체에 퍼질 수 있고 모기 구제책으로서의 능력을 상실한다. 둘째, 모기 개체수 감소 효과는 오래 지속되지 않는다. 모기가 근처에서 쉽게 다시 번식할 수 있기 때문이다. 셋째, 볼바키아는 이미 주요 질병 매개체 모기에 존재하므로 이런 종을 제거하는 데는 효과가 없다.

볼바키아 실험은 1930년대에 처음 개발된 이론에서 시작했다. USDA의 두 과학자 레이먼드 부시랜드Raymond Bushland와 에드워드 니플링Edward Knipling은 소를 감염시키는 나선구더기 전염병을 해결하라는 임무를 받았다. 두 사람은 불임 개체를 퍼트려 개체군을 압도해 해충의 번식 주기를 깨뜨리면 질병을 막을 수 있다고 생각했다. 두 사람은 농업에서 돌연변이 육종을 만든 비슷한 연구에서 영감을 얻어, 곤충에 고용량 X선을 잽싸게 쏘아 DNA에 돌연변이를 일으키면 불임 상태로 만들 수 있다는 사실을 발견했다. 제2차 세계 대전이 끝난 후 불임방사sterilize-then-release 방식이 현장에 적용되어 엄청난 성공을 거두었다. 이 방식은 이후 소, 기타 가축, 농작물 및 사람의 질병을 막는 데 이용되었다. 1992년 부시랜드와 니플링은 기술 개발에 이바지한 공로로 세계 식품상World Food Prize을 수상했다.

볼바키아와 마찬가지로 X선 조사 불임은 환경에 화학적 흔적을 남기지 않으며 다른 종에 직접적인 영향을 미치지도 않는다. 볼바키아와 달리 X선 조사 불임은 이론적으로 모든 종에 적용할 수 있으며, 불임 수컷과 불임 암컷을 동시에 방사하는 방식이 가진 위험은 돈이 낭비된다는 것뿐이다. 돌연변이 육종과 비슷한데, 방사선 조사는 유전체 전반에 무작위적인 유전자 변화를 유발하므로 그 결과를 예측할 수 없다는 것이 가장 큰 단점이다. 고용량의 X선을 쏘면 확실히 불임이 되어 다른 유도 돌연변이가 퍼지지 않도록 보장할 수 있지만, 동시에 너무 많은 돌연변이가 일어나 개체가 약해지거나 병들어 번식하지 못할 수도 있다. 반대로 X선량이 너무 낮으면 방사선에 노출된 개체가 생식능력을 유지해 X선으로 유발된 돌연변이를 해충 개체군 전체에 퍼뜨릴 수 있다.

다행히도 표적 유전자 편집targeted gene editing 기술을 이용하면 곤충에서 불임을 유도할 수 있다. 2013년, 영국에 본사를 둔 생명공학 회사인 옥시텍Oxitec은 유전자 조작된 불임 수컷 이집트숲모기 수백만 마리를 브라질 바이아주 주아제이로Juazeiro in the Brazilian state of Bahia 교외에 방사했다. 옥시텍은 모기 유전체에 모기 세포가 자원을 고갈시키는 죽음의 나선에 빠지게 만드는 유전자를 삽입해 불임 모기를 만들었다. 이 유전자는 테트라사이클린 억제성 전이활성화단백질(tTAV, tetracycline repressible transactivator protein)이라고 불리는 단백질 물질을 만든다. 배아가 발달하는 동안 tTAV는 단백질을 만드는 유전체 요소에 결합해 tTAV가 더 많이 생성되도록 한다. 그다음 tTAV가 계속 같은 요소에 결합해 tTAV를 더 많이 만들며 숙주의 정상적인 세포 발달에 필요한 단백질을 만들 자원을 고갈시킨다. 유전자 조작된 모기 알 배아는 고장 난 세포 기계 때문에 성체로 발달하지 못하고 죽는다.

하지만 민감한 독자라면 모기 유충이 발달 중에 죽으면 번식해서 유충을 죽이는 DNA를 전달할 성충을 어떻게 만들지 궁금할 것이다. 옥시텍 과학자들은 여기에서 묘수를 썼다. 흔한 항생제인 테트라사이클린이 있으면 tTAV 발현이 억제된다는 점을 이용한 것이다. 옥시텍 과학자들은 테트라사이클린을 투여한 상태에서 유전자 편집 모기를 길러 성충을 만들었다. 그 후 암컷보다 훨씬 작고 물지 않는 수컷을 큰 암컷과 분리해 수컷을 방사했다. 풀려난 수컷 모기가 야생 암컷과 교배하면 아버지로부터 물려받은 tTAV 유전자를 가진 배아를 만든다. 테트라사이클린이 이 유전자를 억제하지 않는 자연환경에서는 발달 중에 배아가 죽는다.

2013년, 옥시텍은 주아제이로에서 OX153A라는 유전자 조작 모기를 두 번째로 방사했다. 첫 번째 방사는 그보다 몇 년 전 그랜드케이먼섬 웨스트베이에서 이루어졌다. 웨스트베이에서 OX153A 수컷을 방사한 지 4개월 만에 그 지역 이집트숲모기 개체군은 시험 전의 20퍼센트로 줄었다. 옥시텍은 브라질로 영역을 늘려 OX153A가 대륙에 이어진 서식지에서도 비슷한 성공을 거둘지 알아보고자 했다. 브라질 거주지 최적화 프로그램에 중요한 역할을 하는 지역 사회와 규제 기관의 지원을 받은 과학자들은 지역과 협력했다. 주아제이로에서 실시한 실험은 성공적이었다. 1년 후 주아제이로 이집트숲모기 개체군은 95퍼센트 감소했고, 잔류 화학 물질이나 독성 물질도 환경에 남지 않았고 침입종 모기나 치명적인 모기 이외의 다른 종에는 직접적인 영향을 주지 않았다.

그런데 브라질에서 OX153A를 방사한 지 2년 뒤, 다양한 개체군의 유전체 서열분석을 통해 주아제이로 이집트숲모기 유전체에서 OX153A와 유사한 DNA 소량이 발견되자 몇 가지 우려가 일었다. 일부 생식능력 있는 OX153A 모기가 옥시텍의 분류 과정에 몰래 끼어들어 그들의 DNA를 야생 개체군에 섞고 있을지도 모른다는 점이었다. 사실 그것은 예상된 일이었다. 크기에 따라 암컷에서 수컷을 분류하는 과정은 정확하지 않으며, 옥시텍은 방사 시 피를 빠는 암컷 몇 마리가 포함될 수 있다는 점을 이미 알고 있었다. 하지만 야생 개체군에서는 tTAV 유전자 또는 관련 구성요소 등 이식 유전자가 발견되지는 않았으므로 실험이 올바르게 작동하고 있다는 의미였다. 이식 유전자를 포함한 OX153 모기는 번식하지 못하며, 번식할 수 있는데 방사된 모기는 이식 유전자를 포함하지 않는다.

두 번째 우려는 OX153A 모기를 방사해서 얻은 개체 억제 효과가 지속되지 않았다는 점이다. 다른 불임 곤충 접근법과 마찬가지로 장기적으로 개체군을 억제하려면 계속 유전자 조작 개체를 방사해야 하는데 그랜드케이먼에서는 지역 모기 통제 위원회local mosquito control board 와 옥시텍 간의 계약은 2018년 12월 종료되었다. 계약 종류 후 몇 달도 채 되지 않아 현장 시험이 진행되었던 지역 거주민들은 모기 개체수가 이미 이전보다 훨씬 많아졌다고 보고했다. 이 역시 예상대로였다. 유전적으로 조작된 불임 수컷은 며칠밖에 생존하지 못하므로 야생 개체군에 효과를 내려면 그 기간에 짝짓기해야 한다. 일단 이 모기가 죽어버리면 더는 방사 효과를 보지 못하고 근처에 사는 모기가 다시 자라며 개체군 감소 효과는 사라진다.

옥시텍은 이미 이런 문제를 해결할 새로운 유전자 변형 모기 계보를 보유하고 있다. 옥시텍은 2018년에 환경보호국에 제출한 플로리다 키스 OX153A 모기 방사 계획서를 취하하며, 향상된 2세대 모기 OX5034를 개발하고 있다고 발표했다. 2세대 모기는 치명적인 자원 소모 유전자인 tTAV를 갖고 있다는 점에서 OX153A와 비슷하다. 하지만 2세대 모기 OX5034에서는 모기의 성별에 따라 단백질이 다르게 암호화되는 유전체 부위에 tTAV가 삽입된다. 모기가 암컷이면 tTAV가 전사되고, 이런 모기는 테트라사이클린이 없는 환경에서 발달하지 못하고 죽는다. 모기가 수컷이면 tTAV가 유전체에 삽입되어도 전사되지 않아 모기가 정상적으로 발달한다. 유전자 편집된 암컷은 죽지만 유전자 편집된 수컷은 정상적으로 유지되는 이 새로운 시스템에는 몇 가지 이점이 있다. 첫째, 방사 전 실험실에서 암수를 분리할 필요가 없다. 야생에 알을 놓아 부화시키기만 하면 암컷은 발달하지 못하고 알아서 죽기 때문이다. 둘째, 불임 유전자는 유전된다. 이식 유전자를 지닌 수컷은 생존하므로 이식 유전자는 계속 수컷으로 전달되지만 불임 유전자는 자기 제한적이므로 결국 개체군에서 사라진다.

불임 유전자의 자기 제한성은 다음과 같이 작동한다. OX5034 모기알에서 발생하는 수컷은 두 염색체 모두에 tTAV 사본이 있다. 이들이 야생 암컷과 교미하면 모든 자손은 tTAV가 있는 염색체 하나를 물려받는다. 암컷 자손은 tTAV를 발현하여 죽고 수컷 자손은 정상적으로 발달한다. 정상 염색체 하나와 tTAV 염색체 하나를 가진 이 수컷이 야생 암컷과 교배하면 자손 중 절반은 tTAV를 물려받는다. 이 자손 절반 중 암컷은 죽고 수컷은 정상적으로 발달한다. tTAV를 가진 개체에서 수컷의 비율이 절반씩 감소하는 세대를 열 세대쯤 거치면 tTAV는 사라진다. tTAV를 보유한 개체수가 세대를 거치며 감소하기 때문에 자기 제한 불임 개체군의 효과는 시간이 지나며 줄어든다. 하지만 이 전략은 불임 수컷을 반복적으로 방사하는 전략보다는 훨씬 오래 영향을 미칠 수 있다.

2019년 5월, 옥시텍은 1년간 이어진 OX5034 모기의 첫 시험 방사 결과, 브라질 인다이아투바 근처 모기 밀도가 높은 지역에서 이집트숲모기 개체군이 96퍼센트 줄었다고 발표했다. 그 성공에 힘입어 옥시텍은 브라질 다른 지역 공동체와 협력해 OX5034 모기를 추가 방사할 계획을 세웠다. 브라질 바깥에서 실험할 계획도 세웠다. 2019년 9월, 옥시텍은 모기 매개 질병 문제를 해결할 생명공학적 방법을 전폭적으로 지원하는 플로리다와 텍사스 현장에 OX5034 모기를 방사할 계획을 환경보호국에 승인 요청했다. 2020년 8월, 플로리다 남부에서 뎅기열 바이러스 발병률이 증가하자 플로리다 키스Florida keys 지역의 공무원들은 미국 내 OX5034 모기 방사를 처음으로 허용했다.

옥시텍 과학자들이 모기 매개 질병에서 세상을 구하려는 목표를 가진 유일한 합성 생물학자 집단은 아니다. 타깃 말라리아Target Malaria는 말라리아를 박멸하려는 목표 아래 대학 내 과학자, 다양한 이해 관계자, 생명 윤리학자 및 규제 기관이 모인 비영리 협력 단체다. 타깃 말라리아는 아프리카 사하라 이남에서 서식하는 주요 말라리아 매개체인 아프리카 얼룩날개모기 퇴치 전략에 집중한다. 타깃 말라리아는 얼룩날개모기가 흔한 여러 나라에서 팀을 구성해 2019년 7월 부르키나파

소의 바나 마을에서 아프리카 최초로 유전자 변형 모기를 방사했다. 이 수컷 불임 모기 방사는 상징적인 초기 단계지만 과학에 동참하는 지역 이해 관계자 사이에 흥분을 불러일으켰고 지역 모기 개체수를 줄일 접근법이 가진 잠재력을 보여주었다.

유전자 편집 곤충은 농업을 망치는 해충이 주는 영향도 줄일 수 있다. 2019년, 옥시텍은 코넬 대학교 과학자들과 협력해 업스테이트 뉴욕의 실험용 밭에 자기 제한 배추좀나방을 방사했다. 배추좀나방은 양배추, 브로콜리, 카놀라 같은 배추속 작물을 먹는 주요 농업 해충이며, 이 나방을 억제하기 위해 뿌리는 모든 살충제에 빠르게 저항성을 보인다. 유전자 편집된 나방은 야생 배추좀나방과의 경쟁에서 성공했고 대조군에 비해 애벌레를 훨씬 적게 낳았다. 옥시텍은 자기 제한 밤나방, 콩벌레나방 및 기타 여러 해충도 개발했다. 자기 제한 불임 방법을 이용해 농작물 해충의 개체수를 줄이면 매년 전 세계적으로 농부들이 입는 수십억 달러에 이르는 손실을 줄이는 동시에 화학 살충제에 대한 의존도를 줄일 수 있다. 사람은 유전자 조작 해충을 먹지 않을뿐더러, 유전자 조작 해충을 이용하면 유전자 조작된 해충 저항성 작물만큼 높은 수확량을 얻을 수 있으므로 유전자 변형 식품을 둘러싼 논의에도 전환을 가져올 수 있다.

유전성 불임은 불임 수컷을 계속 방사해야 하는 방법보다 개선된 해충 방제 전략이다. 그리고 불임 유발 돌연변이는 점점 개체군에서 사라지기 때문에 자연 생태계는 그대로 유지된다. 우리는 자연에 개입하지만 장기적 관점에서 그 개입의 영향은 미미하다.

지금으로서는 그렇다.

무작위보다 더 나은 기회

우리 유전체에는 무너질만한 요소가 포함되어 있다. 모든 대립유전자는 같은 비율로 다음 세대로 들어간다는 멘델의 분리 법칙Mendel's Law of Segregation을 전복하는 요소, 파괴적인 힘을 이용해 필요 이상으로 더 자주 다음 세대에 잠입하는 요소다. 이런 요소 중 일부는 세포가 분열해 정자나 난자를 만드는 감수분열meiosis이 일어나는 동안 염색체 분리 과정에 변화를 일으켜 정자나 난자 세포에 더 잘 끼어든다. 정자나 난자 유전체의 일부였던 요소가 다른 정자나 난자 세포를 파괴하기도 한다. 이런 요소는 진화적 악당으로 파괴자, 킬러, 최악의 이기주의자 같은 별명으로 불린다. 이들을 유전자 드라이브gene drive라고도 한다.

앞서 설명한 요소는 자연스럽게 발생하는 유전자 드라이브다. 하지만 유전자 드라이브는 유전공학을 이용해 합성할 수도 있다. 현재까지 합성 유전자 드라이브가 야생으로 방사되지는 않았지만 생명공학 회사, 정부 기관, 보전 생물학자들은 앞다투어 유전자 드라이브를 개발한다. 이들은 유전자 드라이브를 도입해 해충 방제 및 침입종 관리에 이용하거나 변화하는 서식지에 종이 적응하도록 돕는다. 합성 유전자 드라이브의 매력은 자연 선택보다 특정 형질을 더 빨리 개체군 전체에 퍼트릴 수 있다는 점이다. 그리고 이것은 유전자 드라이브가 우려되는 이유이기도 하다.

아프리카 사하라 이남에서 말라리아를 종식하려는 타깃 말라리아의 계획은 3단계로 구성된다. 1단계는 2019년에 부르키나파소에서 시작했던 것처럼 유전자를 조작한 불임 수컷 방사다. 2단계에서는 옥시텍이 자기 제한 이십트숲모기를 방사했던 것처럼 몇 세대쯤 유지되다 사라지는 자기 제한 얼룩날개모기를 방사한다. 3단계에서는 암컷의 수를 제로로 만드는 모기를 방사한다. 그러려면 유전자 드라이브를 조작해야 한다.

타깃 말라리아의 대담한 3단계 계획의 바탕이 되는 유전자 드라이브는 런던 임페리얼칼리지Imperial College London의 오스틴 버트Austin Burt와 안드레아 크리산티Andrea Crisanti가 개발했다. 버트와 크리산티는 2003년부터 모기 개체군을 모두 근절할 유전자 드라이브를 연구해왔는데 2012년에 크리스퍼 기반 유전자 편집 기술이 발명되며 해법은 분명해졌다. 유전자 편집을 위해 DNA를 찾아 절단하는 분자 기계인 크리스퍼 구성요소가 DNA 일부가 되어 유전체로 들어갈 수 있다면 유전체는 자체 편집될 수 있다. 편집된 내용은 자체 전파self-propagating 된다.

이 과정과 비교하기 위해 일반적으로 편집된 DNA를 다시 살펴보자. 일반적인 유전공학 시나리오에서는 개체의 유전체, 예를 들어 수컷의 두 염색체 모두에 편집이 일어나도록 조작한다. 이 수컷이 야생 암컷과 교배하면 그 자손은 아버지에게서는 편집된 대립유전자 하나를, 어머니에게서는 야생 대립유전자 하나를 물려받은 이형접합체heterozygous가 된다. 이 이형접합 개체가 야생 개체와 교배하면 자손의 절반은 편집된 대립유전자를 물려받고, 나머지 절반은 야생 대립유전자를 물려받는다. 이 유전 패턴은 멘델의 분리 법칙을 따른다.

유전자 드라이브 시나리오에서는 모든 개체가 편집된 대립유전자를 물려받는다. 편집된 수컷이 야생 암컷과 교배하면 그 자손은 처음에는 아버지에게서 편집된 대립유전자 하나, 어머니에게서 야생 대립유전자 하나를 물려받은 이형접합체가 된다. 하지만 편집된 대립유전자의 크리스퍼 구성요소는 발달 초기 단계에서 세포 기능에 필요한 다른 단백질과 함께 세포에서 전사된다. 그다음 해당 크리스퍼 구성요소가 어머니에게서 온 야생 대립유전자를 찾아 절단하고 편집해 편집된 대립유전자로 변환한다. 그러면 모든 자손은 편집된 대립유전자만 갖는 동형접합체homozygous가 된다. 이제 두 염색체 모두 편집된 대립유전자와 크리스퍼를 갖게 되므로, 해당 개체가 야생형 개체와 짝짓기해도 같은 일이 발생하고 다음 세대에도 같은 일이 이어진다. 결국 모든 개체는 편집된 대립유전자 사본 두 개를 갖게 된다.

이 시나리오로 본다면 자체 전파 유전자 드라이브가 어떻게 빠르게 퍼질 수 있는지 쉽게 알 수 있다. 하지만 유전자 드라이브를 유지하려면 드라이브 대립유전자가 손상되지 않아야 한다. 크리스퍼 구성요소 또는 크리스퍼가 인식하도록 설계된 DNA 서열을 변경하는 돌연변이는 유전자 드라이브를 깨트린다. 개체군에서 유도된 형질이 개체를 불임 상태로 만드는 등 개체의 적합도를 줄여도 강력한 진화적 압력이 일어나 드라이브를 깨트린다. 어쨌든 불임은 진화상 불리하기 때문이다.

모기를 전부 죽이려면 깨지지 않은 드라이브가 필요하다.

그러기 위해 버트와 크리산티는 성 분화를 조절하는 이중성별doublesex 유전자를 편집하기로 했다. 얼룩날개모기의 이중성별 단백질은 모기의 암수에 따라 달리 결합한다. 이중성별 유전자는 진화상 강력하게 보존되는데 이 유전자 서열에 변화가 일어나면 모기는 죽는다. 이중성별 유전자는 이처럼 진화적으로 보호받기 때문에 본질적으로 깨지지 않는다.

이중성별 유전자는 깨지지 않는 유전자 드라이브의 완벽한 목표물이라고 본 크리산티 팀은 조심스럽게 이 유전자를 조작했다. 이들은 크리스퍼를 이용해 여성 이중성별 단백질 생산을 방해하도록 편집했다. 크

이렇게 편집해도 수컷의 정상 발달에는 아무런 문제가 없다. 하지만 편집된 대립유전자 사본 두 개를 물려받은 암컷은 불임이 된다. 이중성별 돌연변이가 유전자 드라이브로서 모기 개체군에 도입되면 결국 비 불임 암컷은 제로가 될 것이다.

2018년, 크리산티 팀은 편집된 모기와 편집되지 않은 모기를 작은 장에 넣고 유전자 드라이브가 제대로 작동하는지 확인했다. 그리고 개체군은 열한 세대 만에 멸종했다.

크리산티 팀과 타깃 말라리아는 3단계 모기 야생 방사 전에 해야 할 일이 많다.

지금보다 더 큰 현장 폐쇄 공간이나 좀 더 자연스러운 폐쇄 서식지에서 실험하면 경쟁, 포식, 기타 환경 요인이 유전자 드라이브에 미치는 영향을 밝힐 수 있을 것이다. 하지만 무엇보다 종을 멸종시키거나 최소한 크게 줄이는 유전자 드라이브 종 방사와 관련된 윤리적·법적 체계를 개발해야 한다. 타깃 말라리아는 새로운 기술을 공개하고 다음 단계를 설계할 때에는 영향을 받을 공동체 그리고 이해 관계자와 함께 논의한다. 이렇게 하면 언젠가는 프로젝트의 성공을 도울 공동체 기반을 얻고, 전반적인 생명공학, 특히 유전자 드라이브에 대한 신뢰를 구축할 수 있다.

하지만 모두 완전히 잘못될 수도 있어

매사추세츠 공과 대학교 교수인 케빈 에스벨트Kevin Esvelt는 유전자 드라이브가 위험하다고 말한 최초의 인물 중 하나다. 에스벨트는 크리스퍼 기반 유전자 드라이브가 개체로 형질을 어떻게 전달하는지 알아낸 최초의 인물인데 그는 유전자 드라이브가 단기적으로 말라리아 같은 질병을 근절할 유일한 방법이라고 확신한다. 주도적으로 유전자 드라이브 기술 규제를 요구하는 한편, 시간이 지남에 따라 사라지도록 설계된 새로운 유전자 드라이브도 개발한다. 에스벨트는 확신하면서도 늘 조심한다. 또한 내가 아는 한 절대 쉬지 않는 연구자다.

에스벨트의 연구는 작은 동물의 유전자 편집에 초점을 맞추고 있다. 그는 지역 사회와 협력해 뉴질랜드에서 흰발쥐를 통해 퍼지는 라임병 저항성을 전파하고 뉴질랜드에 침입한 설치류를 억제하는 시스템을 개발한다. 에스벨트는 유전자 드라이브 기술을 환영하지만 그 기술의 위험도 잘 안다. 그렇기에 두 가지 일이 발생하는 경우에만 유전자 드라이브를 이용해야 한다고 단호하게 주장한다. 첫째, 유전자 드라이브를 적용하는 사회 공동체는 그 기술은 물론 기술이 가져올 잠재적 결과를 이해하고 수용해야 한다. 둘째, 드라이브를 멈출 수 있어야 한다. 아, 세 번째도 있다. 에스벨트는 유전자 드라이브를 개발하는 모든 과학자는 실험 시작 전에 실험 계획을 세상에 알려야 한다고 주장한다. 그는 유전자 드라이브를 개발할 때 한 걸음만 잘못 디뎌도 이 기술의 미래는 물론 과학에 대한 대중의 신뢰가 무너질 수 있다고 주장한다. 에스벨트는 분자 도구로 모든 유전자 드라이브를 멈출 수는 있지만, 그 기술의 영향을 받는 사람을 의사 결정 과정에서 배제해서 발생하는 피해는 되돌릴 수 없다는 사실을 잘 안다.

에스벨트는 이런 기준을 심각하게 고려한다. 그는 사람들이 자신이 사는 곳에서 일어나는 일에 목소리를 내지 못하게 막는 일은 어리석다고 주장한다. 지역 환경 상황에 대해 가장 많이 아는 사람은 그곳에 사는 사람들이기 때문이다. 그리고 그 환경에서 일어나는 일은 주민 스스로 결정해야 하므로 관련된 사람들을 배제하는 일은 부도덕하다고 주장한다. 에스벨트의 라임병 치료 프로젝트인 '마이스 어게인스트 틱스Mice Against Ticks'는 '공동 환경 변경으로 진드기tick 매개 질병을 예방하기 위한 공동체 주도 활동'이다. 이 팀은 마서즈비니어드섬Martha's Vineyard Islands 및 난터캣섬Nantucket Islands의 공동체 구성원으로 이루어진 운영 위원회와 협력해 공동 환경 변경의 정확한 의미를 결정한다. 해결해야 할 문제는 명확하다. 이들 섬에서는 라임병이 많이 발생한다. 난터캣섬 주민의 거의 40퍼센트가 라임병에 걸린 적도 있다. 라임병의 매개는 사슴진드기이며 인간은 감염된 진드기에 물린 뒤 라임병에 걸린다. 흰발쥐도 감염된 진드기에 물리면 라임병에 걸리고, 이 쥐들은 진드기 재감염의 주요 원인이 된다. 마이스 어게인스트 틱스는 이름에서 알수 있듯 쥐를 이용해 진드기를 표적으로 삼는 전략을 개발한다. 하지만그 전략에 유전자 조작 쥐 방사가 포함되어야 하는지는 공동체 내에서도 의견이 갈린다.

마이스 어게인스트 틱스는 몇 가지 잠재적인 해결책을 가지고 있지만 진행 방법을 결정하는 것은 마을 공동체의 몫이다. 예를 들어 흰발쥐 유전체에 항 라임병 항체를 삽입해 흰발쥐가 라임병에 면역되도록할 수 있다. 조작된 쥐를 서식지로 내보내면 라임병 감염 쥐를 억제할수도 있다. 유전자 드라이브를 조작해 섬 쥐 전체에 항 라임병 항체를더 빨리 퍼뜨릴 수도 있다. 현재 이곳 거주민들은 트랜스제닉보다 시스제닉 형질전환 쥐를 더 선호한다. 흰발쥐 유전체에 삽입되는 DNA는 모두 흰발쥐인데 이것은 되도록 토종 흰발쥐 유래인 DNA를 선호한다는의미다.

마서즈비니어드섬과 난터캣섬에 사는 흰발쥐 개체군은 비교적 다른 쥐와 분리되어 산다. 이런 분리된 상황에서 유전자 편집 쥐가 일반 쥐보다 더 적합하다면 시스제닉 방법으로도 충분히 개체 전체에 라임병 면역을 퍼뜨릴 수 있다. 하지만 본토 쥐 개체군에 면역을 전파하려면 유전자 편집 쥐를 더 많이, 더 자주 풀어야 할 수도 있고, 크리스퍼를 이용해 필연적으로 트랜스제닉으로 만든 유전자 드라이브가 필요할 수도 있다.

이 경우 문제가 발생한다. 본토의 공동체가 유전자 드라이브로 조작된 트랜스제닉 흰발쥐를 방사하기로 했지만 섬의 공동체는 반대한다면 어떨까? 유전자 편집 쥐가 페리에 숨어 타는 일을 막을 수 있을 것 같지만, 사실 인간은 수천 년 동안 실수로 설치류를 전 세계로 옮겨온 역사가 있다. 오늘날 유전자 드라이브로 해결하려는 많은 침입 쥐 문제의 원인은 실제로 이렇게 숨어들어온 쥐이다. 유전자 드라이브를 가진 쥐가 본토에서 탈출해 마서즈비니어드섬에 도착했는데 섬 토종 쥐와 번식하는 것에 아무런 장벽이 없다면 면역 유전자 또는 이와 관련된 크리스퍼 트랜스제닉 유전자가 마서즈비니어드섬 전체에 퍼지는 것은 시간문제다.

위 시나리오는 공동체의 선택을 무시하기 때문에 좋지 않은 사례이지만, 일부 보전론자들은 유전자 드라이브가 다른 파괴적인 결과도 초래할 수 있다고 우려한다. 2050년까지 뉴질랜드에서 포식자를 제거하는 방법을 선택하는 초기 단계에서, 유전자 드라이브를 이용해 침입종을 불임으로 만들어 번식을 억제하자는 아이디어가 떠올랐다. 하지만 결국 공동체는 유전자 드라이브를 이용하지 않기로 했다. 조작 종이 탈출할 수 있다는 가능성 때문이었다. 예를 들어 호수 토종 붓꼬리

주머니쥐brushtail possum는 뉴질랜드의 주요 해충이자 보전 위협이 되므로 제거 예정 침입종 1순위였다. 붓꼬리주머니쥐가 불임 유전자 드라이브를 갖도록 조작한다면 서식지 전체에서 주머니쥐를 제거하고 뉴질랜드 토착 동물군에 엄청난 이점을 줄 수 있다. 하지만 한 마리만 호주로 탈출해도 그곳에서도 불임 드라이브가 작동해 토종 종을 멸종시킬지도 모른다.

이런 우려를 이해하지만, 사실 나는 관찰을 제대로 한다면 탈출 문제를 해결할 수 있다고 생각한다. 모니터링 프로그램을 가동해 불임 유전자 드라이브가 호주에 침범했다는 사실이 드러나면 유전자 드라이브에 저항성 대립유전자를 갖도록 조작된 붓꼬리주머니쥐를 들여오면 된다. 이 대립유전자는 적응력이 좋고 잘 번식하기 때문에 탈출한 유전자 드라이브에 빠르고 효과적으로 대처할 것이다. 하지만 이런 안전장치를 확보하려면 호주 과학자들은 모니터링 전략을 개발하고 만일을 대비해 효과적인 역드라이브counter-drive를 설계해 두어야 한다. 가능한 일이기는 하지만 이 사례가 강조하는 점은 유전자 드라이브 시스템을 고려할 때에는 애초에 영향을 받을 모든 공동체와 공개적으로 논의해야 한다는 사실이다.

유전자 드라이브 기술을 가진 사회로 나아가면서 우리는 이웃 사회나 정부가 유전자 조작된 유기체 방사에 대해 우리와 다른 선택을 할 경우를 염두에 두어야 한다. 특히 국경에 물리적인 장벽이 없을 때에는 종을 국경 안에 가두기 어렵다는 사실도 인정해야 한다. 실수하거나 생태적 영향을 예측하지 못하거나 마음을 바꿀 수도 있다는 가정도 필요하다. 침입 개체가 잘 격리된 상태라면, 침입종을 제거하는 가장 효율적이고 비용이 덜 드는 방식은 재빨리 작용하는 유전자 드라이브일 수도 있다는 사실도 인정해야 한다. 강력한 모니터링 프로그램이 있는 고립된 섬은 이런 기준에 들어맞는다. 하지만 종이 빠져나갈 가능성이 있는 다른 경우도 있다. 우리는 이런 상황에 대처할 유전자 드라이브도 설계해야 한다.

유전자 드라이브 킬 스위치kill switch는 하나의 해결책이 될 수 있을까? 현재로서는 해결되지 않은 질문이지만 많은 과학자가 이 방법을 연구한다. 2017년, 미국 국방 고등연구계획국(DARPA, Defense Advanced Research Projects Agency)은 유전자 드라이브를 탐지·역전·제어하는 전략을 개발할 세이프진Safe Genes 프로그램에 5,600만 달러를 투자할 예정이라고 발표했다. 이 프로그램에서 처음으로 자금을 지원받은 케빈 에스벨트는 몇 가지 아이디어를 내놓았다. 하나는 유전자 드라이브 시스템을 여러 드라이브로 나눠 유전체 전체에 흩뿌리는 것이다. 이렇게 분할된 드라이브는 일종의 연쇄 연결인 데이지 체인daisy chain 기능을 해서, 체인의 바탕이 되는 요소에는 다음 요소, 그다음 요소를 연쇄적으로 구동하는 명령이 포함되어 있다. 유전자 조작된 형질을 표현하는 데는 사슬의 마지막 요소만 필요하지만 나머지 요소들은 우연보다는 조금 더 높은 빈도로 연이어 그 형질을 유도한다. 체인의 바탕이 되는 요소는 드라이브 되지 않으므로 데이지 체인은 옥시텍의 2세대 모기에 있는 tTAV처럼 자기 제한적이다. 태어난 자손의 절반만이 이 바탕이 되는 자기 제한 요소를 물려받으므로, 이 드라이브 요소는 개체군에서 점차 사라진다. 결국 모든 드라이브 요소가 사라지고 개체는 드라이브가 도입되기 전 상태로 돌아간다. 과학자들은 데이지 체인에 연결 요소를 추가하거나 방사할 때 데이지 체인을 포함한 개체수를 조절해 유전자 조작된 특성이 개체에 얼마나 오래 남아 있을지 제어할 수 있다.

데이지 체인은 부분적으로나 일시적으로 유전자 드라이브를 제한하기 위해 고안된 여러 아이디어 중 하나다. 과학자, 규제 기관, 이해 관계자들이 유전자 드라이브를 이용할 때 조심해야 할 필요성을 강조함에 따라 이 분야에서 점차 새로운 아이디어가 나타날 것이다.

유전자 드라이브는 지금까지 일부 종에서만 개발되었지만 빠르게 성장하고 있다. 2018년, 샌디에이고 캘리포니아 대학교의 발달생물학자인 킴 쿠퍼Kim Cooper는 유전자 드라이브가 포유류에서 작동한다는 첫 번째 증거를 제시했다. 그는 쥐 유전체에 추가 유전자를 삽입해 생식세포 발달 중 특정 시기에 크리스퍼를 활성화하도록 조작했다. 이렇게 하면 조작된 쥐 유전체가 자체적으로 편집되는 유전자 드라이브가 생성된다. 쿠퍼의 목적은 쥐가 완전히 흰색 털만 갖도록 하는 것이었다. 하지만 실험은 완벽하지는 않았다. 이 드라이브는 암컷에만 작동했고 자손 100퍼센트가 아니라 73퍼센트만 흰털이었다. 하지만 쿠퍼 팀의 실험으로 미래에는 훨씬 다양한 생물을 다양성 보존을 위한 도구로 만들 수 있다는 가능성을 엿볼 수 있다.

식물 유전자 드라이브도 개발된다. 식물 드라이브는 제초제 저항성을 없애는 유전자를 퍼뜨릴 수 있다. 침입 해충에 저항성이 있는 개체군을 만들거나 혹은 변화하는 기후에서 생존하는 작물을 만들 수도 있다. 케빈 에스벨트가 주장했듯 이런 드라이브에는 드라이브의 수명을 제한하는 내장 메커니즘, 또는 드라이브가 탈출하거나 예상 밖의 영향을 미칠 때 이에 대처할 검증된 방법이 포함되어야 한다. 이렇게 제어하면 유전자 드라이브를 농업 및 보존을 위한 해결책으로 사용할 때 전 세계가 아닌 제한된 지역만 고려해도 된다. 따라서 우리는 의도한 결과를 달성하는 데 집중할 수 있다.

새로운 것이 온다

우리는 종의 유전체를 편집해 진화를 주도한다. 이전에 존재하지 않았던 생물을 만들 수 있는 것이다. 생물이 번식하고 유전체가 결합할 때도 마찬가지다. 이들의 자손은 전에 존재한 적이 없는 생물이다. 진화가 새로운 생물을 창조할 때 유전체 재결합 방식에는 우연이라는 요소가 끼어든다. 하지만 우리가 새로운 생물을 창조할 때는 우연이라는 요소를 제거한다. 우리는 이미 알려진 특정 방식으로 이미 있던 것을 약간 수정한다. 우리는 완벽히 제어할 수 있는 방법을 이용해 새로운 종을 만든다.

우리가 종을 다듬는 데는 목적이 있다. 우리는 전에 없던 생물을 만들고 그것을 도구로 이용해 개체군에 형질을 전파할 유전자 드라이브로 이용한다. 우리는 이 도구로 질병을 줄이고 생태계를 회복하고 멸종하는 종을 구할 수 있다. 우리의 이익을 위해 종을 조작하고 새로 만드는 일이 나쁜가? 우리의 의도가 그 종을 돕거나 환경을 이롭게 한다면 종을 조작하는 일이 정당화될 수 있는가? 종을 새로운 도구로 이용하려고 종 간 유전자를 옮기는 일은 윤리적인가? 더 이상 살아 있지 않은 종의 유전체를 끌어와 생명의 나무를 넘나들며 우리 문제를 해결할 방법을 찾는 일은 윤리적인가?

대답하기 어려운 질문이지만 대답이 필요하지 않을 수도 있다. 우리는 수만 년 동안 우리 주변의 종들을 어지럽혀 왔다. 그러는 동안 우리는 서툰 도구를 이용해 아름다움과 기회와 위험으로 가득 찬 세상을 만들었다. 오늘날 우리는 기후 위기, 멸종 위기, 기아 위기, 신뢰 위기에 처해 있다. 이런 위기에서 살아남으려면 우리 손에 있는 모든 도구가 필요하며 이런 도구에 대해 정직하게 공개적으로 논의할 수 있어야 한다. 사실 우리가 지금 가진 도구로는 우리나 다른 종 및 서식지를 구하기에 충분하지 않다. 우리는 지금과는 다른 도구, 우리가 아직 상상하지 못한 도구가 필요하다. 앞으로 우리 앞에 놓인 길은 험난할 것이기 때문이다.

하지만 지금 우리에게는 아직 코끼리가 있다.

08

터키시 딜라이트

우리는 원숭이를 닮은 우리 조상이 아시아에서 출발해 아프리카를 점령했던 약 4,000만 년 전으로 돌아가 이 여행을 시작했다. 그 이후로 많은 것이 바뀌었다. 대륙이 움직이고 주변 해류가 바뀌었으며 지구기온은 오르락내리락을 반복했다. 서식지는 습해졌다 건조해졌다 하며 동식물과 곰팡이, 미생물이 진화하고 다양해질 기회를 주었다. 그리고 지난 4,000만 년의 마지막 1퍼센트 기간에 우리 인간이 나타났다. 지구 전역에 퍼진 우리 조상은 여러 종이 공간과 자원을 두고 싸우는 풍경의 중요한 일부가 되었다. 인간과 함께 잘 지내고 번성한 동식물이나 미생물도 있지만 어떤 종은 멸종했다. 인간은 지구 서식지를 넘겨받아 입맛에 맞게 바꿔놓았다. 그런 다음 지난 4,000만 년 중 가장 최근의 약 0.0005퍼센트 되는 동안 인간 사회는 약 6,600만 년 전 칙술루브Chicxulub 소행성이 지구에 충돌해 공룡을 멸종시켰을 때와 맞먹을 정도로 지구를 완전히 뒤바꿔놓았다.

이것이 지난 4,000만 년 동안 지구에서 일어난 일이다. 지금부터 4,000만 년 뒤 미래로 훌쩍 넘어가 본다면 지구는 어떤 모습일까? 지금과는 완전히 다를 것이다. 하지만 우리 때문만은 아니다. 우리가 어떻게 행동하든 대륙은 계속 움직이고 화산은 계속 폭발한다. 앞으로 4,000만 년 안에 아프리카 대륙은 유럽 대륙과 충돌하고, 호주는 동남아시아와 합쳐지고, 캘리포니아는 북아메리카 서부 해안을 따라 미끄러져 가서 알래스카와 이어질 것이다. 앞으로 4,000만 년 동안 기후는 점점 더 따뜻해질 것이다. 하지만 이것도 우리 탓만은 아니다. 이미 중년에 접어든 태양은 점점 더 밝아지고 있다. 10억 년쯤 뒤에는 태양이 너무 밝고 뜨거워져 바다가 끓어버릴 것이다. 훨씬 더 가까운 미래인 지금으로부터 4,000만 년 후, 태양은 지금보다는 더 뜨거워질 테지만 지구는 여전히 거주 가능할 것이다. 하지만 누가 거주할까? 우리나 우리 후손일까? 아니면 인간의 마지막 계보인 우리는 공룡처럼 사라지고 다음 찾아올 상상 이상의 무언가에게 길을 내주게 될까?

인간 종의 수명이 다른 포유류 종의 수명과 비슷하다고 가정하면 우리에게 할당된 시간은 이미 절반 정도가 지났으며 이제 약 50만 년이 더 남았다. 하지만 우리는 다른 종과 다르다. 다른 종은 경쟁에서 패배하거나, 변화하는 기후에 적응하지 못하거나, 재앙에 굴복해 멸종했다. 하지만 인간은 다른 종을 죽이거나 길들여 능가한다. 우리는 생명 활동을 뛰어넘는 조작 방법을 알고 있으며 이제는 생명 활동을 조작하는 방법으로 변화하는 기후에 적응한다. 우리는 재앙에 취약하지만 민첩하게 대응할 줄 알며, 어쩌면 멸종에서 벗어날 방법을 고안해 낼 수도 있다.

그런데, 인간의 능력이 진화를 능가하자 이런 힘을 남용하게 될지도 모른다는 걱정도 커졌다. 우리는 어디에 선을 그어야 할까? 식물 편집은 괜찮고, 동물 편집은 안 될까? 동물 복지를 향상하거나 오염을 줄이는 유전자 편집은 괜찮지만 아름다움을 위한 조작은 비윤리적일까? 인간 유전체를 수정하는 일은 어떨까? 인간을 조작하기로 했다면 한 사람에게만 영향을 주는 조작만 허용해야 할까, 아니면 다음 세대에 전달되어 진화 궤적을 완전히 바꾸는 조작도 허용해야 할까? 유전병을 치료하거나 혹은 전염병 대유행 동안 아이들을 보호할 수 있다면 어떨까? 우리가 초조해하는 사이 서식지는 계속 악화하고 종은 계속 사라지고 새로운 질병이 계속 출현하며 사람들은 계속 굶주리고 고통받는다.

C. S. 루이스C. S. Lewis의 《나니아 연대기The chronicles of Narnia》에 등장하는 에드먼드 페번시는 하얀 마녀가 준 터키시 딜라이트 과자를 한 입 깨물고는 그 과자에 마법이 들었다고 굳게 믿는다. 지금까지 맛본 어떤 과자보다 맛있어서 한 입 더 먹을 수만 있다면 형제까지 팔아넘길 수도 있을 것 같았다. 우리 자신의 유전체를 편집하는 능력은 우리 손에 들린 터키시 딜라이트일까? 그렇다면 무엇이 그 터키시 딜라이트의 첫 한 입이 될까?

불가능성

사이푸Sci Foo라고 부르는 구글의 연례 과학 언컨퍼런스unconfer-ence회의에 초청받은 나는 그곳에서 팻 브라운Pat Brown을 처음 만났다. 식당 안에 있던 그는 식물성 스낵이 가득 쌓인 높은 테이블에 걸터앉아 팔에 코트를 든 채로 언컨퍼런스 참석자들에게 둘러싸여 있었다. 소 얼굴 위에 진홍색으로 엑스 표시가 선명하게 찍힌 흰색 티셔츠를 입은 브라운은 소가 없는 미래를 상상하며 흥분한 듯 큰 몸짓으로 열변을 토하고 있었다. 나는 팻 브라운의 명성을 익히 들어 알고 있었고, 그가 스탠퍼드 대학교 교수직을 그만두고 후에 임파서블 푸드Impossible Foods가 되는 사업을 시작했을 때, 그의 연구실에서 뿔뿔이 흩어져 나온 연구원들을 받아들였기 때문에 브라운을 잘 알았다. 나는 참지 못하고 불어나는 군중을 제치며 그에게 다가갔다. 소에 대해 그와 이야기를 좀 나누고 싶었다.

오해는 마시라. 나는 임파서블 푸드가 처음 출시한 제품인 임파서블 버거Impossible Burger를 좋아한다. 임파서블 버거는 정말 맛있고 내 생각에는 현재 출시된 다른 식물성 대체육보다 질감과 풍미 면에서 쇠고기 버거와 가장 비슷하다. 고기를 먹는 사람을 위해 대체 고기를 만드는 것, 그것이 바로 팻 브라운이 의도한 바다. 임파서블 버거는 문제가 없다. 문제는 소를 모두 없애야 한다는 브라운의 소망이다. 하지만 그런 일은 필요 없다. 쇠고기와 낙농업을 혐오하는 사람도 우리가 사는 세상에 소가 있다는 사실을 직시해야 한다. 소는 모두 야생 들소의 후손이다. 무엇보다 소는 들소가 살았던 곳에 살고, 다시 야생이 된 자연 생태계에서 풀을 뜯는 거대 초식동물의 역할을 채울 수 있다.

팻 브라운은 임파서블 푸드로 옮기기 전 25년 동안 스탠퍼드 대학교에서 생화학 교수로 재직했다. 2009년에는 18개월의 안식년을 보내며 앞날을 모색했다. 그는 이미 DNA 마이크로어레이microarray를 발명해 DNA 서열과 그 유전자가 만드는 단백질량의 차이를 분류하는 방식을 바꿔놓은 바 있다. 그는 공공 과학 도서관을 공동 설립해 전 세계 모든 사람이 과학 출간물을 무료로 이용할 수 있게 해서 과학자들의 연구 발표 방식을 바꿔 놓았다. 다음 프로젝트에서는 좀 더 큰 변화를 일으키고 싶었던 그는 약간의 연구와 고심 끝에 전 세계 식품 산업에서 동물성 제품을 모두 없애 대중의 식습관을 바꾸기로 했다.

팻 브라운을 보고 약간 미쳤다고 생각할 수도 있지만 그는 확실히 똑똑하다. 그는 사람들에게 육식을 중단하라고 요구해 봤자 소용없다는 사실을 잘 안다. 여러 문화에 촘촘히 짜여 들어가 있는 동물성 식품은 식물성 식품에는 없는 영양과 만족감을 준다. 우리 식단에서 동물을 완전히 없애려면 사람들이 먹고 싶어 하는 동물성 제품을 정확히 모방한 식물성 제품을 발명해야 한다. 생화학과 기술 개발 지식에 정통한 브라운은 식물성 대체육에 중점을 둔 임파서블 푸드, 그리고 식물성 크림치즈와 요구르트, 속을 채운 파스타 등 식물성 유제품을 개발해 카이트힐Kite Hill이라는 브랜드로 판매하는 리리컬 푸드Lyrical Foods라는 두 회사를 설립했다.

임파서블 미트Impossible meat가 처음 소개되었을 때는 제품의 성공 여부를 짐작할 수 없었다. 2009년, 대부분의 사람은 브라운이 틈새시장에서 조금은 성공할지 모른다고 생각했다. 그런데 2016년, 임파서블 버거는 셰프 데이비드 장David Chang이 운영하고 여러 상을 받은 뉴욕의 육류 전문 비스트로 모모후쿠Momofuku에서 처음 소개되며 예상치 못한 환영을 받았다. 버거킹은 2019년에 임파서블 와퍼를, 2020년에는 임파서블 돼지고기로 만든 임파서블 크루아상 샌드위치를 선보였다. 오늘날 여러 나라의 체인점과 로컬 식당에서는 임파서블 볼로네제 파스타, 임파서블 타코, 임파서블 소시지를 얹은 피자를 낸다. 임파서블 미트는 식품점 선반과 대형 매장의 육류 판매대에서도 볼 수 있다. 임파서블 푸드의 성공 비결은 임파서블 미트에 미묘한 맛을 더해주는 핵심 재료에 있다. 이 재료는 배양기에서 잇는다.

브라운 팀은 쇠고기에 풍미와 식감, 색상을 부여하는 핵심 재료가 바로 헴heme이라는 분자라는 사실을 발견했다. 헴은 폐에서 체내 다른 세포로 산소를 운반하는 혈액 분자인 헤모글로빈의 구성요소다. 헴은 철과 결합하기 때문에 우리 혈액이나 레어로 구운 스테이크에서는 약간 금속 맛이 난다. 모든 생물에는 헴이 있지만 어떤 생물에는 다른 생물보다 헴이 더 많으며, 헴이 많을수록 더 복합적인 풍미를 낸다. 브라운 팀은 맛있는 고기 맛 버거를 만드는 비결은 바로 헴을 가득 채우는 것임을 발견했다.

물론 식물성 헴으로 말이다.

식물성 헴은 동물성 헴과 분자 구조가 같지만 같은 질량당 훨씬 적게 존재한다. 식물 중 가장 헴이 풍부한 부분은 콩과 식물의 뿌리이다. 헴은 식물에서도 역시 빨간색이며 질소 고정 과정에 참여한다. 콩 뿌리에는 특히 헴이 풍부하므로 임파서블 미트에 넣을 식물성 헴을 추출하는 데 적합하다. 하지만 혈액을 대신할 헴을 수확하기 위해 엄청난 땅에 콩을 재배하는 것은 브라운이 상상한 환경적 승리가 아니다. 대신 그는 수직 확장이 가능한 방법을 원했다. 다행히 그 해결책은 이미 개발되어 있었다. 사실 이 방법의 모델은 합성 생물학의 첫 번째 제품인 인간 인슐린에서 나왔다.

효모는 작은 단백질 공장이다. 효모는 빠르게 성장하는 단세포 유기체로서 쉽게 생존하며 박테리아와 달리 추가 처리 없이도 바로 이용할 수 있는 단백질을 만든다. 효모는 재조합 DNA 기술로 조작하기도 쉽다. 1980년대에 처음 효모를 이용해 재조합 인슐린을 생산한 뒤, 효모를 이용한 단백질 생산은 10억 달러 규모의 시장으로 성장했다. 과정은 간단하다. 원하는 단백질을 암호화하는 유전자를 효모 유전체에 삽입한 다음 유전자 조작된 효모를 맥주 발효기와 비슷한 배양기에서 키운다. 효모는 물과 당을 먹고 증식해 효모를 더 많이 만들며 조작된 단백질을 많이 발현한다. 효모 배양액에서 단백질을 정제하면 이 단백질로 원하는 작업을 수행할 수 있다.

임파서블 푸드는 대두에서 유래한 헤모글로빈 단백질이 나타나도록 효모를 조작할 수 있다면 엄청난 양의 대두 헴을 생산할 수 있다는 사실을 깨달았다. 게다가 배양기는 수직 확장도 가능했다. 임파서블 푸드가 그다지 비밀스럽지도 않은 헴이라는 핵심 재료를 제조하는 방법은 바로 배양기에서 유전자 조작 효모에서 생합성된 식물성 혈액을 생산하는 것이다. 임파서블 푸드는 정제된 헴을 대두유, 해바라기씨유, 야자유, 향신료, 결착제 등과 섞어 다진 고기처럼 보이고, 익힐 수 있고, 육즙이 흐르고, 식감이 고기처럼 느껴지고, 고기 맛이 나는 임파서블 미트를 만들었다. 이 제품은 동물성 고기와 비슷한 양의 단백질을 함유하며 열량은 더 적고 나트륨은 더 많으며 지방은 약간 적다.

임파서블 버거의 성공 비결은 헴 덕분에 패티가 쇠고기 버거와 상당히 비슷해졌다는 점이다. 맛있는 식물성 패티나 건강한 대체육이 아니라 소를 이용하지 않은 쇠고기를 만드는 것이 임파서블 푸드의 목표다.

생명공학 회사가 효모를 이용해 생산하는 제품은 육류와 유제품 외에도 많다. 볼트 스레즈Bolt Threads는 효모를 조작해 섬유를 방적하고 직물을 편직할 수 있는 거미 명주 단백질을 생산했다. 모던 메도우 Modern Meadow는 효모를 조작해 피부를 탄력 있고 튼튼하게 만드는 단백질인 콜라겐을 생산했다. 효모에서 생산되고 정제된 콜라겐을 시트로 눌러 붙인 다음 무두질하고 염색해 봉제하면 핸드백, 서류 가방, 가구처럼 전통적으로 가죽을 이용하는 모든 제품에 이용할 수 있다. 미국 에너지부Department of Energy의 조인트 바이오에너지 연구소Joint BioEnergy Institute는 미생물을 조작해 데님 염색에 이용하는 합성 분자인 인디고이딘indigoidine을 생산했다. 생명공학 제약회사인 론자Lonza는 효모를 조작해 의약품에서 독성 미생물의 유무를 확인할 때 이용하는 단백질을 생산했다. 그간 많은 제약회사는 투구게에서 추출한 푸른 피 단백질을 이용했다. 하지만 투구게의 푸른 피와 같은 기능을 하는 재조합 인자 C recombinant factor C 단백질을 이용하면 매년 투구게 수천 마리를 잡을 필요가 없다. 징코 바이오웍스Ginkgo Bioworks는 효모를 조작해 허브나 꽃에서 추출하는 것과 같은 향미 및 향 화합물을 생산한다. 생명공학 화합물을 이용하면 악천후나 경작 실패 같은 사업상 위험을 피하고 농경지를 다른 목적으로 이용할 수 있다.

효모는 분자 공장으로 작동하는 유일한 유기체가 아니다. 식물을 조작해도 유전자를 발현하고 인간에게 유익한 단백질을 만들 수 있다. 호주 연방 과학산업 연구기구(CSIRO, Commonwealth Science and Industrial Research Organization)의 수린더 싱Surinder Singh이 이끄는 연구팀은 유전공학을 이용해 식물의 씨앗, 줄기 및 잎에서 추출한 기름의 구성과 생산량을 바꾼다. 싱의 목표 중 하나는 식물을 조작해 고온에서 안정한 기름을 생산해 석유 대신 산업용 윤활유로 이용하는 것이다. 흔한 유지 종자식물인 카놀라를 조작해 긴 사슬을 가진 오메가-3 지방산을 생산하는 조류 유전자를 발현하도록 만드는 일도 그의 목표 중 하나다. 오메가-3 지방산을 양식업이나 영양 보조제로 이용하는 수요가 늘며 오메가-3 지방산이 함유된 정어리나 멸치처럼 조류를 먹는 물고기가 사라졌고 해양 먹이사슬에 파급효과를 일으켰다. 우리가 식물에서 지방산을 수확하면 건강에 중요한 오메가-3를 지속 가능한 방식으로 공급할 수 있다.

단백질을 만드는 능력과 원하는 DNA 염기서열만 있으면 우리 뜻대로 조작할 수 있는 생물 공장에서 새로운 실험도 가능하다. 몇 년 전 우리 연구실은 예술가이자 향기 연구원인 지젤 톨라스Sissel Tolaas 그리고 징코 바이오웍스와 협력해 멸종한 꽃의 향기를 되살렸다. 우리 연구실에서는 하와이 마우이의 토착종이자 1912년에 마지막으로 발견된 마우이 하우 쿠아히위Maui hau kuahiwi의 말린 꽃에서 DNA를 추출하고 서열분석했다. 1920년대에 켄터키주 루이빌 근처에서 마지막으로 발견된 폴오브더오하이오 스커프피Falls-of-the-Ohio scurfpea도 작업했고, 1800년대에 마지막으로 발견된 남아프리카 케이프타운이 원산지인 윈버그 콘부시Wynberg conebush도 작업했다. 그다음 고대 DNA 추출물에서 향기 생성 유전자를 분리하고 이 서열을 징코 바이오웍스에 보냈다. 이 회사는 우리가 보낸 서열을 효모에 삽입했다. 톨라스는 발효 및 정제된 향기 화합물을 이용해 새로운 향기를 만들어 방문객들이 어디서도 경험할 수 없는 향기를 맡게 하는 몰입형 이동 설치 미술을 만들었다. 한 세기도 훨씬 전에 멸종한 세 가지 꽃으로 만든 유전자 조작 향기였다.

멸종한 꽃 프로젝트에서 가장 흥미로운 점은 멸종한 향기를 부활시키는 일이 아니었다. 이것만으로도 상당히 멋진 일이었지만 우리의 목표는 모방이 아니었다. 최대한 비슷한 복제품을 재창조하려 한 것이 아니라 생물학, 유전학, 공학을 이용해서 자연이 설계한 것보다 더 나은 새로운 무언가를 만들고자 한 것이다. 톨라스가 새로운 향수를 구성하는 데 이용한 화합물은 자연이 설계하고 재설계는 우리가 했다. 하지만 최종 제품은 전적으로 인간이 설계한 것이다. 관람자들은 생명공학이 만드는 향기가 가능한 전시장을 둘러보며 과거와 미래를 동시에 경험했다.

유전자 변형 식품이나 다른 제품의 다음 단계는 복제가 아닌 창조가 될 수 있을까? 미래의 합성 생물학자들은 가장 고기 같은 식물성 버거, 가장 소시지 같은 식물성 패티, 살아 있던 꽃의 냄새에 가장 근접한 향수를 만드는 일이 아니라 상상 이상의 더 맛있고 더 멋진 무언가를 만들기 위해 경쟁할 것이다. 우리 팀은 징코 바이오웍스와 함께 한 실험에서 향기 화합물의 설계를 자연에서 빌렸지만 사실 꼭 그럴 필요는 없었다. 우리는 연구 결과나 본능의 힘을 빌려 흥미로운 향기를 내리라 예상되는 아미노산을 이어 붙여 우리만의 향기 유전자를 만들 수도 있다. 효모에서 합성 단백질을 발현해 그 결과를 맡아 본 후 괜찮은지 아니면 약간 조정해야 하는지도 결정할 수 있다. 진화적 제약에서 벗어난다면 마음에 드는 향기를 내는 조작된 합성 향 분자를 이리저리 만들어볼 수 있는 것이다.

합성 생물학을 이용하면 더는 상상에 갇혀 있을 필요가 없다. 이 분야가 발전하며 어떤 새로운 도구, 해결책, 제품이 만들어질지는 예측하기 어렵다.

빨강 물고기, 파랑 물고기, 녹색 물고기, 새로운 물고기

2002년, 캘리포니아 어류 및 야생동물 보호위원회California Fish and Game Commission는 남색과 흰색 줄무늬가 있는 작은 열대 민물고기 다니오danio를 '키우기 쉬움'이라고 표시하고 판매하는 일을 금지했다. 일반적으로 이런 금지는 침입종이 될 가능성이 있는 생물에 내려지지만 이 경우에는 달랐다. 다니오는 열대어라서 캘리포니아의 추운 수로에서 살 수 없고, 수십 년 동안 수족관에는 살았어도 캘리포니아에 자유롭게 돌아다니는 개체가 발견된 적은 없다. 다니오는 지역 개체군을 형성할 가능성이 매우 낮은데 그것은 포식자의 눈에 띄기 쉽기 때문이다. 캘리포니아 위원회가 우려한 것도 이 부분이다. 다니오는 빛이 난다.

문제의 열대어는 당시 미국에서 판매되기 시작한 유전자 조작 다니오인 글로피시GloFish다. 글로피시는 물고기를 조작해 수질 오염을 경고하는 프로젝트의 하나로, 몇 년 전 싱가포르 국립 대학교 지유안 공Zhiyuan Gong의 연구실에서 개발했다. 공이 다니오를 선택한 이유는 다른 물고기에 비해 비교적 조작이 간단하기 때문이었다. 다니오의 난자는 외막이 투명해서 단세포 단계에서 발달 중인 배아를 볼 수 있는데 발달 초기에 유전체를 편집하면 모든 물고기 조직이 같은 방식으로 조작될 뿐만 아니라 편집된 내용도 다음 세대로 전달된다.

공은 다니오를 살아 있는 수질 감지기로 설계해 다니오가 보이면 물이 오염되었다고 경고하는 시스템을 개발하려 했다. 이를 위해 그는 먼저 물에 오염 물질이 있을 때만 발현되는 유전자를 찾았다. 그는 다니오를 에스트로겐이나 중금속 같은 독소에 노출하고 어떤 유전자가 발현되는지 확인했다. 오염 물질을 감지하는 유전자와 함께 눈에 띄는 유전자를 발현해서 둔감한 사람들에게 물이 오염되었다는 사실을 경고할 수 있어야 했다. 그래서 공은 해파리에서 유래한 녹색형광단백질(GFP, green fluorescent protein)을 발현하는 유전자에 눈을 돌렸다. GFP가 발현되면 햇빛에서 자외선을 흡수해 저에너지 녹색광을 방출하는 단백질을 만든다. 공은 오염 물질 감지 유전자 가까이에 GFP를 삽입해 함께 발현되도록 했다. 유전자 조작된 다니오가 오염된 물속을 헤엄치면 두 유전자가 모두 발현되어 형광 녹색 전구처럼 빛날 것이다.

연구진은 다니오가 녹색으로 빛나도록 조작할 수 있다는 사실을 증명하기 위해 다른 유전자와 연결하지 않고 다니오 유전체에 GFP를 단독으로 삽입했다. 조작된 다니오는 빛이 났다! 이 사실에 눈을 반짝인 것은 공만이 아니었다. 2년도 채 지나지 않아 텍사스 오스틴 출신의 사업가 앨런 블레이크Alan Blake와 리처드 크로켓Richard Crockett은 공의 기술을 다른 분야에 응용할 수 있는 라이선스를 확보했고 곧 그들은 빛나는 물고기를 반려동물로 판매했다.

블레이크와 리처드는 요크타운 테크놀로지Yorktown Technologies라는 회사를 설립한 후 공이 생산한 두 가지 빛나는 다니오를 출시했다. 하나는 GFP를 발현하는 '일렉트릭 그린electric green' 다니오, 다른 하나는 산호에서 유래한 적색형광단백질 유전자를 발현하는 '스타파이어 레드starfire red' 다니오였다. 블레이크와 크로켓은 더 밝은 색상의 새로운 물고기를 개발해 다른 물고기에도 같은 기술을 적용했다. 오늘날 글로피시가 금지되지 않은 지역에서는 다니오를 비롯해 '선버스트 오렌지sunburst orange' 베타bettas, '갤럭시 퍼플galactic purple' 바브barbs, '코스믹 블루cosmic blue' 테트라tetras, '문라이즈 핑크moonrise pink' 레인보우 샤크rainbow sharks 등 여러 글로피시를 판매한다. 유전적으로 암호화된 이 글로피시의 화려함은 주로 산호와 말미잘 유전자에서 왔다. 2017년, 요크타운 테크놀로지는 글로피시 브랜드를 스펙트럼 브랜드 홀딩스 Spectrum Brands Holdings에 5,000만 달러에 매각했다. 매각 당시 그들은 글로피시가 미국 반려 물고기 판매 시장의 약 15퍼센트를 차지한 것으로 추정했다.

빛나는 물고기는 오늘날 비교적 쉽게 구매할 수 있는 유일한 유전자 조작 반려동물이다. 하지만 빛나는 고양이, 개, 토끼, 새, 새끼 돼지

도 있다. 이들은 반려동물이 아니라 과학 연구 도구로 개발되었다. GFP
는 발견된 이래 상당히 인기 있는 유전자 표지자가 되었다. GFP는 유전
체에서 1차 편집이 성공적으로 이루어졌다는 사실을 확인할 때 항생제
내성 유전자 대신 이용된다. 스코틀랜드 로즐린 연구소The Roslin Institute
과학자들은 유전체에 GFP와 조류독감 저항성 편집을 포함하는 유전자
변형 병아리를 만들었다. GFP를 표지자로 이용하면 자외선을 쪼여 제
대로 편집이 이루어졌는지 알 수 있는 한편, 편집한 닭이 조류독감에 걸
렸는지 확인할 수 있고 이러한 편집으로 인해 조류독감을 예방할 수 있
는지 동시에 추적할 수 있다.

빛을 내는 기술은 최초의 형질전환 개 루비 퍼피Ruby Puppy, 약자
로 루피Ruppy의 조작 성공 여부를 확인하는 데도 이용되었다. 루피는
2009년에 한국에서 태어난 복제 비글 중 한 마리로, 서울대학교 과학자
들이 적색형광단백질 유전자를 발현하도록 조작한 네 마리 복제 비글
중 한 마리다. 개념 입증 실험인 이 실험은 형질전환된 개가 복제될 수
있다는 사실을 입증했다. 루피와 유전적으로 같고 한 배에서 자란 새끼
들은 자연광 아래에서는 아주 평범한 비글처럼 보였다. 하지만 자외선
아래에서는 모두 매력적이고 밝은 루비레드 색으로 빛났다. 루피를 형
질전환하지 않은 개와 교배하자 강아지 절반이 적색형광단백질 유전자
를 물려받았다. 루피의 형질전환 유전자가 생식선에 성공적으로 도입
되었다는 뜻이다.

아직은 루피 같은 유전자 조작 반려동물을 지역 동물구조단체에서
입양할 수는 없지만 미래에는 이런 동물을 만날 수 있을지도 모른다. 일
부 동물은 자외선 아래에서 빛나게 만들기 위해 조작하기도 하지만 대
다수는 반려동물의 특성을 향상하기 위해 조작된다. 많은 사람이 도시

로 이동하며 아파트 생활에 잘 적응하는 작은 반려동물을 원하는 수요가 늘었다. 2014년, 정확히 이 점을 염두에 둔 베이징 제노믹스 연구소(BGI, Beijing Genomics Institute)는 유전자 조작된 마이크로 돼지를 곧 판매할 것이라고 발표했다. 조작된 바마돼지Bama pig는 조작되지 않은 일반 바마돼지에 비해 크기는 약 25퍼센트~35퍼센트, 몸무게는 14킬로그램 정도이며 아파트 생활에 적합한 크기가 되면 더 이상 자라지 않도록 조작되었다. 그리고 몇 년 후 BGI는 아무런 설명 없이 마이크로 돼지의 대량 생산 계획을 취소했다. 마이크로 돼지가 더디기는 하지만 결국 아파트에 적합하지 않은 정상 크기로 자랐다는 소문이 돌았다.

유전자 조작된 미래의 반려동물은 아마 지금보다 더 나은 생물이 될 것이다. 합성 생물학을 이용하면 각 품종이 애초에 반려동물로 선택된 이유인 낮은 알레르기 유발성, 사냥 능력, 탁월한 후각 같은 특성을 부각하면서도 약점은 없앨 수 있다. 이런 연구는 이미 시작되었다. 광저우 생물의학 건강 연구소Guangzhou Institutes of Biomedicine and Health 과학자들은 2015년, 비글을 조작해 벨기에 블루 소의 근육질 표현형과 연관된 미오스타틴myostatin 유전자가 더 이상 기능하지 못하도록 한 뒤 근육질 비글을 만들었다고 발표했다. 광저우 팀은 근육질 비글이 경찰견이나 군사견으로 특히 유용할 것이라고 주장하지만 이것도 어떤 어려움이 있을지 모를 일이다. 만약 그들이 래브라도와 스패니얼을 조작해 냄새로 암을 찾아내도록 만든다면 나는 100퍼센트 환영이다.

합성 생물학은 반려동물을 건강하게 만들고 반려동물과 인간의 관계를 개선하는 데 이용된다. 어떤 돌연변이가 달마티안의 방광 결석과 복서견의 심장병을 유발하는지 알아낸다면 과학자들은 유전자 편집으로 부적응 변이를 완벽히 제거할 수 있다. 어떤 유전자가 어떤 형질을 발현하는지 잘 이해하면 침에 알레르기 유발 물질이 없는 고양이나 침을 많이 흘리지 않는 골든레트리버를 만들 수도 있다.

하지만 합성 생물학을 이용하면 이미 존재하는 특성에만 한정할 필요는 없다. 전통적인 선택 번식을 벗어나면 어떤 반려동물을 새롭게 만들 수 있을까? 진화의 제약을 벗어나면 종과 시간의 장벽을 넘어 자유자재로 종의 특성을 결합할 수 있다. 우리는 짹짹거리는 개와 야옹거리는 새, 송곳니가 구부러진 집고양이와 털북숭이 기니피그를 만들 수 있다. 날개 달린 비글과 알을 낳는 테리어, 수조에서 나와 방 안을 걷거나 서로 껴안을 수 있는 빛나는 물고기를 만들 수도 있다. 이것은 환상적이고 약간은 터무니없어 보이며 지금의 과학으로는 아무것도 만들 수 없다. 우리는 유전자가 어떻게 상호작용하는지, 이런 형질을 발현하는 데 어떤 유전자가 언제 관여하는지 아직 잘 모른다. 독자적으로 오랜 진화 궤적을 따라 진화한 복잡한 특성을 조합할 방법도 아직 없다. 하지만 나는 아주 이상한 아이디어라도 배제하지 않고 신중하게 검토해야 한다고 생각한다. 늑대가 언젠가 치와와로 변할 것이라 말한다면 옛 수렵채집인 조상은 얼마나 비웃었겠는가.

게다가 우리는 비슷한 방식으로 지구 밑에서 썩어가는 식물 잔해를 캐 영원히 분해되지 않는 저장 용기로 바꾸어놓았다.

거대한 태평양 쓰레기 지대

동부 태평양에는 텍사스주 두 배 크기의 쓰레기 섬이 있다. 사실 이 섬은 실제로 존재하지 않는다. 자주 인용되는 이 개념은 경주용 보트

선장이자 해양학자인 찰스 무어Charles Moore가 로스앤젤레스와 하와이 간 항해 경주를 마치고 캘리포니아로 돌아오는 길에 보트 주변에 떠다니는 거대한 플라스틱 쓰레기 잔해를 발견하며 시작되었다. 혼란스럽고 걱정에 휩싸인 무어는 해당 지역을 횡단해 이 플라스틱이 대체 어디에서 왔는지 알아보았다. 그는 바다에 떠 있는 쓰레기가 텍사스 크기의 두 배나 되는 섬을 이루고 있다고 보고했다. 그의 비유는 곧 미디어를 사로잡았고 그 후 이 섬은 거대한 태평양 쓰레기 지대Great Pacific Garbage Patch로 알려졌다.

거대한 태평양 쓰레기 지대는 말 그대로 거대하다. 어떤 사람은 160만제곱킬로미터(텍사스 크기의 약 두 배 또는 프랑스의 세 배)가 넘는다고 주장하지만 훨씬 더 크다고 하는 사람도 있다. 하지만 걸을 수 있는 섬은 아니다. 해양 쓰레기 연구자들은 이 섬에서 바구니, 양동이, 어망, 운동화, 과자봉지, 칫솔, 샴푸 병 같은 큰 플라스틱 조각을 발견하기도 했지만 쓰레기 지대는 대부분 미세 플라스틱 조각으로 구성되어 있다. 마치 수프에 떠 있는 큰 후추 알갱이처럼 말이다.

거대한 태평양 쓰레기 지대는 유일한 해양 쓰레기 지대가 아니다. 태평양에 두 곳, 인도양에 한 곳, 대서양에 두 곳 있는 해양 쓰레기 지대는 총 다섯 군데이며 이것은 회전류gyres라 불리는 회전하는 해류가 바다에 떠다니는 쓰레기를 빨아들여 생긴다.

바다 쓰레기 지대라고 했지만 실제로는 일정한 모양을 이룬 지대가 아니다. 쓰레기는 뗏목처럼 일정한 모양으로 모여 있는 것이 아니라 바다 표면을 떠다니며 계속 움직인다. 쓰레기 조각들은 해류에 떠다니면서 더 작게 부서지거나 물기둥을 따라 해저에 가라앉는다. 쓰레기 지대는 바람과 해류를 따라 움직이다 해안에 가까워지면 바닷가 마을을 침범했다 후퇴하기도 한다.

바다 쓰레기 지대는 거대할 뿐만 아니라 해롭다. 버려진 어망과 쓰레기로 뒤죽박죽된 덩어리에 해양 포유류, 대형 물고기, 거북이가 갇히는 현상을 유령 그물ghost fishing이라고 한다. 새들은 작은 플라스틱 공과 스티로폼을 물고기알로 착각해 새끼에게 먹인다. 결국 새끼는 굶거나 내장이 손상되어 죽는다. 다른 물질은 대부분 생분해되므로 쓰레기 지대에 있는 쓰레기는 주로 플라스틱이다. 해양 생물이 이 플라스틱에 흡수된 화학 물질을 먹고 먹이사슬을 통해 전달되어 동물과 인간의 건강에 알려지지 않은 영향을 미친다. 해양 생태계 건강이 나빠지고 바다는 버려진 플라스틱에 질식하며 관광업, 어업, 해운 같은 산업도 영향을 받는다.

플라스틱 쓰레기는 저절로 사라지지 않는다. 음식이나 나무, 면화 조각과 달리 박테리아는 플라스틱을 먹지 않으므로 플라스틱은 생분해되지 않는다. 당연하다. 플라스틱은 사람이 만들기 전에는 자연에 존재하지 않았으므로 플라스틱을 분해할 박테리아가 필요하다는 오랜 진화적 압력이 없었다. 대신 플라스틱은 광분해 된다. 자외선이 무기 분자의 긴 사슬 결합을 끊는다. 얼마나 걸리는지는 플라스틱이 모인 위치에 따라 다르다. 매립지 지하 수 미터 아래에 묻히거나 심해에 잠긴 플라스틱은 자외선에 거의 노출되지 않으므로 천천히 분해되기 때문에 다 분해되는 데 400년 이상 걸린다. 바다 표면에 떠다니는 플라스틱은 더 빨리 분해되지만 용해되거나 사라지지 않고 분해되어 결국 바다 쓰레기 지대인 미세 플라스틱 수프가 된다. 그동안 사람들은 매년 전 세계 바다에 약 800만 톤의 플라스틱을 계속 버리고 있다. 게다가 보관, 포장, 의류 및 기타 제품에서 플라스틱 의존도는 계속 늘어난다.

최근 화학 공학자들은 합성 고분자를 조작해 부분적으로 또는 완벽히 생분해되는 플라스틱을 만들기 시작했다. 고분자 합성 과정에 전분을 첨가하면 생분해성 플라스틱이 된다. 전분을 첨가하면 미생물 분해를 촉진할 수 있지만 제품의 특성도 바뀌어 미세 플라스틱으로 분해되는 속도도 높아진다. 옥수수 전분 같은 화합물로 만든 식물성 플라스틱은 비교적 낮은 온도에서 녹기 때문에 차가운 음료를 담는 일회용 컵이나 일회용 포크, 일회용 포장재 등에 일부 이용된다. 식물성 플라스틱은 퇴비로 만들 수 있고 심지어 먹을 수도 있다고 한다. 하지만 식물성 플라스틱의 화학적 조성은 석유 기반 플라스틱의 조성과 비슷하므로 이런 주장은 과장을 넘어 사실은 완전히 거짓말이다. 식물성 플라스틱 일부는 산업 퇴비 제조 시설에서 생분해되기도 하지만 대부분은 석유 기반 플라스틱과 마찬가지로 뒷마당 퇴비 통이나 매립지에 그대로 남아 있다. 설상가상으로 식물성 플라스틱은 석유 기반 플라스틱과 함께 재활용할 수 없다. 재활용할 석유 기반 플라스틱과 섞이면 모두 버려야 한다.

폴리하이드록시 알카노에이트(PHA, polyhydroxy-alkanoates)라는 새로운 플라스틱 재료는 석유 기반 플라스틱과 식물성 플라스틱 모두를 대체할 유망한 대안이다. PHA는 일부 박테리아가 자원이 부족할 때 에너지를 저장하기 위해 만드는 물질이다. 공장에서는 이런 박테리아에 일부 영양소를 제한하고 다른 영양소를 과량 제공해 다량의 PHA를 생성할 수 있다. 석유 기반 플라스틱이나 식물성 플라스틱과 달리 PHA는 퇴비 제조 통, 매립지, 심지어 바다에서도 생분해된다. PHA의 잠재적 유용성도 무궁무진하다. 지금까지 과학자들은 설탕, 전분, 기름 같은 주요 제품에서 미생물이 만드는 PHA를 150가지 이상 발견했다. 이런

PHA를 단독으로 이용하거나 다른 재료와 혼합하면 광범위한 내구성, 유연성, 내열성 및 내수성을 지닌 생분해성 플라스틱을 생산할 수 있다.

전 세계 산업용 PHA 생산량은 아직 작지만 생명공학 기업들은 필연적으로 환경에 배출되는 많은 비 생분해성 플라스틱 제품을 대체할 PHA 폴리머를 개발한다. 기존 PHA 제품에는 서방성 농업 비료용 캡슐, 페이스 스크럽에 있는 미세 플라스틱 조각, 자외선 차단제의 UV 차단 특성을 향상하는 미세 플라스틱, 과일 및 채소 포장재, 패스트푸드점에서 사용하는 일회용 컵 및 수저류 등이 있다. 오늘날 PHA의 가장 큰 시장은 농부들이 잡초가 자라지 않도록 경작지 위에 덮는 멀칭mulching 비닐이다. 경작 기간이 끝나면 멀칭 비닐은 땅을 쟁기질할 때 토양으로 섞여 들어가고 미세 플라스틱으로 분해되어 땅에 수백 년 동안 남는다. 하지만 PHA로 만든 멀칭 비닐은 생분해된다.

미생물이 생산한 PHA는 합성 생물학에 새로운 기회도 준다. 오늘날 박테리아는 당과 식물성 기름을 대사해 PHA를 산업 규모로 생산한다. 하지만 이런 미생물 경로를 조절하고 제한하는 방법을 더 잘 이해하면 미생물을 조작해 다양한 출발 물질에서 PHA를 만들 수 있다. 맥주 생산 후 남은 맥아즙, 커피 찌꺼기, 정원에서 나온 폐기물에서 미생물을 조작해 바이오 플라스틱을 생산할 수 있다. 유출된 석유 화학 기름이나 생분해 석유 기반 플라스틱을 청소할 수도 있다.

미래에는 조작된 미생물로 우리 생활을 지속 가능하게 만드는 제품을 만들고 지구 쓰레기를 청소할 수 있으리라 믿는다. 이 해결책은 곧 나올 것 같다. 최근 과학자들은 일부 석유 기반 플라스틱을 분해하는 미생물을 발견했다. 미생물이 플라스틱을 분해하는 자연적인 속도는 오늘날의 오염 문제를 해결하기에는 너무 느리다. 하지만 유전자 조작으로 이런 과정을 최적화할 수 있다. 미생물이 합성 고분자 결합을 끊을 때 방출하는 에너지를 활용할 방법을 미생물 공학자들이 발견할 수 있을지 누가 알겠는가. 합성 생물학은 말 그대로 한 시대의 쓰레기를 다른 시대의 보물로 바꿀 수 있다.

땅을 살리자

오늘날 환경 오염 문제는 인간이 진화적으로 성공을 거두며 일어난 불가피한 결과일 수 있다. 지난 200년 동안 지구에 사는 인간은 10억 명에서 거의 80억 명으로 늘었다. 우리는 모두 먹고 잠잘 곳이 필요하며, 유기물과 무기물을 막론하고 어딘가로 가야 하는 폐기물을 만든다. 플라스틱 오염은 환경 문제의 일부이지만 분명 합성 생물학으로 해결할 수 있는 유일한 문제는 아니다. 전 세계적으로 상품 생산과 농업이 산업화하며 지구의 공기와 물이 오염되고 경작지는 황폐해졌다. 결과는 끔찍하다. UN은 2050년 지구에 거주하리라 예상되는 90억 명의 사람을 먹여 살리려면 농업 생산이 50퍼센트 증가해야 한다고 추정한다. 하지만 셰필드 대학교의 지속 가능한 미래를 위한 그랜섬 센터Grantham Centre for Sustainable Futures는 오늘날 전 세계 작물 재배 능력이 50년 전보다 오히려 3분의 1이 줄었다고 추산한다. 잡초를 제거하기 위해 계절마다 땅을 가느라 토양의 탄소가 대기로 방출되고 온실가스가 축적되어 경작지가 황폐해지기도 하고, 토양의 미네랄 성분이 줄어 흙이 건조해지고 쉽게 씻겨 나가 강과 바다의 부영양화가 일어난다. 비옥하지 않은 토양에서 작물을 생산하기 위해 농부들이 제초제와 살충제를 마구 뿌려대서 토양의 미네랄 구성과 pH가 바뀌고 건강한 토양 생태계를 유지하는 미생물 군집이 불안정해져 문제가 악화한다.

하지만 우리는 이미 합성 생물학을 이용해 작물 생산을 개선하고 경작지의 악화를 늦춘 바 있다. 유전자 조작된 제초제 저항성 식물을 이용하면 농부들이 글리포세이트glyphosate나 글루포시네이트glufosinate 같은 일반 제초제로도 잡초를 방제할 수 있어 땅을 갈 필요성이 줄어든다.* 유전자 조작된 해충 저항성 식물을 이용하면 화학 살충제로 인해 생물 다양성과 토양 품질이 저하될 위험이 줄어든다. 과학자들은 유전공학을 적용해 레인보우 파파야처럼 질병에 강하고, 황금쌀처럼 더 영양가가 높으며, 북극 사과처럼 더 매력적이며, 홍수에 강한 쌀처럼 좋지 않은 재배 조건에서도 잘 자라는 다양한 작물을 만들었다. 토마토도 유전자 편집 기술 덕분에 종류가 다양해지고 개선되었다. 뉴욕 콜드스프링하버 연구소Cold Spring Harbour Laboratory의 유전학자인 재크 리프먼Zach Lippman은 크리스퍼 기술로 토마토 유전자 세 개를 변형해 포도처럼 송이로 자라며 빨리 익는 방울토마토를 개발했다. 알이 더 작고 수확량이 많은 방울토마토는 옥상 정원이나 화성 인간 거주지 같은 좁은

---

* 전 세계적으로 가장 널리 이용되는 제초제인 글리포세이트는 2015년에 국제암연구소(IARC, International Agency for Research on Cancer)가 글리포세이트를 '발암성이 있다고 추정되는 물질'로 분류한 성명을 발표한 뒤 상당한 조사를 받았다. 이 기관은 다른 기관과 달리 실제 환경에서 암이 발생할 가능성이 있는지와 상관없이 어떤 조건에서도 해당 물질이 암을 유발하는지를 기준으로 발암성을 평가한다. 다른 주요 보건 기관은 노출 기간 및 농도 등 현실적인 노출 시나리오를 기반으로 발암성을 평가한다. IARC 보고서 전후로 수십 년에 걸친 실험이 진행되었지만 미국 환경보호국, 세계보건기구, 유럽 화학물질청European Chemicals Agency, 캐나다 보건부 등 주요 보건 및 규제 기관도 글리포세이트 노출이 사람에게 암 위험을 늘린다는 사실을 발견하지 못했다. 하지만 IARC는 글리포세이트를 2A군 '발암성이 있다고 추정되는 물질'로 간주한다. 이 군에는 야간 근무, 뜨거운 음료 마시기, 장작 연기, 미용사의 작업, 말라리아 감염도 포함된다. 최근 민법 판례는 이 IARC 분류 연구를 근거로 삼는다.

공간에서도 자랄 수 있다.

합성 생물학으로 사료의 영양가가 개선되는 등 여러 면에서 가축도 혜택을 받는다. 나는 유전공학이 결국 가축의 복지를 개선하고 식품 생산을 촉진할 수 있다고 믿는다. 최근에는 동물 유전공학을 수용할 조짐이 나타난다. 아쿠어드밴티지AquAdvantage 연어는 일반 연어보다 두 배 빨리 성장하므로 시장에 출시하는 데 걸리는 시간이 절반밖에 되지 않는다. 2015년, FDA는 아쿠어드밴티지 연어 양식은 불가하지만 판매는 가능하다고 승인했다. 2019년, FDA의 새로운 리더들은 이미 아쿠어드밴티지 연어의 양식과 판매를 허용한 캐나다에서 아쿠어드밴티지 연어를 들여오는 일을 금지하는 조항을 삭제했다. 이 일은 미국에서 아쿠어드밴티지 연어 양식이 가능할지도 모른다는 긍정적인 신호가 되었다. 2020년, FDA는 갈세이프GalSafe 돼지가 식품이나 의료 도구로 이용하기에 안전하다고 선언했다. 이에 따라 이론적으로는 갈세이프 돼지를 먹을 수 있게 되었다. DNA를 약간 편집한 갈세이프 돼지는 세포 표면에서 알파-갈alpha-gal 당을 생산하지 않는다. 진드기에 물렸을 때 나타나기도 하며 포유류 고기 알레르기라고도 불리는 이 알파-갈 당 증후군이 있는 사람도 이제 항원 항체 반응인 아나필락시스anaphylaxis가 일어날 두려움 없이 갈세이프 돼지를 먹거나 돼지 장기 및 혈액을 이식받을 수 있다.

이런 유망한 징후에도 불구하고 유전자 조작 동물의 규제 경로는 여전히 안개 속이다. 하지만 소비자와 규제 기관 및 경쟁업체, 아쿠어드밴티지 연어의 경우에는 주요 경쟁자인 알래스카 연어 산업 등이 기꺼이 과학을 받아들인다면 이런 상황도 빠르게 바뀔 수 있다. 전 세계 연구실에서는 인간의 수요를 맞추기 위해 유전자 변형 가축 품종을 개발한다. 빨리 자라는 돼지는 지구상에서 가장 인기 있는 식육食肉 동물의 생산량을 늘린다. 설사를 유발하지 않는 젖을 생산하는 염소는 다른 동물이 잘 자라지 못하는 지역에서 사람의 건강에 도움이 된다. 더위를 잘 견디는 소는 기후 변화로 인해 온도가 상승하는 지역에서도 잘 자란다. 유전공학은 가축의 사망률이 높고 인간의 건강을 위협하는 전염병이 만연한 곳에서도 전 세계가 부담하는 비용을 줄인다. 지금도 연구실에서는 아프리카돼지열병에 저항성이 있는 돼지, 광우병에 걸리지 않는 소, 조류독감에 걸리지 않고 사람에게 전염시키지도 않는 닭을 개발하고 있다.

합성 생물학을 이용하면 환경 오염이나 기후 변화에 맞서 순화된 동식물을 만들 수도 있다. 캐나다의 인바이로피그 프로젝트는 공식적으로 2012년 종료되었지만 인바이로피그 정자는 냉동되어 있다. 나중에 생명공학이 좀 더 받아들여지면 프로젝트를 다시 시작하기 위해서다. 그때가 되면 인을 소화하는 인바이로피그가 양돈가의 비용을 절감하고 양돈 농장 유역의 부영양화를 줄일 것이다. 동물 연구는 규제라는 장애물에 막혀 여전히 느리게 진행되지만 식물 연구는 상당한 진전을 이루었다. 솔크 연구소Salk Institute의 하네싱 플랜츠 연구소Harnessing Plants Initiative 과학자들은 합성 생물학을 이용해 잘 썩지 않고 탄소가 풍부한 식물 뿌리 단백질인 수베린suberin 생산을 늘려 식물의 탄소 포집 및 저장 능력을 극대화한다. 이 연구소의 유전자 변형 품종인 아이디어플랜츠IdeaPlants™는 '완벽한 식물'이라는 뜻으로, 일반 식물보다 크게 자라고 뿌리를 깊게 내리므로 토양에 더 많은 탄소를 잡아둘 수 있다. 연구자들은 이 형질을 세계 농업계에서 가장 흔한 여섯 가지 작물인 옥수수, 카놀라, 대두, 벼, 밀, 목화에 접목해 기후 변화에 맞설 무기로 활용할 계획이다.

합성 생물학자들은 동식물 유전체를 조작해 더 많은, 더 나은, 더 다양한 제품을 만드는 방법을 알게 되고, 자연 과학자 및 사회 과학자들은 새로운 생명공학의 위험을 평가할 방식을 개선하고, 활동가와 지역 사회 구성원은 생명공학을 농장과 삼림에 적용하는 방법을 개발하고 있다. 이에 따라 글로벌 사회에 사는 우리는 합성 생물학을 이용해 세상을 개조하는 데 점점 익숙해지고 있다. 유전공학과 우리가 맺고 있는 이 역설적인 관계는 필연적으로 해결될 것이다. 그저 진화의 안락한 무작위성을 유지하며 명백하고 확실한 미래로 나아갈 수는 없다. 90억에서 100억 명에 이르는 사람을 먹일 만한 충분한 식량과 숨 쉴 공기, 마실 물, 그리고 생물 다양성이 유지되는 거주지를 원한다면 우리는 진화를 더 많이 통제해야 한다. 우리는 생물 종이 오늘날의 세계에 더 빨리 적응하도록 진화를 이끌어야 한다. 가장 많은 특권을 지닌 사람들이 아니라 모든 사람이 생명공학에 접근할 수 있어야 한다. 이를 위해서는 지역 사회의 참여를 독려하고 문화적 차이를 포용하며 글로벌 사회로 함께 나아가야 한다. 우리의 생존이 여기에 달려 있다.

우리의 미래

2018년 10월, 중국 선전의 한 병원에서 쌍둥이 소녀 룰루Lulu와 나나Nana가 큰 환영을 받지 못한 채 미숙아로 태어났다. 한 달 후, 홍콩에서 열린 제2회 인간 유전체 편집 국제 정상 회담Second International Summit on Human Genome Editing에서 선전 남부과학기술 대학교 생물물리학자인 허젠쿠이He Jiankui가 아이들의 탄생을 발표했다. 그 소식은 화제가 되기는 했지만 그가 기대한 긍정적인 반응은 아니었다.

2018년 11월 전까지 허젠쿠이는 유전자 편집 분야에서 그다지 눈에 띄는 사람은 아니었다. 허젠쿠이는 중국 과학기술 대학교에서 교육받은 다음 텍사스 라이스 대학교에서 생물물리학 박사 학위를 취득했고 그 후 중국 선전으로 돌아와 DNA 서열분석 스타트업인 다이렉트 제노믹스Direct Genomics를 설립했다. 유전자 편집 분야의 몇몇 저명한 과학자들과 생명 윤리학자들은 허젠쿠이가 샌프란시스코 베이에서 지낼 때부터 그를 알았지만, 그의 연구팀이 무슨 일을 꾸미고 있는지는 아무도 예상하지 못했다.

허젠쿠이는 그간 유전자 편집 기술을 이용해 인간 배아를 수정하는 데 많은 관심을 보였다. 동물 배아를 연구하던 그는 논란의 여지는 있지만 생존할 수 없는 인간 배아에 한정해서 연구하는 것 같았다. 물론 그런 실험을 한다고 알려진 사람은 허젠쿠이만은 아니었다. 하지만 샌프란시스코 베이에서 허젠쿠이와 교류한 일부 전문가들은 그가 장기적으로는 조작된 인간 배아를 임신시키려 할지도 모른다고 의심했다. 하지만 허젠쿠이가 이메일을 통해 조작된 아기들이 이미 태어났다고 알리기 전까지는 그가 실제로 계획을 실행에 옮길 거라고 생각한 사람은 아무도 없었다.

허젠쿠이는 2018년에 열린 인간 유전체 편집 국제 정상 회담에서 전 세계에 쌍둥이의 탄생을 알리려고 계획했지만 며칠 앞서 이야기가 새어나가는 사고를 막지 못했다. 그는 발표가 파문을 일으키리라는 사실을 알고 있었기 때문에 이에 대비했다. 일반적으로 예상되는 질문에 답하기 위해 유튜브 동영상을 제작했으며 언론을 관리할 홍보 담당자를 고용했다. 그러나 회담 3일 전 〈MIT 테크놀로지 리뷰MIT Technology Review〉의 기자 안토니오 레갈라도Antonio Regalado가 중국 웹사이트에 새로 등록된 인간 유전자 편집 실험에 관한 이야기를 발견하고는 그것을 기사화한 것이다. 유전자 편집 학계는 크게 놀라며 반 충격 상태에 빠졌다. 대부분은 이 사기꾼 과학자가 언젠가는 살아 있는 유전자 편집 인간을 창조할지도 모른다고 우려하기는 했지만 이 사람이, 이 순간에, 이런 일을 했으리라고는 아무도 예상하지 못했다.

허젠쿠이는 명성과 칭찬을 기대했겠지만 반대로 국제적인 비난을 받았다. 그리고 그 후 몇 달도 안 되어 그는 대학에서 일자리를 잃고, 공동 설립한 회사에서 쫓겨났으며, 결국 감옥에 갔다.

우리는 2018년에 태어난 쌍둥이에 대해 많은 정보를 알지 못한다. 2019년 여름에 태어난 세 번째 유전자 편집된 아이에 대해서는 정보가 전혀 없다. 우리가 아는 것은 허젠쿠이의 첫 번째 실험을 설명하는 미공개 원고 사본에 담긴 데이터뿐이다. 미리 밝혀두지만, 데이터는 완전히 엉망이었다.

실험은 불임 프로그램의 하나로 시작되었다. 쌍둥이의 부모는 아이를 갖고 싶었지만 아버지가 HIV 양성이어서 불임 치료를 받을 수 없었다. 이 부모 혹은 비슷한 일을 겪는 다른 부모들은 허젠쿠이의 프로그램에 등록해 엄마나 아이가 바이러스에 감염될 가능성을 제거하는 정자 세척 표준 접근법을 이용할 수 있었지만 허젠쿠이는 한 걸음 더 나아가 자신의 프로그램에 등록한 가족을 HIV로부터 더 보호하려고 했다. 그는 배아가 잉태된 다음 크리스퍼를 이용해 유전체를 바꿔 HIV 바이러스 감염을 막으려 한 것이다. 쌍둥이의 부모가 추가 유전자 편집 절차의 위험을 알고 이해했는지는 알려지지 않았다. 사실 실험은 윤리적으로 거의 검토되지 않았기 때문에 얼마나 많은 사람이 이 실험의 정황을 이해하고 있었는지는 물론, 체외수정을 실시한 병원이나 의사조차 유전자 편집된 배아를 이식한다는 사실을 알고 있었는지 파악하기도 불가능하다.

배아가 200개에서 300개의 세포로 성장하자 허젠쿠이 팀은 이 세포 중 몇 개를 골라 유전자 서열분석을 했다. 서열분석 결과로 실험의 몇 가지 중요한 세부 사항을 알 수 있다. 첫째, 쌍둥이의 유전체 편집은 HIV-1 감염을 방해한다고 알려진 편집과 같지 않았다. 인간 개체군에는 인간 T 세포의 CCR5 수용체를 비활성화하는 DNA의 짧은 결실 deletion을 만드는 돌연변이가 있다. 이 결실은 HIV 분자가 세포로 침입하는 경로를 차단하는데, 이 돌연변이 사본이 두 개 있는 사람은 돌연변이 사본이 하나 있거나 없는 사람보다 HIV에 덜 감염된다. 쌍둥이 한 명의 게놈에서는 CCR5 유전자의 두 사본이 모두 편집되었지만, 두 염색체에서 일어난 편집도 달랐고 인간 개체군에 있는 돌연변이와 정확히 같지도 않았다. 다른 쌍둥이의 유전체에서는 하나의 사본만 편집되었으며, 편집도 인간에게 있는 돌연변이와 달랐다. 따라서 체외수정 당시에는 이 아기들이 HIV 감염에서 보호될 수 있는지도 알 수 없었다. 〈MIT 테크놀로지 리뷰〉에 유출된 원고 발췌 내용은 허젠쿠이 팀이 배아 이식 전에 쌍둥이의 게놈 편집에 대한 세부 사항을 이미 알았음을 보여준다. 이 상태에서 배아를 동결하고 새로운 돌연변이의 효능과 안전성을 평가할 수도 있었지만, 허젠쿠이는 그대로 밀어붙였다.

둘째, 두 배아 모두 모자이크mosaic였다. 모든 세포가 같은 게놈 서열을 갖고 있지 않았다는 의미다. 세포가 이미 여러 유형의 세포와 조직으로 분열 및 분화하기 시작한 배아에서 유전자를 편집했기 때문에 유전체 모자이크 현상은 예견된 문제였다. 크리스퍼 편집 기계가 각 세포에 전달되지 않거나 다른 세포에서 서로 다른 편집이 이루어지면 서로 다른 초기 세포에서 내려온 각 신체 부분의 DNA 서열이 달라진다. 게다가 유전체 데이터를 생성한 몇몇 세포마저 이식 전에 제거되었기 때문에 이런 세포는 발달 중인 아기에게 포함되지 않았다. 얼마나 많은 배아 세포가 편집되었는지, 아기 신체의 일부가 된 세포에 목표를 벗어난 표적 외 편집off-target editing이 있었는지도 아기가 태어나기 전에는 평가할 방법이 없다. 유출된 데이터에 따르면 허젠쿠이 팀은 쌍둥이 한쪽의 유전체 일부에서 목표를 벗어난 편집이 하나 일어났다는 사실을 알았지만, 알려진 기능을 하는 유전체에서 발생하지 않았다는 이유로 아기에게 큰 영향을 주지 않으리라 단정해버렸다.

셋째, 그런 극단적인 형태의 의료 개입으로 인해서 허젠쿠이의 정당성은 완전히 무너졌다. 그는 회담에서 결과를 발표하며 인간 생식선 편집을 규제하는 지침을 따랐다고 주장했다. 이 지침은 2017년에 과학자와 윤리학자 패널이 고안한 것으로, 질병을 유발하는 유전자만 편집하고, 인간 조직 작업에 착수하기 전에 동물 모델에서 실험을 최적화하고, 적절한 과학 기관이나 정부 기관에서 윤리적 감독을 받을 것을 권장한다. 하지만 그의 실험은 이 기준 중 어느 것도 충족하지 못했다. HIV는 CCR5를 비활성화해 치료할 수 있는 유전적 질환이 아니다. 오히려 허젠쿠이는 다른 면에서는 건강한 배아에 잠재적인 예방 조치를 부여한다며 배아를 조작했다. 기회가 있었는데도 특정 편집을 동물 모델에서 검증하지 않았다. 그리고 쌍둥이가 태어난 후에야 관련 당국에 자신의 실험을 등록했다는 점으로 보아 윤리적 감독은 뒷전이었던 것으로 보인다. 그는 난치성 의학적 문제를 해결한다기보다는 그저 유명세를 얻기 위해서 유전자 편집 실험을 설계하고 수행했을 가능성이 크다.

유전자 편집 쌍둥이가 탄생했다는 허젠쿠이의 발표는 유전자 편집 학계가 인간 생식선 편집에 보였던 강력한 반대에 더욱 불을 지폈다. 쌍둥이 배아의 표적 외 편집과 모자이크 상태는 전문가들이 이미 알고 있던 사실을 다시 확인해주었다. 크리스퍼 기술은 임신을 위해 인간 배아를 편집하기에는 아직 너무 열악하며 그런 실험은 무모하고 인간 생명을 위험에 빠뜨린다. 많은 사람이 보기에 이 연구는 윤리적인 선을 넘었거나, 적어도 잠재적으로 수용할 수 있는 치료법과 훨씬 윤리적으로 문제 있는 개선 사이에 있는 윤리적 중간 지대에 놓여 있다.

왜 우리는, 인간을 개선하기 위해 생명공학을 이용하는 것에 반대하는 것일까? 미래의 부모는 전 세계 인간의 유전체에 있는 유리한 돌연변이 중 자신이 선택한 유전자를 편집해 특정 작업을 잘 수행하거나 극한 환경에도 잘 적응하는 인간 배아를 만들지도 모른다. 우리가 개나 소에게 했던 실험과 마찬가지로 말이다. 하지만 이런 식으로 인간 진화를 조작하는 일에는 필연적으로 불평등 문제가 따른다. 우리는 복서 개가 미니어처 푸들보다 강하다고 걱정하지 않는다. 복서와 미니어처 푸들은 서로 다른 인간의 요구를 메우려고 일부러 만든 생물이기 때문이다. 하지만 인간은 요구를 채우려 의도적으로 만든 생물이 아니다. 인간은 자신이 어떤 삶을 살고 싶은지 스스로 결정할 수 있어야 한다. 그렇기에 우리는 이미 존재하는 불평등을 심화할지도 모를 모든 기술을 유감스럽게 생각하고 그것이 악용될까 봐 걱정한다.

하지만 우리는 곧 그런 기술에 익숙해질 것이다. 45년 전에는 체외수정 기술이 두렵고 개탄스러웠지만, 오늘날 체외수정은 자연히 임신할 수 없는 부부가 아이를 가질 가능성을 열어주었다는 점에서 환영받는다. 전 세계의 많은 부부는 유전 질환이 있는 아이를 잉태할 가능성이 있는지 확인하기 위해 유전자 검사를 한다. 미국, 유럽, 중국 등의 불임 클리닉은 착상 전 배아의 DNA 서열분석 결과를 제공한다. 배아의 유전 질환 유무가 검사 목적이지만 부모는 이 결과로 생물학적 성별이나 눈 색깔 같은 형질을 선택할 수도 있다. 수십만 개의 인간 유전체 데이터베이스를 바탕으로 키, 피부색, 강박성 등 더 많은 특성을 유전자와 연관시킬 수 있게 되었다. 불임 클리닉은 이런 데이터를 이용해 배아의 특성을 추가로 지정할 수 있고, 배아의 유전자를 분석해 아이의 건강, 외모, 지능 및 행동을 예측할 상세한 결과를 부모에게 제공한다. 유전자 서열분석과 형질 선택을 결합해 아기를 디자인하는 일은 유전체 서열분석과 DNA 조작을 결합해 아기를 디자인하는 일과 한 끗 차이다. 물론 해결되지 않은 중요하고 거대한 기술적 장벽이 있지만, 그 장벽도 일부에 불과하다.

인간 생식선 편집을 허용하면 결과가 너무 매혹적이어서 다시는 멈출 수 없으리라는 또 다른 두려움도 있다. 우리 아이를 똑똑하고 매력적이며 운동신경이 뛰어나게 만들 수 있다면 왜 그렇게 하지 않겠는가? 어떤 유전자를 조작해야 하는지 안다면 기술을 전면적으로 폐기하지 않는 한 어떻게 유전자 조작을 막을 수 있을까?

체외수정을 반대하는 의견이 퇴색했듯이 인간 생식선 편집에 대한 반대 의견도 퇴색할 수 있다. 언제 어떻게 그렇게 될지는 앞으로 수년에서 수십 년 동안 기술이 어떻게 달라지는지에 달려 있다. 현재 과학자들과 생명 윤리학자들은 전 세계에서 임신을 목적으로 하는 인간 배아 유전자 편집을 유예해달라고 요구하며, 인간 생식선 유전체 편집의 임상적 이용에 관한 국제 위원회International Commission on the Clinical Use of

Human Germline Genome Editing는 명시적으로 어떤 실험과 윤리적 감독이 필요한지 정확하게 나열한 지침을 포함해 인간 유전자 편집 연구에 대한 가이드라인을 개정한다. 하지만 그렇다고 해서 어딘가에 있는 누군가가 이런 권고를 무시하고 임신을 목적으로 인간 배아 편집을 진행할 가능성이 사라지지는 않는다. 이런 일이 발생한다면, 미래에는 불공평하게도 이점을 지닌 채 디자인된 아기가 태어날 것이니 그것에 대한 감독을 강화해야 한다는 새로운 걱정과 요구가 일어날 것이다. 하지만 우리는 2018년보다는 조금 덜 놀랄 것이고, 유전자 편집 인간이라는 아이디어에 대해서는 조금 더 익숙해졌을 것이다.

우리 행동이 아니라 외부에서 온 위기 때문에 더 위험한 기술을 채택해야 할 수도 있다. 2019년 말 중국에서 발생한 코로나바이러스감염증COVID-19 대유행은 전 세계로 빠르게 확산해 수백만 명의 목숨을 앗아갔고 세계 경제를 파괴하고 의료 시스템을 무너뜨렸다. 바이러스는 비말로 퍼졌기 때문에 거의 모든 사회 기능을 멈추거나 바꾸어야 했다. 학교는 문을 닫았으며 아이들은 친구들과 놀 기회를 빼앗겼다. 중증 질병에 가장 취약한 노인들은 친구나 가족을 만나지 못하게 되었다. 우리는 거의 1년 내내 직계 가족 이외의 모든 사람과 거리를 두라는 지시를 받았고, 사람을 사람답게 만드는 공동체 속 만남을 박탈당했다. 모든 연령대에서 우울과 불안이 늘었다. 전 세계 정신건강 전문가들은 약물 남용과 자살 충동이 늘었다고 보고했다. 쉽게 얻을 수 있는 백신이 없었던 2020년 초, 문제를 해결하기 위해 새로운 기술을 적용할 수 있었다면 우리는 주저했을까?

코로나바이러스감염증 대유행의 원인인 사스코로나바이러스SARS-CoV-2는 중증 급성 호흡기 증후군(SARS, severe acute respiratory syndrome)이라는 바이러스성 호흡기 질환이자 코로나바이러스(CoV, coronavirus)로 알려진 바이러스다. 대부분의 코로나바이러스는 감기처럼 가볍고 그보다 덜 치명적인 질병을 유발한다. 하지만 코로나바이러스가 감기보다 더 치명적일 때도 있다. 첫 번째 사스는 코로나바이러스가 사향고양이에서 인간에게 침입했을 때 발생했다. 사향고양이는 아마 박쥐에서 바이러스를 얻었을 것이다. 사스는 2002년 11월부터 2003년 7월까지 약 8개월간 지속되었고 26개국에서 8,098명이 감염되어 774명이 사망했다. 첫 번째 사스가 발병했을 때는 의사와 역학 팀이 국제적으로 신속하게 협력한 덕분에 세계적 대유행으로 번지지 않았다. 사스는 주로 의료 환경에 있는 환자들 사이에서 퍼졌기 때문에 감염되었거나 혹은 잠재적으로 감염된 사람을 비교적 간단히 찾아내고 격리할 수 있었다. 하지만 사스코로나바이러스는 자신이 코로나바이러스에 감염되었다는 사실을 알 만큼 아프지는 않은 사람들 사이에서 전파되기 때문에 더 막기 어려웠다.

2019년 말 중국에서 사스코로나바이러스가 출현했을 때 우리는 맞설 준비가 되어 있어야 했지만 그러지 못했다. 전염병은 예상치 못한 일이 아니었다. 인구가 증가하며 인간이 서로, 또는 다른 동물과 만날 기회가 늘었고 동물 숙주에서 진화해 인간에게 전이되는 새로운 인수공통전염병이 나타날 기회도 늘었다. 하지만 대유행이 시작되어서야 과학계는 사스코로나바이러스를 막을 방법을 찾는 데 골몰했다. 불과 몇 달 만에 과학자들은 인간의 면역 체계가 사스나 기타 바이러스 감염에 대처하는 반응에 대해 전보다 훨씬 많이 배웠다. 이 지식 일부를 이용해 환자 상태를 개선할 치료법을 개발했으며 다른 정보로는 신속 승인 프로세스를 통해 백신을 개발했다. 과학자들은 HIV-1에 면역성인 CCR5

유전자 사본 두 개를 물려받아 선천적으로 면역이 된 사람처럼, 사스코로나바이러스에 감염된 일부는 부모에게서 물려받은 유전적 변이 때문에 다른 사람보다 중증에 걸릴 확률이 낮다는 사실을 발견했다.

코로나바이러스감염증은 현재 유행하는 가장 치명적인 전염병은 아니다. 또한 인간이 경험한 가장 치명적인 전염병 대유행도 아니다. 하지만 우리가 실시간으로 유전적 특성을 밝힌 첫 번째 전염병 대유행이다. 우리는 바이러스가 진화하는 과정을 지켜보고 더 치명적인 균주의 출현을 감지했으며 전 세계적으로 이런 균주가 확산하는 경로를 추적했다. 우리는 검역, 치료제, 백신 같은 기존 개입을 이용해 코로나바이러스를 통제하는 방법을 배웠다. 하지만 그런 방법이 실패했다면 어떻게 되었을까? 바이러스가 더 치명적으로 변이하거나 더 빨리 퍼졌다면 어땠을까? 그렇다면 우리가 발견한 보호 유전자 변이와 DNA를 편집할 도구에 관심을 가졌을까? 인간을 구원할 필요성이, 인간의 진화 경로를 변경하는 데 대한 윤리적 반대를 넘어서는 변곡점이 되었을까?

나는 우리의 조작 능력을 결국 우리 자신에게 적용하게 될 것이라고 굳게 믿는다. 하지만 그렇게 된다고 해도 지금은 알 수 없는 더 나은 인간을 만들기 위함은 아닐 것이다. 진화는 그렇게 작동하지 않는다. 미래는 알 수 없지만, 어떤 사람을 다른 사람보다 더 나은 사람으로 바꾸는 변이를 위한 유전적 경로는 없다. 언젠가 우리는, 행동할지 아니면 자연을 그대로 흘러가게 놓아둘지 결정해야 하는 순간에 놓였다는 사실을 발견할 것이다. 아마 대유행 전염병으로 둘러싸인 순간일지도 모른다. 그때가 되면 우리 중 일부는 그 환경에 덜 적합한 유전적 변이를 가지고 있다는 사실을 깨닫게 될 수도 있다. 자연 선택은 비윤리적인 방식으로 그런 변종을 인간 개체군에서 제거할 것이다. 하지만 그때가 되면 우리는 그런 결말을 피할 수단을 손에 넣었을 것이다. 그래서 우리는 다른 결과를 선택한다. 우리는 우리가 가진 기술로 진화를 뒤집을 것이다. 한때 상상할 수도 없던 윤리적 위반은 상상할 수 있는 유일한 윤리적 선택이 된다. 인간의 삶을 구원하는 일은 우리의 터키시 딜라이트가 될 것이다.

이제 우리에게 달려 있다

인간은 지난 수만 년 동안 주변 생물을 조작해왔다. 우리는 주변 종을 사냥하고 일부는 멸종 위기로 몰아가며 우리 식대로 공동체와 생태계를 뒤섞었다. 생물을 사냥한다고 그 생물이 필연적으로 멸종하지는 않는다는 사실을 깨닫자 우리는 행동을 바꿨다. 우리는 사냥 전략을 다듬고 먹잇감의 개체군을 유지하기 위해 신중하게 선택했다. 우리는 동물 그리고 우리가 채집한 곡식과 과일을 개선하는 방법을 배웠다. 동식물을 우리 거주지 가까이 데려왔고 최고와 최고를 교배해 훨씬 나은 생물을 만들었다. 인간의 삶은 나아졌고 인구는 증가했다. 하지만 우리가 점점 지구에서 더 많은 영역을 차지하자 당연하게 여겼던 종들이 멸종했고 우리를 지탱해 준 땅과 물이 황폐해졌다. 그래서 우리는 다시 행동 양식을 바꿨다. 우리는 야생종과 자연을 보호할 규칙을 만들었다. 야생종의 서식지와 식량, 심지어 번식을 선택했다. 우리에게는 더 많은 여지가 생겼고, 우리는 더욱 조작을 이어갔다. 황소 한 마리가 수천 마리 송아지의 조상이 될 수 있다는 사실을 깨닫고, 최고의 소를 복제할 수 있다는 사실도 배웠다. 우리가 퍼트린 해충과 질병에 저항성이 있는 작물을 조작해 만들었다. 잃어버린 계보를 되살리는 방법도 알아냈다. 지난 5만 년 동안 우리는 인간이 진화적 힘을 지배해버리는 오늘날의 세계에 맞춰 우리와 함께 사는 동식물을 절묘하게 적응한 종으로 바꾸어놓았다.

하지만 우리는 다른 진화적 힘을 가지고 있다. 자연적인 진화는 실험 무대를 그저 자유롭게 걸어간다. 진화는 번식에 관한 결정을 내리기 전에 위험 평가를 하지 않지만, 우리는 그렇게 한다. 진화는 다음 세대가 어떻게 생겼는지, 다음 세대가 생존할지 아닌지조차 상관하지 않지만, 우리는 그렇게 한다. 진화는 말이나 소, 밀, 들소를 특정한 운명으로 이끌지 않지만, 우리는 그렇게 한다. 이것이 생명공학에 반대하는 인간이 가지고 있는 모순이다. 우리는 인간이 지금껏 얻어온 진화 통제권을 생명공학에 준다는 바로 그 이유 때문에 생명공학에 반대한다. 진화는 우리를 미리 결정된 미래로 데려가지 않는다. 하지만 생명공학은 그렇게 할 수 있다.

앞으로 수십 년 동안 우리가 내리는 결정은 우리의 운명과 다른 종의 운명은 물론이고 아마도 훨씬 먼 미래까지 결정할 것이다. 기술이 발전하며 우리는 기술의 이점을 취하고, 합성 생물학을 이용해 적은 재료로도 더 많이 생산하며, 지속 가능한 방식으로 야생종과 야생 공간을 보호할 수 있다. 아니면 새로운 생명공학을 거부하고 비슷하지만 더 느리고 성공률이 낮은 경로를 따를 수도 있다.

새로운 생명공학 기술은 특히 두렵다. 안전한 기술을 만들고 위험을 평가할 방법을 배우고 전 세계가 협력하려면 해야 할 일이 아직 많다. 하지만 생명공학은 우리에게 희망도 준다. 세상이 변하며 사람과 동물, 생태계가 고통받고 있다. 생명공학은 인간에게 이들을 도울 힘을 준다. 우리는 멸종 위기에 처한 종의 진화 궤적을 바꿀 수 있다. 우리는 쓰레기를 제거하고 농장을 더 효율적으로 만들 수 있다. 우리와 다른 종을 괴롭히는 질병을 치료할 수 있다. 우리는 자연에서 야생종이 번성하고 사람들이 건강하고 행복하게 살며 확실한 책임감을 지닌 세상을 만들고 가꿀 수 있다.

"가장 아름답고 놀라운 무한한 형태"

엘로스톤 국립공원의 이른 봄날로 돌아가보자. 우리는 살랑이는 바람과 멀리서 흐르는 시냇물 소리만 들리는 조용한 곳에서 들소 무리가 갓 싹튼 풀을 뜯는 모습을 바라본다. 고요하고 위안이 되는 풍경이다. 이 동물과 이 공간은 우리가 내린 결정 때문에 이곳에 있다. 물론 인간은 들소를 두 번이나 거의 멸종으로 몰아갔지만, 들소를 안전하게 보호하기 위해 인간이 고안한 규칙과 전략을 적용한 이곳 엘로스톤에서 들소는 살아남았다. 물론 이 들소는 조상 들소와 다르다. 이 들소는 먹이나 짝을 찾거나 포식자를 피할 때 조상 들소가 겪었던 어려움을 만나지 않는다. 이 들소 중 일부 계보는 레반트 지역의 야생 들소로 거슬러 올라갈지도 모른다. 하지만 지금 이 공원에 있는 들소들은 그저 서로 뒤쫓고 쿵쿵거리고 풀을 씹는 들소일 뿐이다.

나는 이 장엄한 동물의 계보와 운명에 대해 곰곰이 생각하며 들소를 바라보다가 다윈이 쓴《종의 기원Origin of Species》의 마지막 구절 "가장 아름답고 놀라운 무한한 형태"라는 문장을 떠올린다. 오늘날 인간이 지배한 세상을 가장 완벽하게 설명하는 문장이다. 이 세상과 이곳에 사는 생물은 그저 야생처럼 보일지도 모른다. 하지만 이 생물은 이제껏 진화해왔고 앞으로도 진화할, 가장 아름다운 형태다.

누군가 운전석을 작은 발로 차며 내 등을 찌른다. "이제 가도 돼요?" 내 조용한 사색에 지루해지고 들소에도 관심이 없어진 아이들이 한목소리로 떼를 쓴다. 들소는 이제 지평선 너머로 사라졌다. 나는 뒤를 돌아보며 아이들에게 미소 짓는다. 아이들 사이에는 그새 플라스틱 포장지, 빈 주스 병, 과자 부스러기, 견과류와 오렌지 껍질, 으깨진 건포도 등 수천 년의 유전적 조작을 반영하는 쓰레기 더미가 쌓여 있다.

나는 뒤돌아 앉아 차에 시동을 걸고 안경을 고쳐 쓴다. 공원 출구 쪽으로 운전해 가며 아이들이 지루해하지 않도록 눈에 보이는 야생 딸기, 패랭이꽃, 쇠비름, 데이지, 빙하 백합, 미나리아재비, 야생 해바라기 등의 야생화를 가리키며 소리 내어 이름을 불러본다. 이들 중 일부는 여기에서 진화하고 일부는 다른 곳에서 진화한 다음 우연히, 또는 의도적으로 이곳에 도입되었을 것이다. 풀도 토착종과 외래종의 혼합종이다. 들소와 소가 그랬듯 이 야생화도 우리 덕분에 진화의 역사와 미래를 엮으며 교배하고 있을지도 모른다. 뒷좌석 아이들은 조용히 자기 생각에 빠져 내 이야기는 듣지도 않는다. 나는 혼자 미소 짓는다. 자연은 언제나 지금처럼, 이렇게 존재해왔다.

생명의 가장 아름다운 모습이다.

감사의 말

이 책을 만드는 데 도움을 주신 많은 분께 감사드리고 싶다. 무엇보다 정확한 사실을 알리는 데 도움을 준 분들께 감사드린다. 로스 맥피, 그랜트 자줄라, 폴 코흐는 고생물학 전문 지식에, 제프 베일리, 이자벨 바인더, 에드 그린, 민디 제더는 초기 인류 역사와 고고학 및 순화에 대한 전문 지식을 주셨다. 알리손 판 에이네남은 농업 분야에서 이용하는 유전공학 및 유전자 편집에 대한 설명이 정확한지 확인해주고, 기쁘게도 소들과 갓 태어난 송아지 사진을 트위터 DM으로 보내주셨다. 올리버 라이더, 스튜어트 브랜드, 케빈 에스벨트, 벤 노박, 라이언 펠런은 새로운 생명공학 보전 지식을 나눠주셨다. 초안에 피드백을 주고 책 내용을 다듬는 데에 도움을 준 많은 분께도 감사의 인사를 전하고 싶다. 동굴 관련 여러 장을 기꺼이 읽고 최종 제목에도 영감을 준 크리스 볼머, 필요할 때 칵테일도 만들어주신 레이첼 마이어, 강박적으로 코로나바이러스 통계를 확인하는 것 외에 다른 할 일까지 찾아서 해주셨던 매트 슈바르츠, 전염병 때문에 체육관이 폐쇄되었다는 사실도 잊고 책의 원고를 기꺼이 읽어주신 내 계부 토니 에즐, 그리고 어색한 부분을 큰 소리로 읽으며 해결하려 애쓰고 있을 때 참을성 있게 들어주신 사라 크럼프, 케이티 문, 루스 코르베데티그, 셀비 러셀에게도 감사드린다. 이분들의 공헌이 없었다면 이 책은 지금 같은 상태가 아니었을 것이다.

두 아들이 2학년 때 담임이었던 엘리너 요나스 선생님께도 감사드린다. 수업에 참가해서 옛날 매머드 이야기를 나눌 수 있게 해주셨는데 아마도 내가 고대 무스 똥 이야기는 생략해서 다행이라고 생각하셨을 것이다. 산타크루즈 캘리포니아 대학교 고생유전체학 연구소의 모든 분께도 감사드린다. 팬데믹 봉쇄로 인해서 늦어진 연구를 광속으로 처리해주시고, 책 쓰기를 포함한 모든 일을 재택근무로 처리하느라 늦어진 나를 인내심을 갖고 기다려 주신 분들이다.

인내심에 대해 말하자면 가족을 빼놓을 수 없다. 훌륭한 독자인 내 동반자 에드는 아직 이 책의 한 장만 읽었지만 언젠가는 이 책 전체와 내 매머드 책을 읽겠다고 맹세했다. 내 아이들 제임스와 헨리는 내가 마인크래프트 게임에서 일어난 흥미진진한 모험 이야기를 듣는 대신 책을 쓰느라 시간을 다 써버렸기 때문에 이 책을 비롯해서 엄마가 쓴 책은 모두 자기들 덕이라고 말했다. 온 세상이 봉쇄된 뒤 온라인 강의와 회의, 초등학교 수업, 그리고 마인크래프트 게임으로 온 집안이 분주한데도 글쓰기에 집중할 수 있게 해주신 분들께도 감사드린다. 데이비드 카펠, 빅토리아 노블의 에너지와 사랑, 그리고 린다 나란호가 제임스와 헨리에게 쏟아 준 열정과 사랑이 없었다면 전염병 대유행 동안 이 책을 끝낼 수 없었을 것이다.

마지막으로 책을 마무리하기까지 전 과정을 안내해주신 편집자

T.J. 켈러허와 내 글을 실제 책으로 만드는 데 도움을 주신 베이직북스의 모든 분, 내가 이 책을 정말 쓸 수 있다고 밀어준 에이전트 막스 브루크먼에게 감사드린다.

이제 나는 유전자 변형 미국밤나무를 캘리포니아로 들여올 수 있는지 알아보러 가야겠다.

참고문헌

주석이 달린 다음 참고문헌 목록은 완전하지는 않지만, 앞서 설명한 주제를 독자가 더 깊이 탐구할 수 있도록 도울 자료를 모았다. 여기에서 언급한 과학 논문은 가능한 한 읽기 쉽도록 요약된 논문이나 일반인을 위해 명쾌하게 작성된 논문을 참조하려고 했다. 본문에서 특정 데이터나 출판물을 인용했을 때는 그 데이터가 발표된 문헌도 함께 실었다.

서문 돌보는 자의 섭리

주석

새끼 오리를 낳는 닭(Liu et al. 2012)을 언급하며 인용한 원시생식세포 이식의 여러 이점 중 하나는 일반 종이 사육 상태에서 번식하기 어려운 희귀종의 대리모가 될 수 있다는 점이다. 예를 들어 일반 닭 품종은 희귀 품종의 자손을 얻는 데 이용된다(Woodcock et al. 2019). 이 기술은 어류에도 성공적으로 적용되었고(Yoshizaki and Yazawa 2019), 보존과 양식업에서 엄청난 잠재력을 보였다.

인바이로피그에 대한 기술적 설명은 폴스버그(Forsberg et al. 2013)의 논문에서 볼 수 있다. 블록의 다른 문헌(Block 2018)은 규제 장벽을 넘지 못한 인바이로피그 및 다른 형질전환 동물에 대해 기술적 이해가 부족한 일반인도 쉽게 이해할 수 있도록 설명한다.

자연을 그대로 두는 것이 좋은지 아니면 더 적극적으로 개입하는 것이 좋은지에 대한 논쟁은 생물 다양성 보전이라는 주제에 깊이 뿌리내리고 있다. 한쪽에는 자연 공간 회복을 주장하는 《반쪽뿐인 지구Half-Earth》(2016)의 저자 E. O. 윌슨E. O. Wilson이 있다. 반대편에는 인간의 영향을 받지 않는 지구를 상상하기에는 너무 늦었으므로 지구를 관리하는 역할을 받아들여야 한다는 사람이 있다. 이 주장을 논하는 책 중 내가 가장 좋아하는 책 두 권은 스튜어트 브랜드Stewart Brand의 《전지구 훈련Whole Earth Discipline》(2009)과 엠마 마리스Emma Marris의 《무법 정원Rambunctious Garden》(2011)이다.

생물 다양성 보존을 위한 생명공학적 해법을 바라보는 뉴질랜드 주민의 태도를 조사한 원문 보고서는 테일러의 문헌(Taylor et al. 2017a)에, 이 연구의 의미에 대한 논의는 테일러의 다른 문헌(Taylor et al. 2017b)에 담겨 있다.

참고문헌

* Bloch S. 2018. "Hornless Holsteins and Enviropigs: The genetically engineered animals we never knew." The Counter. http://thecounter.org/transgenesis-gene-editing-fda-aquabounty/.

* Brand S. 2009. Whole Earth Discipline: An Ecopragmatist Manifesto. New York:Viking Penguin.

* Forsberg CW, Phillips JP, Golovan SP, Fan MZ, Meidinger RG, Ajakaiye A, Hilborn D, Hacker RR. 2003. "The Enviropig physiology, performance, and contribution to nutrient management advances in a regulated environment: The leading edge of change in the pork industry." Journal of Animal Science 81: E68-E77.

* Liu C, Khazanehdari KA, Baskar V, Saleen S, Kinne J, Wernery Y, Chang I-K. 2012. "Production of chicken progeny (Gallus gallus domesticus) from interspecies germline chimeric duck (Anas domesticus) by primordial germ cell transfer." Biology of Reproduction 86: 1-8.

* Marris E. 2011. Rambunctious Garden: Saving Nature in a PostWild World. New York: Bloomsbury.

* Taylor HR, Dussex N, van Heezik Y. 2017a. "Bridging the conservation genetics gap by identifying barriers to implementation for conservation practitioners." Global Ecology and Conservation 10: 231-242.

* Taylor HR, Dussex N, van Heezik Y. 2017b. "De-extinction needs consultation." Nature Ecology and Evolution 1: 198.

* Wilson, E. O. 2016. HalfEarth: Our Planet's Fight for Life. New York: Liveright.

* Woodcock ME, Gheyas AA, Mason AS, Nandi S, Taylor L, Sherman A, Smith J, Burt DW, Hawken R, McGrew MJ. 2019. "Reviving rare chicken breeds using genetically engineered sterility in surrogate host birds." Proceedings of the National Academy of Sciences 116: 20930-20937.
* Yoshizaki G, Yazawa R. 2019. "Application of surrogate broodstock technology in aquaculture." Fisheries Science 85: 429-437.

01 뼈를 발굴하다

주석

홍적세 빙하기의 격동적인 역사를 담은 클론다이크 금광은 캐나다 유콘 동토에 보존된 식물(Zazula et al. 2003) 및 동물(Shapiro and Cooper 2003)로 고대 생태계를 재구성할 수 있다는 가능성을 보여준다. 프로즈의 문헌(Froese et al. 2009)은 화산재층이 어떻게 고고학적 사건을 증명하는지 비교적 난해하지 않은 용어로 설명한다.

북아메리카들소의 역사를 다룬 문헌은 많다. 리넬라의 문헌(Rinella 2009)은 북아메리카들소 역사를 가장 꼼꼼하게 역사적으로 설명한다. 비록 그가 옥스퍼드 연구 기간 내내 배웠으나 지금은 잊은 내 대서양 지역 억양을 놀렸지만 말이다. 가이스트의 문헌(Geist 1996)은 아메리카 중부대륙 원주민과 들소의 관계를 놀라울 정도로 자세히 탐구하고, 거스리의 문헌(Guthrie 1990)은 들소가 베링기아 생태계에 미친 영향과 베링기아 및 다른 지역 들소 사이의 관계를 탐구한다.

19세기 들소 개체수 감소는 호너데이의 문헌(Hornaday 1889)에 잘 정리되어 있으며, 영의 문헌(Yong 2018)은 들소 개체수 감소가 북아메리카 생태계에 어떤 영향을 미쳤는지 탐구한다. 19세기에서 20세기 초 들소를 구하기 위한 노력은 미국 들소협회의 여러 보고서에 잘 보존되어 있고 협회의 온라인 아카이브에서 검색할 수 있다.

20세기 초 들소와 소를 교배하려는 시도는 대체로 성공하지 못했지만(Goodnight 1914) 대부분 들소 무리에 소의 흔적을 남겼다(Halbert and Derr 2009). 더르의 문헌(Derr et al. 2012)은 산타카탈리나섬의 들소 계보에 남은 신체적 결과를 평가한다.

고대 DNA를 이용해 들소의 역사를 재구성하는 내 연구는 마지막 빙하기 동안 들소 개체수가 증감한 시기를 추론하는 것에서 시작했다(Shapiro et al. 2004). 나중에 우리는 치지 절벽에서 발견된 들소 발뼈와 콜로라도주 스노우매스에서 발견된 자이언트 들소의 DNA를 회수해 들소가 북아메리카에 처음 유입된 시기를 확인하고(Froese et al. 2017) 마지막 빙하기 절정 이후 들소가 회복되는 과정을 기록했다(Heintzman et al. 2016). 콜로라도주 스노우매스에서 진행한 발굴(Johnson et al. 2014)은 PBS의 다큐멘터리 〈노바NOVA〉의 에피소드에 등장했다(Grant 2012).

보존된 콰가 피부에서 최초로 고대 DNA 증폭에 성공한 사례는 히구치의 문헌(Higuchi et al. 1984)이 설명한다. 세간의 이목을 끌면서 DNA 오염을 방지하고 결과를 검증할 방법을 개발하고 구현해 공룡이나 더 오래된 화석에서 DNA를 얻었다고 주장한 실상이 낱낱이 공개되었다. 이 실상은 질베르트(Gilbert et al. 2005) 및 내 논문(Shapiro and Hofreiter 2014)에서 검토했다. 이 분야에 대한 기본적인 규칙은 쿠퍼와 포이나르(Cooper and Poinar 2000)가 설정했다.

참고문헌

* Cooper A, Poinar HN. 2000. "Ancient DNA: Do it right or not at all." Science 289: 1139.

* Derr JN, Hedrick PW, Halbert ND, Plough L, Dobson LK, King J, Duncan C, Hunter DL, Cohen ND, Hedgecock D. 2012. "Phenotypic effects of cattle mitochondrial DNA in American bison." Conservation Biology 26:1130-1136.

* Froese DG, Stiller M, Heintzman PD, Reyes AV, Zazula GD, Soares AER, Meyer M, Hall E, Jensen BKL, Arnold L, MacPhee RDE, Shapiro B. 2017. "Fossil and genomic evidence constrains the timing of bison arrival in North America." Proceedings of the National Academy of Sciences 114: 3457-3462.

* Froese DG, Zazula GD, Westgate JA, Preece SJ, Sanborn PT, Reyes AV, Pearce NJG. 2009. "The Klondike goldfields and Pleistocene environments of Beringia." GSA Today 19: 4-10.

* Geist V. 1996. Buffalo Nation: History and Legend of the North American Bison. Stillwater, MN: Voyageur Press.

* Gilbert MTP, Bandelt HJ, Hofreiter M, Barnes I. 2005. "Assessing ancient DNA studies." Trends in Ecology and Evolution 20: 541-544.

* Goodnight C. 1914. "My experience with bison hybrids." Journal of Heredi-

ty 5:197-199.

* Grant E. 2012. "Ice Age Death Trap." NOVA, PBS. www.pbs.org/video/nova-ice-age-death-trap/.

* Halbert ND, Derr JN. 2007. "A comprehensive evaluation of cattle introgression into US federal bison herds." Journal of Heredity 98: 1-12.

* Heintzman PD, Froese DG, Ives JW, Soares AER, Zazula GD, Letts B, Andrews TD, Driver JC, Hall E, Hare G, Jass CN, MacKay G, Southon JR, Stiller M, Woywitka R, Suchard MA, Shapiro B. 2016. "Bison phylogeography constrains dispersal and viability of the 'Ice Free Corridor' in western Canada." Proceedings of the National Academy of Sciences 113: 8057-8063.

* Higuchi R, Bowman B, Freiberger M, Ryder OA, Wilson AC. 1984. "DNA sequences from the quagga, an extinct member of the horse family." Nature 312: 282-284.

* Hornaday WT. 1889. "Extermination of the American Bison." In Smithsonian Institution USNM, edited by Report of the National Museum, 369-548: Government Printing Office.

* Johnson KR, Miller IM, Pigati JS. 2014. "The Snowmastodon Project." Quaternary Research 82: 473-476.

* Rinella S. 2009. American Buffalo: In Search of a Lost Icon. New York: Spiegel & Grau.

* Shapiro B, Cooper A. 2003. "Beringia as an Ice Age genetic museum." Quaternary Research 60: 94-100.

* Shapiro B, Drummond AJ, Rambaut A, Wilson MC, Matheus PE, Sher AV, Pybus OG, Gilbert MT, Barnes I, Binladen J, Willerslev E, Hansen AJ, Baryshnikov GF, Burns JA, Davydov S, Driver JC, Froese DG, Harington CR, Keddie G,···Cooper A. 2004. "Rise and fall of the Beringian steppe bison." Science 306: 1561-1565.

* Shapiro B, Hofreiter M. 2014. "A paleogenomic perspective on evolution and gene function: New insights from ancient DNA." Science 343: 1236573.

* Yong E. 2018. "What America lost when it lost the bison." The Atlantic, No-

* Zazula GD, Froese DG, Schweger CE, Mathewes RW, Beaudoin AB, Telka
AM, Harington CR, Westgate JA. 2003. "Ice-age steppe vegetation in East
Beringia." Nature 423: 603.

02 인간의 기원을 찾아서

주석

에른스트 마이어의 문헌(Ernst Mayr 1942)은 여러 종 개념 중 무엇보다 생물학적 종 개념을 도입했다. 코인Coyne과 오르Orr의 저서인 《종 분화Speciation》(2004)는 종의 개념과 종 분화를 심층적으로 검토한다.

험프리와 스트린저의 논문(umphrey and Stringer 2018) 및 스트린저와 맥키의 논문(Stringer and McKie 2015)은 화석이 인간의 기원에 대해 무엇을 밝혀 주는지 이해하기 쉽게 설명하지만, 그저 슬쩍 훑어보고 싶은 독자라면 스트린저(Stringer 2016)의 간결한 문헌이 더 나을 수도 있다. 패티슨의 문헌(Pattison 2020)은 특히 고인류학에서 바라보는 인간 사이의 갈등에 관심 있는 독자에게 훌륭한 선택이 된다. 리버먼의 논문(Lieberman 2014)은 호미닌 이전의 진화, 특히 이족보행의 진화를 탐구한다. 안톤의 문헌(Antón et al. 2014)은 아프리카 건기와 초기 인간의 다양화 사이의 관계를 탐색한다. 허블린의 문헌(Hublin et al. 2017)은 모로코 제벨 이르우드에서 발견된 31만 5,000년 된 현생인류 화석을 설명한다.

호모 날레디에 대한 첫 번째 설명은 베르거의 문헌(Berger et al. 2015)에 잘 나와 있다. 호모 날레디의 3D 프린트 설명서는 모포소스MorphoSource 웹사이트(https:// morphosource. org)의 라이징스타 프로젝트Rising Star Project 포털에서 구할 수 있다.

고고학적 기록에는 인간 행동이 갑작스럽게 변화했다는 징후가 일부 보인다. 이 기록은 멜러스의 문헌(Mellars 2006)에 요약되어 있다. 하지만 대부분의 고인류학자는 인간 행동 진화가 느리고 복합적으로 이루어졌다고 생각한다(McBrearty and Brooks 2000). 워츠의 문헌(Wurz 2012)은 이 논쟁의 개요를 대부분의 독자가 이해하기 쉽게 설명한다.

네안데르탈인의 고대 DNA 연구는 1997년 시작되었다(Krings et al. 1997). 하지만 인간 두 계보의 역사가 긴밀하게 얽혀 있다는 사실은 그린의 논문(Green et al. 2010) 이후에나 밝혀졌다. 인간이 고대 친척과 자주 유전자를 교환했다는 사실은 2010년 이후 네안데르탈인

(Prüfer et al. 2014, Hajdinjak et al. 2018, Mafessoni et al. 2020), 데니소바인(Reich et al. 2010, Meyer et al. 2012, Sawyer et al. 2015), 그리고 네안데르탈인과 데니소바인의 잡종(Slon et al. 2018) 및 고대 인류와 살아 있는 현생인류의 고대 DNA 비교 분석(Fu et al. 2016, Browning et al. 2018)을 통해 여러 번 재확인되었다. 데니소바인이 넓은 지리적 범위에 거주했다는 사실은 티베트고원 화석에서 추출한 단백질 서열분석을 통해 처음 보고되었으며(Chen et al. 2019) 나중에 동굴 바닥 퇴적물에서 직접 채취한 고대 DNA로 확인되었다(Zhang et al. 2020). 마이어(Meyer et al. 2019)는 스페인의 시마 데 로스 우에소스 동굴에서 발굴한 화석에서 추출한 핵 DNA 염기서열을 보고했다.

오늘날 우리 대부분의 유전체에는 고대 친척과의 교배에서 물려받은 소량의 DNA가 있다(Vernot and Akey 2015, Chen et al. 2020). 라시모(Racimo et al. 2015)는 고대 친척과 뒤섞인 DNA가 인간 계보로 전달되며 인간의 진화적 역사에 미친 몇 가지 영향을 논한다. 이런 영향이 인간의 진화에 의도하는 바는 웨이하스의 문헌(Wei-Hass 2020)에서 쉽게 설명되어 있다.

유전자 편집으로 고대 NOVA1을 포함하는 유전체를 지닌 뇌 오가노이드 배양 및 분석 작업은 트루히요의 문헌(Trujillo et al. 2021)을 살펴보자.

참고문헌

* Anton S, Potts D, Aiello LC. 2014. "Early evolution of Homo: An integrated biological perspective." Science 345: 1236828.

* Berger LR, Hawks J, de Ruiter DJ, Churchill SE, Schmid P, Delezene LK, Kivell TL, Garvin HM, Williams SA, DeSilva JM, Skinner MM, Musiba CM, Cameron N, Holliday TW, Harcourt-Smith W, Ackermann RR, Bastir M, Bogin B, Bolter D, …Laird MF. 2015. "Homo naledi, a new species of the genus Homo from the Dinaledi Chamber, South Africa." eLife 4: e09560.

* Browning SR, Browning BL, Zhou Y, Tucci S, Akey JM. 2018. "Analyses of human sequence data reveals two pulses of archaic Denisovan admixture." Cell 173: 53-61.e9.

* Chen F, Welker F, Shen CC, Bailey SE, Bergmann I, Davis S, Xia H, Wang H, Fischer R, Freidline SE, Yu TL, Skinner MM, Stelzer S, Dong G, Fu Q, Dong G, Wang J, Zhang D, Hublin JJ. 2019. "A late Middle Pleistocene mandible from the Tibetan Plateau." Nature 569: 409-412.

* Chen L, Wolf AB, Fu W, Li L, Akey JM. 2020. "Identifying and interpreting

apparent Neanderthal ancestry in African individuals." Cell 180: 677-687. e16.

* Coyne JA, Orr HA. 2004. Speciation. Sunderland, MA: Sinauer. Fu Q, Posth C, Hajdinjak M, Petr M, Mallick S, Fernandes D, Furtwangler A, Haak W, Meyer M, Mittnik A, Nickel B, Peltzer A, Rohland N, Slon V, Talamo S, Lazaridis I, Lipson M, Mathieson I, ···Paabo S, Reich D. 2016. "The genetic history of Ice Age Europe." Nature 534: 200-205.

* Green RE, Krause J, Briggs AW, Maricic T, Stenzel U, Kircher M, Patterson N, Li H, Zhai W, Fritz MH, Hansen NF, Durand EY, Malaspinas AS, Jensen JD, Marques-Bonet T, Alkan C, Prufer K, Meyer M, Burbano HA, ···Paabo S. 2010. "A draft sequence of the Neandertal genome." Science 328: 710-722.

* Hajdinjak M, Fu Q, Hubner A, Petr M, Mafessoni F, Grote S, Skoglund P, Narasimham V, Rougier H, Crevecoeur I, Semal P, Soressi M, Talamo S, Hublin JJ, Gušić I, Kućan Ž, Rudan P, Golovanova LV, ···Paabo S, Kelso J. 2018. "Reconstructing the genetic history of late Neanderthals." Nature 555: 652-656.

* Hublin JJ, Ben-Ncer A, Bailey SE, Freidline SE, Neubauer S, Skinner MM, Bergmann I, Le Cabec A, Benazzi S, Harvati K, Gunz P. 2017. "New fossils from Jebel Irhoud, Morocco, and the pan-African origin of Homo sapiens." Nature 546: 289-292.

* Huerta-Sanchez E, Jin X, Asan, Bianba Z, Peter BM, Vinckenbosch N, Liang Y, Yi X, He M, Somel M, Ni P, Wang B, Ou X, Huasang, Luosang J, Cuo ZX, Li K, Gao G, Yin Y, ···Nielsen R. 2014. "Altitude-adaptation in Tibetans caused by introgression of Denisovan-like DNA." Nature 512: 194-197.

* Humphrey L, Sringer C. 2018. Our Human Story. London: Natural History Museum.

* Krings M, Stone A, Schmitz RW, Krainitzki H, Stoneking M, Paabo S. 1997. "Neandertal DNA sequences and the origin of modern humans." Cell 90: 19-30.

* Liberman D. 2014. The Story of the Human Body: Evolution, Health, and Disease. New York: Random House. 김명주 역, 《우리 몸 연대기》(웅진지식하우스,

2018)

* Mafessoni F, Grote S, de Filippo C, Slon V, Kolobova KA, Viola B, Markin SV, Chintalapati M, Peyregne S, Skov L, Skoglund P, Krivoshapkin AI, Derevianko AP, Meyer M, Kelso J, Peter B, Prufer K, Paabo S. 2020. "A high-coverage Neandertal genome from Chagyrskaya Cave." Proceedings of the National Academy of Sciences 117: 15132-15136.

* Mayr, E. 1942. Systematics and the Origin of Species. New York: Columbia University Press.

* McBrearty S, Brooks AS. "The revolution that wasn't: A new interpretation of the origin of modern human behavior." Journal of Human Evolution 39: 453-563.

* Mellars P. 2006. "Why did modern human populations disperse from Africa ca. 60,000 years ago? A new mode." Proceedings of the National Academy of Sciences 103: 9381-9386.

* Meyer M, Kircher M, Gansauge MT, Li H, Racimo F, Mallick S, Schraiber JG, Jay F, Prufer K, de Filippo C, Sudmant PH, Alkan C, Fu Q, Do R, Rohland N, Tandon A, Siebauer M, Green RE, Bryc K, ···Paabo S. 2012. "A high-coverage genome sequence from an archaic Denisovan individual." Science 338: 222-226.

* Meyer M, Arsuaga JL, de Filippo C, Nagel S, Aximu-Petri A, Nickel B, Martinez I, Gracia A, Bermudez de Castro JM, Carbonell E, Viola B, Kelso J, Prufer K, Paabo S. 2016. "Nuclear DNA sequences from Middle Pleistocene Sima de los Huesos hominins." Nature 531: 504-507.

* Patterson K. 2020. Fossil Men: The Quest for the Oldest Skeleton and the Origins of Humankind. New York: HarperCollins.

* Prufer K, de Filippo C, Grote S, Mafessoni F, Korlević P, Hajdinjak M, Vernot B, Skov L, Hsieh P, Peyregne S, Reher D, Hopfe C, Nagel S, Maricic T, Fu Q, Theunert C, Rogers R, Skoglund P, Chintalapati M, ···Paabo S. 2017. "A high-coverage Neandertal genome from Vinfija Cave in Croatia." Science 358: 655-658.

* Prufer K, Racimo F, Patterson N, Jay F, Sankararaman S, Sawyer S, Heinze

A, Renaud G, Sudmant PH, de Filippo C, Li H, Mallick S, Dannemann M, Fu Q, Kircher M, Kuhlwilm M, Lachmann M, Meyer M, Ongyerth M, ···Paabo S. 2014. "The complete genome sequence of a Neanderthal from the Altai Mountains." Nature 505: 43-49.

* Reich D, Green RE, Kircher M, Krause J, Patterson N, Durand EY, Viola B, Briggs AW, Stenzel U, Johnson PL, Maricic T, Good JM, Marques-Bonet T, Alkan C, Fu Q, Mallick S, Li H, Meyer M, Eichler EE, ···Paabo S. 2010. "Genetic history of an archaic hominin group from Denisova Cave in Siberia." Nature 468: 1053-1060.

* Sawyer S, Renaud G, Viola B, Hublin JJ, Gansauge MT, Shunkov MV, Derevianko AP, Prufer K, Kelso J, Paabo S. 2015. "Nuclear and mitochondrial DNA sequence from two Denisovan individuals." Proceedings of the National Academy of Sciences 112: 15696-15700.

* Slon V, Mafessoni F, Vernot B, de Filippo C, Grote S, Viola B, Hajdinjak M, Peyregne S, Nagel S, Brown S, Douka K, Higham T, Kozlikin MB, Shunkov MV, Derevianko AP, Kelso J, Meyer M, Prufer K, Paabo S. 2018. "The genome of the offspring of a Neanderthal mother and a Denisovan father." Nature 561: 113-116.

* Stringer C, Makie R. 2015. African Exodus: The Origins of Modern Humanity. New York: Henry Holt & Co.

* Stringer C. 2016. "The origin and evolution of Homo sapiens." Philosophical Transactions of the Royal Society of London, Series B 371: 20150237.

* Trujillo CA, Rice ES, Schaefer NK, Chaim IA, Wheeler EC, Madrigal AA, Buchanan J, Preissl S, Wang A, Negraes PD, Szeto R, Herai RH, Huseynov A, Ferraz MSA, Borges FdS, Kihara AH, Byrne A, Marin M, Vollmers C, ···Muotri AR. 2021. "Reintroduction of archaic variant of NOVA! in cortical organoids alters neurodevelopment." Science 381: eaax2537.

* Vernot B. Akey JM. 2015. "Complex history of admixture between modern humans and Neandertals." American Journal of Human Genetics 96: 448-453.

* Wei-Haas M. 2020. "You may have more Neanderthal DNA than you think."

참고문헌

National Geographic. Wurz S. "The transition to modern behavior." Nature Education Knowledge 3: 15, January 30, 2020.

* Zhang D, Xia H, Chen F, Li B, Slon V, Cheng T, Yang R, Jacobs Z, Dai Q, Massilani D, Shen X, Wang J, Feng X, Cao P, Yang MA, Yao J, Yang J, Madsen DB, Han Y, …Fu Q. 2020. "Denisovan DNA in Late Pleistocene sediments from Baishiya Karst Cave on the Tibetan Plateau." Science 370: 584-587.

03 전격전을 펼치다

주석

지난 5만 년 동안 일어난 멸종의 주요 원인이 인간에게 있는지에 대한 논쟁의 증거는 여러 연구자가 검토했다(Barnosky et al. 2004, Koch and Barnosky 2006, Stuart 2014). 체발로스의 논문(Ceballos et al. 2017)은 현재 일어나는 멸종 위기가 인구 증가 및 토지 사용 변화와 관계있는지 살핀다.

스튜어트와 리스터의 문헌(Stuart and Lister 2012)에는 털북숭이코뿔소의 멸종에 대한 기록이 남아 있다. 유라시아 고고학 유적지에 있는 털북숭이코뿔소 화석에 대한 고찰은 로렌젠의 문헌(Lorenzen et al. 2011)에 나와 있다. 코신테프의 문헌(Kosintev et al. 2019)은 시베리아 유니콘의 멸종을 살핀다.

내 논문(Shapiro et al. 2004)에서는 고대 DNA와 개체군 유전학 접근법을 처음으로 이용해 멸종된 종에서 시간 경과에 따른 개체군 크기 변화를 재구성했다. 이 논문에서는 들소를 연구했다. 매머드(Barnes et al. 2007, Palkopoulou et al. 2013, Chang et al. 2017)나 사향소(Campos et al. 2010), 털북숭이코뿔소(Lorenzen et al. 2011, Lord et al. 2020), 검치호랑이(Paijmans et al. 2017), 순록(Lorenzen et al. 2001, Kuhn et al. 2010), 말(Lorenzen et al. 2011), 곰(Stiller et al. 2011, Edwards et al. 2011), 사자(Barnett et al. 2009) 등의 과거 역학 연구에도 비슷한 방식이 이용되었다.

알래스카 세인트폴섬에서 매머드가 언제, 왜 멸종했는지 밝히기 위해 우리는 퇴적층에서 얻은 고대 DNA를 이용했다(Graham et al. 2016). 로저와 슬래트킨(Rogers and Slatkin 2017)은 마지막까지 살아남은 랭겔섬 매머드의 핵 유전체를 분석해 근친 교배의 영향으로 멸종했음을 밝혔다.

아프리카를 벗어나 이동한 인간의 초기 경로는 독일과 벨기에에서 발견된 잡종 네안데르탈인의 유전적 증거(Peyrégne et al. 2019)와 중국(Liu et al. 2015) 및 이스라엘(Hershkovitz et al. 2018)에서 발견된 7만 년도 넘은 호모 사피엔스 화석에서 볼 수 있다. 호주 마제베베 고고학 유적지를 연대 분석한 결과는 클락슨의 논문(Clarkson et al. 2017)에서 볼 수 있다. 호주 남동부에서 환경 변화가 시작했다는 퇴적물 기록은 판데르카르스의 문헌(van der Kaars et al. 2017)에서 볼 수 있다. 밀러의 논문(Miller et al. 2016)은 인간이 호주 천둥새를 사냥한 증거를 제시한다.

아프리카를 떠나 세계 전역으로 인간이 퍼져나간 시기와 경로는 라이크의 문헌(Reich 2016)에 요약되어 있다. 하인츠먼(Heintzman et al. 2016)은 고대 들소 DNA를 이용해 초기 인간이 아메리카 중부대륙으로 퍼져나갈 때 얼음 없는 통로를 이용하지 않았음을 입증했다. 마티수스미스와 로빈의 논문(Matisoo-Smith and Robins 2004)은 쥐 DNA를 이용해 인간이 태평양 제도로 퍼져나간 시기와 순서를 재구성했다.

앨런토프의 논문(Allentoft et al. 2014)은 뉴질랜드에서 모아새가 멸종한 데 인간의 책임이 있음을 보여준다. 랭글리(Langley et al. 2020)는 스리랑카에서 일어난 인간과 먹잇감의 지속적인 상호 작용을 탐구한다.

2019년 새해 첫날 외롭게 죽은 조지의 이야기는 윌콕스의 문헌(Wilcox 2019)에 보고되어 있다.

참고문헌

* Allentoft ME, Heller R, Oskam CL, Lorenzen ED, Hale ML, Gilbert MT, Jacomb C, Holdaway RN, Bunce M. 2014. "Extinct New Zealand megafauna were not in decline before human colonization." Proceedings of the National Academy of Sciences 111: 4922-4927.

* Barnes I, Shapiro B, Kuznetsova T, Sher A, Guthrie D, Lister A, Thomas MG. 2007. "Genetic structure and extinction of the woolly mammoth." Current Biology 17: 1072-1075.

* Barnett R, Shapiro B, Ho SYW, Barnes I, Burger J, Yamaguchi N, Higham T, Wheeler HT, Rosendhal W, Sher AV, Baryshnikov G, Cooper A. 2009. "Phylogeography of lions (Panthera leo) reveals three distinct taxa and a Late Pleistocene reduction in genetic diversity." Molecular Ecology 18: 1668-1677.

* Barnosky AD, Koch PL, Feranec RS, Wing SL, Shabel AB. 2004. "Assessing the causes of Late Pleistocene extinctions on the continents." Science 306: 70-75.

* Campos P, Willerslev E, Sher A, Axelsson E, Tikhonov A, Aaris-Sørensen K, Greenwood A, Kahlke R-D, Kosintsev P, Krakhmalnaya T, Kuznetsova T, Lemey P, MacPhee RD, Norris CA, Shepherd K, Suchard MA, Zazula GD, Shapiro B, Gilbert MTP. 2010. "Ancient DNA analysis excludes humans as the driving force behind Late Pleistocene musk ox (Ovibos moschatus) population dynamics." Proceedings of the National Academy of Sciences 107: 5675-5680.

* Ceballos G, Ehrlich PR, Dirzo R. 2017. "Biological annihilation via the ongoing sixth mass extinction signaled by vertebrate population losses and declines." Proceedings of the National Academy of Sciences 114: E6089-E6096.

* Chang D, Knapp M, Enk J, Lippold S, Kircher M, Lister A, MacPhee RDE, Widga C, Czechowski P, Sommer R, Hodges E, Stumpel N, Barnes I, Dalen L, Derevianko A, Germonpre M, Hillebrand-Voiculescu A, Constantin S, Kuznetsova T, ···Shapiro B. 2017. "The evolutionary and phylogeographic history of woolly mammoths: A comprehensive mitogenomic analysis." Scientific Reports 7: 44585.

* Clarkson C, Jacobs Z, Marwick B, Fullagar R, Wallis L, Smith M, Roberts RG, Hayes E, Lowe K, Carah X, Florin SA, McNeil J, Cox D, Arnold LJ, Hua Q, Huntley J, Brand HEA, Manne T, Fairbairn A, ···Pardoe C. 2017. "Human occupation of northern Australia by 65,000 years ago." Nature 547: 306-310.

* Edwards CJE, Suchard MA, Lemey P, Welch JJ, Barnes I, Fulton TL, Barnett R, O'Connell TC, Coxon P, Monaghan N, Valdiosera C, Lorenzen ED, Willerslev E, Baryshnikov GF, Rambaut A, Thomas MG, Bradley DG, Shapiro B. 2011. "Ancient hybridization and a recent Irish origin for the modern polar bear matriline." Current Biology 21: 1-8.

* Graham RW, Belmecheri S, Choy K, Cullerton B, Davies LH, Froese D, Heintzman PD, Hritz C, Kapp JD, Newsom L, Rawcliffe R, Saulnier-Talbot

E, Shapiro B, Wang Y, Williams JW, Wooller MJ. 2016. "Timing and cause of mid-Holocene mammoth extinction on St. Pal Island, Alaska." Proceedings of the National Academy of Sciences 113: 9310-9314.

* Heintzman PD, Froese DG, Ives JW, Soares AER, Zazula GD, Letts B, Andrews TD, Driver JC, Hall E, Hare G, Jass CN, MacKay G, Southon JR, Stiller M, Woywitka R, Suchard MA, Shapiro B. 2016. "Bison phylogeography constrains dispersal and viability of the 'Ice Free Corridor' in western Canada." Proceedings of the National Academy of Sciences 113: 8057-8063.

* Hershkovitz I, Weber GW, Quam R, Duval M, Grun R, Kinsley L, Ayalon A, Bar-Matthews M, Valladas H, Mercier N, Arsuaga JL, Martinon-Torres M, Bermudez de Castro JM, Fornai C, Martin-Frances L, Sarig R, May H, Krenn VA, Slon V, ···Weinstein-Evron M. 2018. "The earliest modern humans outside of Africa." Science 359: 456-459.

* Koch PL, Barnosky AD. 2006. "Late Quaternary extinctions: State of the debate." Annual Reviews of Ecology and Evolution 37: 215-250.

* Kosintsev P, Mitchell KJ, Deviese T, van der Plicht J, Kuitems M, Petrova E, Tikhonov A, Higham T, Comeskey D, Turney C, Cooper A, van Kolfschoten T, Stuart AJ, Lister AM. 2019. "Evolution and extinction of the giant rhinoceros Elasmotherium sibricum sheds light on Late Quaternary megafaunal extinctions." Nature Ecology and Evolution 3: 31-38.

* Kuhn TS, McFarlane K, Groves P, Moers AO, Shapiro B. 2010. "Modern and ancient DNA reveal recent partial replacement of caribou in the southwest Yukon." Molecular Ecology 19: 1312-1318.

* Langley MC, Amano N, Wedage O, Deraniyagala S, Pathmalal MM, Perera N, Boivin N, Petraglia MD, Roberts P. 2020. "Bows and arrows and complex symbolic displays 48,000 years ago in the South Asian Tropics." Science Advances 6: eaba3831.

* Liu W, Martinon-Torres M, Cai YJ, Xing S, Tong HW, Pei SW, Sier MJ, Wu XH, Edwards RL, Cheng H, Li YY, Yang XX, de Castro JM, Wu XJ. 2015. "The earliest unequivocally modern humans in southern China." Nature 526: 696-699.

∗ Lord E, Dussex N, Kierczak M, Diez-Del-Molino D, Ryder OA, Stanton DWG, Gilbert MTP, Sanchez-Barreiro F, Zhang G, Sinding MS, Lorenzen ED, Willerslev E, Protopopov A, Shidlovskiy F, Fedorov S, Bocherens H, Nathan SKSS, Goossens B, van der Plicht J, ···Dalen L. 2020. "Pre-extinction demographic stability and genomic signatures of adaptation in the woolly rhinoceros." Current Biology 5: 3871-3879.

∗ Lorenzen ED, Nogues-Bravo D, Orlando L, Weinstock J, Binladen J, Marske KA, Ugan A, Borregaard MK, Gilbert MT, Nielsen R, Ho SY, Goebel T, Graf KE, Byers D, Stenderup JT, Rasmussen M, Campos PF, Leonard JA, Koepfli KP, ···Willerslev E. 2011. "Species-specific responses of Late Quaternary megafauna to climate and humans." Nature 479: 359-364.

∗ Matisoo-Smith E, Robins JH. 2004. "Origins and dispersals of Pacific peoples: Evidence from mtDNA phylogenies of the Pacific rat." Proceedings of the National Academy of Sciences 101: 9167-9172.

∗ Miller G, Magee J, Smith M, Spooner N, Baynes A, Lehman S, Fogel M, Johnston H, Williams D, Clark P, Florian C, Holst R, DeVogel S. 2016. "Human predation contributed to the extinction of the Australian megafaunal bird Genyornis newtoni ~47ka." Nature Communications 7: 10496.

∗ Paijmans JLA, Barnett R, Gilbert MTP, Zepeda-Mendoza ML, Reumer JWF, de Vos J, Zazula G, Nagel D, Baryshnikov GF, Leonard JA, Rohland N, Westbury MV, Barlow A, Hofreiter M. 2017. "Evolutionary history of saber-toothed cats based on ancient mitogenomics." Current Biology 27: 3330-3336.e5.

∗ Palkopoulou E, Dalen L, Lister AM, Vartanyan S, Sablin M, Sher A, Edmark VN, Brandstrom MD, Germonpre M, Barnes I, Thomas J. 2013. "Holarctic genetic structure and range dynamics in the woolly mammoth." Proceedings of the Royal Society of London, Series B 280: 20131910.

∗ Peyregne S, Slon V, Mafessoni F, de Filippo C, Hajdinjak M, Nagel S, Nickel B, Essel E, Le Cabec A, Wehrberger K, Conard NJ, Kind CJ, Posth C, Krause J, Abrams G, Bonjean D, Di Modica K, Toussaint M, Kelso J, ···Prufer K. 2019. "Nuclear DNA from two early Neandertals reveals 80,000 years of genetic continuity in Europe." Science Advances 5: eaaw5873.

* Reich D. 2018. Who We Are and How We Got Here. Oxford: Oxford University Press, 김명주 역, 《믹스처》(동녘사이언스, 2020)

* Rogers RL, Slatkin M. 2017. "Excess of genomic defects in a woolly mammoth on Wrangel Island." PLoS Genetics 13: e1006601.

* Shapiro B, Drummond AJ, Rambaut A, Wilson MC, Matheus PE, Sher AV, Pybus OG, Gilbert MT, Barnes I, Binladen J, Willerslev E, Hansen AJ, Baryshnikov GF, Burns JA, Davydov S, Driver JC, Froese DG, Harington CR, Keddie G, ···Cooper A. 2004. "Rise and fall of the Beringian steppe bison." Science 306: 1561-1565.

* Stiller M, Baryshnikov G, Bocherens H, Grandal d'Anglade A, Hilpert B, Munzel SC, Pinhasi R, Rabeder G, Rosendahl W, Trinkaus E, Hofreiter M, Knapp M. 2010. "Withering away—25,000 years of genetic decline preceded cave bear extinction." Molecular Biology and Evolution 27: 975-978.

* Stuart AJ. 2014. "Late Quaternary megafaunal extinctions on the continents: A short review." Geological Journal 50: 338-363.

* Stuart AJ, Lister AM. 2012. "Extinction chronology of the woolly rhinoceros Coelodonta antiquitis in the context of Late Quaternary megafaunal extinctions in northern Eurasia." Quaternary International 51: 1-17.

* van der Kaars S, Miller GH, Turney CS, Cook EJ, Nurnberg D, Schonfeld J, Kershaw AP, Lehman SJ. 2017. "Humans rather than climate the primary cause of Pleistocene megafaunal extinction in Australia." Nature Communications 8: 14142.

* Wilcox C. 2019. "Lonely George the tree snail dies, and a species goes extinct." National Geographic, January 8, 2019.

04 락타아제 지속성

주석

세구엘과 본의 논문(Ségurel and Bon 2017)은 인간에게서 락타아제 지속성 돌연변이의 진화와 기능적 결과에 대한 최근의 지식을 검토한다. 락타아제 지속성 돌연변이가 나타난 시기를 알아보고 유라시아(Segruel et al. 2020)와 아프리카(Tishkoff et al. 2007)로 퍼져 나간 시기를 추론하는 데에는 유전 정보가 이용되었다. 초기 낙농 인구에서 이 돌연변이는 거의 발견되지 않았다(Burger et al. 2020).

제더의 문헌(Zeder 2011)은 레반트 지역에서 동물이 가축화하는 과정과 가축이 유럽으로 퍼져 나간 과정에 대해 지금까지 고고학적 증거로 알려진 사실을 검토한다. 마셜의 문헌(Marshall et al. 2014)은 초기 가축화 과정에서 유도 교배가 한 역할을 평가한다. 가축화의 세 가지 경로에 대해서는 제더의 다른 논문(Zeder 2012, Zeder 2015)에 요약되어 있다. 20세기 초 가축화 증후군domestication syndrome이라 부르는 가축 종의 공통적인 특성은 윌킨스의 문헌(Wilkins et al. 2014)에서 설명한다.

슐츠(Schultz et al. 2005)는 개미의 농업과 인간의 농업을 비교한다.

고대 DNA는 다양한 종이 언제 어디에서 가축화되었는지 알려준다(Frantz et al. 2020). 여기에는 가축화된 개(Bergström et al. 2020), 닭(Wang et al. 2020), 말(Orlando 2020) 등이 있다. 아크의 논문(Haak et al. 2015) 및 드바로스의 논문(de Barros Damgaard et al. 2018)은 최초로 말을 기른 사람들이 퍼져 나간 시기와 그 결과를 논했다.

소 가축화는 여러 논문(Park et al. 2015, Verdugo et al. 2019)에서 유전적 관점으로 살펴보았다. 피트의 논문(Pitt et al. 2019)은 유전적 증거가 전 세계에서 일어난 두세 번의 소 가축화를 뒷받침하는지 살펴본다. 자데(Helmer et al. 2005)와 카유뉴(Hongo et al. 2009)에서 발굴한 야생 들소 화석의 고고학적 평가를 비옥한 초승달 지대에서 일어난 소 가축화라는 광범위한 맥락에서 살펴본 논문도 있다(Arbuckle et al. 2016). 키의 논문(Qiu et al. 2012)은 들소와 토종 야크를 교배해 높은 고도에서 들소가 살 수 있도록 조작한 티베트 소의 유전체 영역을 확인했다.

낙농에 대한 고고학적 증거는 유럽(Evershed et al. 2008) 및 아프리카(Grillo et al. 2020) 도기에 남은 유지방과 고고학적 화석인 치석에서 회수한 단백질 서열(Warinner et al. 2014)에서 볼 수 있다. 찰튼의 논문(Charlton et al. 2019)은 이 방법을 살펴보고 이를 통해 얻은 발견을 검토한다.

헤어와 토마셀로의 논문(Hare and Tomasello 2005)은 개에게 사회적 인지가 있다는 증거를 탐구한다(Hare and Woods 2013). 사이토의 논문(Saito et al. 2019) 및 비탈리와 우델의 논문(Vitale and Udell 2019)은 고양이도 인간에게 사회적으로 의존하는 진화적 특성을 가졌음을 보여준다.

최근 일어난 해양 종의 순화는 두어트의 논문(Duarte et al. 2007)에 기록되어 있으며, 스토크스태드(Stokstad 2020)는 양식업에 생명공학의 역할이 늘고 있다고 평가한다. 로즈너의 논문(Rosner 2014)은 미국 감자콩을 비롯해 새로운 야생 식물을 순화하는 오늘날의 노력을 탐구한다.

무어와 하슬러(Moore and Hasler 2017)는 20세기 생명공학이 소 축산업과 낙농 과학을 어떻게 발전시켰는지 검토한다. 핸슨(Hansen 2020)은 이런 기술에 남은 몇 가지 문제를 논의하며 특히 배아 이식이 지금까지 목표에 도달하지 못한 이유를 논한다. 비건스의 논문(Wiggans et al. 2017)은 현대 소의 선택 번식에 유전체 정보가 이바지하는 바를 평가한다.

배너시(Bannasch et al. 2008)는 SLC2A9 유전자의 돌연변이가 달마티안의 요산 과잉 생산과 연관 있다고 지적한다. 루이스와 멜러시의 논문(Lewis and Mellersh 2019)은 DNA 검사가 도입된 이래 개의 질병 발생 빈도가 감소했다고 보고했다.

참고문헌

* Arbuckle BS, Price MD, Hongo H, Oksuz B. 2016. "Documenting the initial appearance of domestic cattle in the eastern Fertile Crescent (northern Iraq and western Iran)." Journal of Archaeological Science 72: 1-9.

* Bannasch D, Safra N, Young A, Kami N, Schaible RS, Ling GV. 2008. "Mutations in the SLC2A9 gene cause hyperuricosuria and hyperuremia in the dog." PLoS Genetics 4: e1000246.

* Bergstrom A, Frantz L, Schmidt R, Ersmark E, Lebrasseur O, Girdland-Flink L, Lin AT, Stora J, Sjogren 퍼센트, Anthony D, Antipina E, Amiri S, Bar-Oz G, Bazaliiskii VI, Bulatović J, Brown D, Carmagnini A, Davy T, Fedorov S, …Skoglund P. 2020. "Origins and genetic legacy of prehistoric dogs." Science 370: 557-564.

* Burger J, Link V, Blocher J, Schulz A, Sell C, Pochon Z, Diekmann Y, Žegarac A, Hofmanova Z, Winkelbach L, Reyna-Blanco CS, Bieker V, Orschiedt J, Brinker U, Scheu A, Leuenberger C, Bertino TS, Bollongino R, Lidke G, …

Wegmann D. 2020. "Low prevalence of lactase persistence in Bronze Age Europe indicates ongoing strong selection over the last 3,000 years." Current Biology 30: 4307-4315.

* Charlton S, Ramsøe A, Collins M, Craig OE, Fischer R, Alexander M, Speller CF. 2019. "New insights into Neolithic milk consumption through proteomic analysis of dental calculus." Archaeological and Anthropological Sciences 11: 6183-6196.

* Craig OE, Chapman J, Heron C, Willis LH, Bartosiewicz L, Taylor G, Whittle A, Collins M. "Did the first farmers of central and eastern Europe produce dairy foods?" Antiquity 79: 882-894.

* de Barros Damgaard P, Martiniano R, Kamm J, Moreno-Mayar JV, Kroonen G, Peyrot M, Barjamovic G, Rasmussen S, Zacho C, Baimukhanov N, Zaibert V, Merz V, Biddanda A, Merz I, Loman V, Evdokimov V, Usmanova E, Hemphill B, Seguin-Orlando A, ···Willerslev E. 2018. "The first horse herders and the impact of early Bronze Age steppe expansions into Asia." Science 360: eaar7711.

* Duarte CM, Marba N, Jolmer M. 2007. "Rapid domestication of marine species." Science 316: 382-383.

* Evershed RP, Payne S, Sherratt AG, Copley MS, Coolidge J, Urem-Kotsu D, Kotsakis K, Ozdoğan M, Ozdoğan AE, Nieuwenhuyse O, Akkermans PM, Bailey D, Andeescu RR, Campbell S, Farid S, Hodder I, Yalman N, Ozbaşaran M, ···Burton MM. 2008. "Earliest date for milk use in the Near East and southeastern Europe linked to cattle herding." Nature 455: 528-531.

* Felius M. 2007. Cattle Breeds: An Encyclopedia. Pomfret, VT: Trafalgar Square Publishing.

* Frantz LAF, Bradley DG, Larson G, Orlando L. 2020. "Animal domestication in the era of ancient genomics." Nature Reviews Genetics 21: 449-460.

* Grillo KM, Dunne J, Marshall F, Prendergast ME, Casanova E, Gidna AO, Janzen A, Karega-Munene, Keute J, Mabulla AZP, Robertshaw P, Gillard T, Walton-Doyle C, Whelton HL, Ryan K, Evershed RP. "Molecular and isotopic evidence for milk, meat, and plants in prehistoric eastern African

herder food systems." Proceedings of the National Academy of Sciences 117: 9793-9799.

* Hansen PJ. 2020. "The incompletely fulfilled promise of embryo transfer in cattle—why aren't pregnancy rates greater and what can we do about it?", Journal of Animal Science 98: skaa288.

* Hare B, Tomasello M. 2005. "Human-like social skills in dogs? Trends in Cognitive." Science 9: 439-444.

* Hare B, Woods V. 2013. The Genius of Dogs: How Dogs Are Smarter Than You Think. New York: Dutton.

* Helmer D, Gourichon L, Monchot H, Peters J, Sana Segui M. 2005. "Identifying early domestic cattle from pre-pottery Neolithic sites on the Middle Euphrates using sexual dimorphism." In New Methods and the First Steps of Mammal Domestication, edited by Vigne J-D, Peters J, Helmer D, editors, 86-95. Oxford: Oxbow Books.

* Hongo H, Pearson J, Oksuz B, Igezdi G. 2009. "The process of ungulate domestication at Cayonu, southeastern Turkey: A multidisciplinary approach focusing on Bos sp. and Cervus elaphus." Anthropozoologica 44: 63-78.

* Kistler L, Montenegro A, Smith BD, Gifford JA, Green RE, Newsom LA, Shapiro B. 2014. "Trans-oceanic drift and the domestication of African bottle gourds in the Americas." Proceedings of the National Academy of Sciences 111: 2937-2941.

* Lewis TW, Mellersh CS. 2019. "Changes in mutation frequency of eight Mendelian inherited disorders in eight pedigree dog populations following introduction of a commercial DNA test." PLoS One 14: e0209864.

* Librado P, Fages A, Gaunitz C, Leonardi M, Wagner S, Khan N, Hanghøj K, Alquraishi SA, Alfarhan AH, Al-Rasheid KA, Der Sarkissian C, Schubert M, Orlando L. 2016. "The evolutionary origin and genetic makeup of domestic horses." Genetics 204: 423-434.

* Marshall FB, Dobney K, Denham T, Capriles JM. 2014. "Evaluating the roles of directed breeding and gene flow in animal domestication." Proceed-

ings of the National Academy of Sciences 111: 6153-6158.

* Moore SG, Hasler JF. 2017. "A 100-year review: Reproductive technologies in dairy science." Journal of Dairy Science 100: 10314-10331.

* Orlando L. 2020. "The evolutionary and historical foundation of the modern horse: Lessons from ancient genomics." Annual Reviews of Genetics 54: 561-581.

* Park SDE, Magee DA, McGettigan PA, Teasdale MD, Edwards CJ, Lohan AJ, Murphy A, Braud M, Donoghue MT, Liu Y, Chamberlain AT, Rue-Albrecht K, Schroeder S, Spillane C, Tai S, Bradley DG, Sonstegard TS, Loftus B, MacHugh DE. "Genome sequencing of the extinct Eurasian wild aurochs, Boss primigenius, illuminate the phylogeography and evolution of cattle." Genome Biology 16: 234.

* Pitt D, Sevane N, Nicolazzi EL, MacHugh DE, Park SDE, Colli L, Martinez R, Bruford MW, Orozco-terWengel P. 2019. "Domestication of cattle: Two or three events?" Evolutionary Applications 2019: 123-136.

* Qiu Q, Zhang G, Ma T, Qian W, Wang J, Ye Z, Cao C, Hu Q, Kim J, Larkin DM, Auvil L, Capitanu B, Ma J, Lewin HA, Qian X, Lang Y, Zhou R, Wang L, Wang K, ⋯Liu J. 2012. "The yak genome and adaptation to life at high altitude." Nature Genetics 44: 946-949.

* Rosner H. 2014. "How we can tame overlooked wild plants to feed the world." Wired, June 24, 2014.

* Saito A, Shinozuka K, Ito Y, Hasegawa T. 2019. "Domestic cats (Felis catus) discriminate their names from other words." Scientific Reports 9: 5394.

* Schaible RH. 1981. The genetic correction of health problems. The AKC Gazette.

* Schultz T, Mueller U, Currie C, Rehner S. 2005. "Reciprocal illumination: A comparison of agriculture in humans and in fungus-growing ants." In Ecological and Evolutionary Advances in InsectFungal Associations, edited by Vega F, Blackwell M, 149-190, Oxford: Oxford University Press.

* Segurel L, Bon C. 2017. "On the evolution of lactase persistence in humans." Annual Review of Genomics and Human Genetics 18: 297-319.

* Segurel L, Guarino-Vignon P, Marchi N, Lafosse S, Laurent R, Bon C, Fabre A, Hegay T, Heyer E. 2020. "Why and when was lactase persistence selected for? Insights from Central Asian herders and ancient DNA." PLoS Biology 18: e30000742.

* Stokstad E. 2020. "Tomorrow's catch." Science 370: 902-905.

* Tishkoff SA, Reed FA, Ranciaro A, Voight BF, Babbitt CC, Silverman JS, Powell K, Mortensen HM, Hirbo JB, Osman M, Ibrahim M, Omar SA, Lema G, Nyambo TB, Ghori J, Bumpstead S, Pritchard JK, Wray GA, Deloukas P. 2007. "Convergent adaptation of human lactase persistence in Africa and Europe." Nature Genetics 39: 31-40.

* Verdugo MP, Mullin VE, Scheu A, Mattiangeli V, Daly 퍼센트, Maisano Delser P, Hare AJ, Burger J, Collins MJ, Kehati R, Hesse P, Fulton D, Sauer EW, Mohaseb FA, Davoudi H, Khazaeli R, Lhuillier J, Rapin C, Ebrahimi S, ···Bradley DG. 2019. "Ancient cattle genomics, origins, and rapid turnover in the Fertile Crescent." Science 365: 173-176.

* Vitale KR, Udell MAR. 2019. "The quality of being sociable: The influence of human attentional state, population, and human familiarity on domestic cat sociability." Behavioral Processes 145: 11-17.

* Wang MS, Thakur M, Peng MS, Jiang Y, Frantz LAF, Li M, Zhang JJ, Wang S, Peters J, Otecko NO, Suwannapoom C, Guo X, Zheng ZQ, Esmailizadeh A, Hirimuthugoda NY, Ashari H, Suladari S, Zein MSA, Kusza S, ···Zhang YP. 2020. "863 genomes reveal the origin and domestication of chicken." Cell Research 30: 693-701.

* Warinner C, Hendy J, Speller C, Cappellini E, Fischer R, Trachsel C, Arneborg J, Lynnerup N, Craig OE, Swallow DM, Fotakis A, Christensen RJ, Olsen JV, Liebert A, Montalva N, Fiddyment S, Charlton S, Mackie M, Canci A, ···Collins MJ. 2014. "Direct evidence of milk consumption from ancient human dental calculus." Scientific Reports 4: 7104.

* Wiggans GR, Cole JB, Hubbard SM, Sonstegard TS. 2017. "Genomic selection in dairy cattle: The USDA experience." Annual Reviews of Animal Biosciences 5: 309-327.

참고문헌

*   Wilkins AS, Wrangham RW, Fitch WT. 2014. "The 'domestication syndrome' in mammals: A unified explanation based on neural crest cell behavior and genetics." Genetics 197: 795-808.

*   Zeder M. 2011. "The origins of agriculture in the Near East." Current Anthropology 54: S221-S235.

*   Zeder M. 2012. "The domestication of animals." Journal of Archaeological Research 68: 161-190.

*   Zeder M. 2015. "Core questions in domestication research." Proceedings of the National Academy of Sciences 112: 3191-3198.

05 레이크카우 베이컨

주석

나는 존 무얼렘Jon Mooallem을 통해 하원 결의안 H. R. 23261에 관한 이야기를 처음 접했다. 미 의회에 법안을 통과시키려는 노력에 대해 그가 쓴 2013년 기사를 놓쳐서는 안 된다. 나그네비둘기가 멸종되기 전까지 수십 년 동안 위험에 처한 이야기를 다룬 그린버그(Greenburg 2014)의 글도 눈을 사로잡는다.

우리는 옥스퍼드의 도도새 다리에서 미토콘드리아 DNA를 회수했지만(Shapiro et al. 2002, Soares et al. 2016) 완전한 도도새 핵 유전체는 덴마크 자연사 박물관 수장품인 다른 동물에서 얻었다. 이 분석 작업은 현재 진행 중이다. 나그네비둘기의 진화 역사에 대한 우리의 분석은 머레이의 논문(Murray et al. 2018)에서 볼 수 있다.

에스테스(Estes et al. 2016)는 해달, 다시마숲, 그리고 지금은 멸종된 스텔러바다소의 관계를 탐구한다.

새거린과 터니프시드(Sagarin and Turnipseed 2012)는 공공신뢰원칙의 법적 체계가 오늘날 보존의 맥락에서 어떻게 해석되는지 검토한다. 위키피디아Wikipedia는 미국 및 기타 지역의 환경과 종 보존 운동의 역사를 철저히 추적한다. PBS에서 제작한 6부작 다큐멘터리(Duncan et al. 2009)는 미국 국립공원의 창설로 이어진 정치적·사회적 배경을 설명하며 역사를 보존하는 태도가 변화하는 과정을 잘 보여준다. 미국 어류 및 야생동물 관리국의 공식 웹사이트에는 멸종위기종 보호법의 역사와 다양한 개정안이 자세히 나와 있다.

핌의 문헌(Pimm et al. 2014)은 멸종위기에 처한 야생동식물의 국제거래에 관한 협약의 영향을 탐구한다. 존슨(Johnson et al. 2017)은 오늘날 생물 다양성 손실을 늦추는 데 이용되는 방법의 효율성을 검토한다. 본가르트(Bongaarts 2019)는 유엔 생물 다양성 및 생태계 서비스에 관한 정부 간 과학 정책 플랫폼Intergovernmental Science-Policy Platform on Biodiversity and Ecosystem Services의 2019 보고서 중 주요 결과를 요약했다. 2019년 5월 9일에 게시된 전체 보고서는 웹사이트에서 볼 수 있다(https://ipbes.net/global-assessment).

플로리다표범의 멸종과 유전적 구출 이야기는 오브라이언의 책(O'Brien 2003) 4장과 5장에 나와 있다. 플로리다표범 개체군의 근친 교배에 대한 우리의 유전체 분석 결과는 사레미의 논문(Saremi et al. 2019)에서 볼 수 있다.

루이즈와 칼튼이 편집한 책(Ruiz and Carlton 2003)은 종의 침입 방법과 침입종의 통제 전략을 검토한다. 키틀러(Kistler et al. 2014)는 조롱박이 대서양을 가로질러 해류를 타고 아메리카 대륙으로 흩어지는 과정을 발견했다. 러셀과 브룸(Russell and Broome 2016)은 설치류를 섬에서 제거할 때 미치는 생태학적 영향을 검토한다. 밀리우스의 논문(Milius 2020)은 2016년에 샌프란시스코 공항을 통해 미국으로 들어오는 소포에서 살인 말벌을 발견했다고 보고했다.

참고문헌

* Bongaarts J. 2019. "Summary for policymakers of the global assessment report on biodiversity and ecosystem services of the Intergovernmental Science-Policy Platform on Biodiversity and Ecosystem Services." Population and Development Review 45: 680-681.
* Duncan D, Burns K, Coyote P, Stetson L, Arkin A, Bosco P, Conway K, Hanks T, Lucas J, McCormick C, Bodett T, Clark T, Guyer M, Jones G, Madigan A, Wallach E, Muir J. 2009. "The National Parks: America's Best Idea. Arlington." VA: PBS Home Video.
* Estes JA, Burdin A, Doak DF. 2016. "Sea otters, kelp forests, and the extinction of Steller's sea cow." Proceedings of the National Academy of Sciences 113: 880-885.
* Greenburg J. 2014. A Feathered River Across the Sky: The Passenger Pigeon's Flight to Extinction. New York: Bloomsbury.
* Johnson CN, Balmford A, Brook BW, Buettel JC, Galetti M, Guangchun L,

Wilmshurst JM. 2017. "Biodiversity losses and conservation responses in the Anthropocene." Science 356: 270-275.

* Kistler L, Montenegro A, Smith BD, Gifford JA, Green RE, Newsom LA, Shapiro B. 2014. "Trans-oceanic drift and the domestication of African bottle gourds in the Americas." Proceedings of the National Academy of Sciences 111: 2937-2941.

* Milius S. 2020. "More 'murder hornets' are turning up. Here's what you need to know." Science News, May 29, 2020.

* Mooallem J. 2013 December 12. American hippopotamus. The Atavist. Murray GGR, Soares AER, Novak BJ, Schaefer NK, Cahill JA, Baker AJ, Demboski JR, Doll A, Da Fonseca RR, Fulton TL, Gilbert MTP, Heintzman PD, Letts B, McIntosh G, O'Connell BL, Peck M, Pipes M-L, Rice ES, Santos KM, ⋯Shapiro B. 2017. "Natural selection shaped the rise and fall of passenger pigeon genomic diversity." Science 358: 951-954.

* O'Brien SJ. 2003. Tears of the Cheetah and Other Tales from the Genetic Frontier. New York: Thomas Dunne.

* Pimm SL, Jenkins CN, Abell R, Brooks TM, Gittleman JL, Joppa LN, Raven PH, Roberts CM, Sexton JO. 2014. " The biodiversity of species and their rates of extinction, distribution, and protection." Science 344: 1246752.

* Roosevelt T. 2017. "A Book Lover's Holidays in the Open, 1916." In Theodore Roosevelt for Nature Lovers: Adventures with America's Great Outdoorsman, edited by Dawidziak M, Guilford, CT: Lyons Press.

* Ruiz GM, Carlton JT. 2003. Invasive Species: Vectors and Management Strategies. Washington DC: Island Press.

* Russell JC, Broome 퍼센트. 2016. "Fifty years of rodent eradications in New Zealand: Another decade of advances." New Zealand Journal of Ecology 40: 197-204.

* Sagarin RD, Turnipseed M. 2012. "The Public Trust Doctrine: Where ecology meets natural resources management." Annual Review of Environment and Resources 37: 473-496.

* Saremi N, Supple MA, Byrne A, Cahill JA, Lehman Coutinho L, Dalen L,

Figueiro HV, Johnson WE, Milne HJ, O'Brien SJ, O'Connell BO, Onorato DP, Riley SPD, Sikich JA, Stahler DR, Villetta PMS, Vollmers C, Wayne RK, Eizirik E, ⋯Shapiro B. 2019. "Puma genomes from North and South America provide insights into the genomic consequences of inbreeding." Nature Communications 10: 4769.

* Shapiro B, Sibthorpe D, Rambaut A, Austin J, Wragg GM, Bininda-Emonds OR, Lee PL, Cooper A. 2002. "Flight of the dodo." Science 295: 1683.

* Soares AER, Novak B, Haile J, Fjeldsa J, Gilbert MTP, Poinar H, Church G, Shapiro B. 2016. "Complete mitochondrial genomes of living and extinct pigeons revise the timing of the columbiform radiation." BMC Evolutionary Biology 16: 1-9.

* "Topics of the Times.", New York Times, April 12, 1910.

* Transcript of the presentation of H.R. 23261. 1910. Hearings before the Committee on Agriculture during the second session of the Sixty-first Congress 3. Washington, DC: US Government Printing Office.

* Wilson ES. 1934. "Personal recollections of the passenger pigeon." The Auk 51: 157.

06 뿔 없는 소

주석

판 에이네남(Van Eenennaam et al. 2021)은 생명공학 기술을 들여다본 후, 농업에서 이용되는 생명공학 기술 그리고 우리의 불안과 규제 때문에 잃어버린 기회를 살펴본다. 멘델슨(Mendlesohn et al. 2003)은 Bt 작물의 위험에 대한 미국 환경보호국의 분석을 제시한다. 미국 국립 아카데미US National Academies는 농업 분야에서 유전공학의 미래를 보는 전망과 과학적·사회적·정치적 문제에 대한 상세한 보고서를 작성했다(National Academies of Science, Engineering, and Mathematics 2016).

미국의 생명공학 기술 규제를 위한 협력체계The Coordinated Framework for Regulation of Biotechnology는 1986년 발표되었고(Office of Science and Technology Policy 1986) 2017년

1월 초 개정되었다(Office of the President 2017). 미국 식품의약국의 2017년 규제 지침은 의도적인 변형이 있는 장기를 신규 동물 의약품으로 규제해야 한다고 명시한다(Food and Drug Administration 2017).

GMO에 대한 유럽 연합의 정의는 플랜과 판 덴 이드의 논문(Plan and Van den Eede 2010)에서 가져왔다. 라니넨(Laaninen 2019)은 유전자 편집 유기체가 기존 유럽 법률의 GMO 관리법 소관이라는 유럽 사법 재판소의 2018년 결정이 지닌 근거와 의미를 논한다. 이 결정이 세계 경제에 미친 영향은 펀헤이건과 웨슬러의 논문(Purnhagen and Wesseler 2021)에 언급되었다.

코언(Cohen et al. 1972)은 두 종의 유기체에서 온 DNA 가닥을 연결하는 제한효소를 처음 설명했다. 1973년 고든 핵산 회의Gordon Conference on Nucleic Acids에서 발표된 한 회원의 인용문은 한나의 문헌(Hanna 1991)에 보고되었으며, 여기에는 이 발표의 세부 사항은 물론 1975년 캘리포니아에서 열린 아실로마 컨퍼런스를 포함해 이후 사건에 대한 정보도 포함되어 있다. 그리고 당시 토론에 참여한 많은 과학자의 논평도 있다. 베르크의 논문(Berg et al. 1975)은 아실로마 컨퍼런스의 결론을 요약한다.

치프라와 치토프스키(Tzifra and Citovsky 2006)는 식물 유전체 편집에 이용하는 기술을 검토한다. 김(Kim and Kim 2014)은 유전공학에 이용하는 유전자가위의 개발과 적용을 설명한다. 다우드나와 샤르팡티에의 논문(Doudna and Charpentier 2014) 및 문헌과 다우드나의 논문(Knott and Doudna 2018)은 특히 크리스퍼-카스 시스템으로 이룬 발전에 주목한다. 레이놀즈(Reynolds 2019)는 크리스퍼의 작동 방식과 이를 통해 달성할 수 있는 미래에 대해 일반인도 이해할 수 있도록 쉽게 요약한다.

토마토에서 PG 활성을 제어하는 안티센스 기술은 시히의 논문(Sheehy et al. 1988)에, 이 발견의 의미는 로버츠의 논문(Roberts 1988)에 보고되었다. 플레이버세이버 토마토의 승인을 위해 칼젠이 실시한 실험의 세부 사항 및 결정은 마르티누의 논문(Martineau 2001)에서 가져왔다. 칼젠은 1992년 플레이버세이버 토마토의 안전성 평가를 발표했다(Radenbaugh et al. 1992). 시어브룩(Searbrook 1993)은 플레이버세이버 토마토 출시에 대해 칼젠 관계자를 인터뷰했고 밀러(Miller 1993)는 미디어와 활동가 조직의 반응을 조사했다.

칼슨(Carlson et al. 2016)은 유전자 조작된 세포주를 이용해 뿔 없는 낙농 소가 탄생했다고 보고했다. 이 황소가 낳은 송아지 여섯 마리 중 한 마리의 표현형 및 유전자 분석은 영의 논문(Young et al. 2020)에 나와 있다. 노리스의 논문(Norris et al. 2020)은 유전체 편집된 수컷의 유전체에서 박테리아 DNA 서열을 분석했다. 프린세스와 그 형제들에 관한 이야기와 사진은 몰테니의 문헌(Molteni 2019)에서 볼 수 있다.

GMO 옥수수를 먹였을 때 쥐가 암에 걸린다는 데이터를 보고한 세랄리니의 2012년 연구는 〈푸드 앤 케미컬 톡시콜로지Food and Chemical Toxicology〉에서 철회되고 나중에 다시 발표되었다(Séralini et al. 2014). 버틀러의 논문(Butler 2012)은 세랄리니의 원래 연구에 대한 언론의 반응을 비판했다. 스타인버그의 문헌(Steinberg et al. 2019)은 더 많은 표본을 이용하면 세랄리니의 결과를 재현할 수 없다고 밝혔다.

살레탄(Saletan 2015)은 유전자 변형 파파야와 황금쌀을 비롯한 여러 유전자 변형 유기체를 둘러싼 과학과 논쟁을 탐구한다. 로시의 논문(Losey et al. 1999)은 Bt 옥수수 꽃가루가 제왕나비에게 해롭다는 사실을 발견했지만, 시어의 논문(Sears et al. 2001)은 여섯 개의 대규모 현장 연구 자료를 바탕으로 이들의 주장을 반박한다. 탕(Tang et al. 2012)은 황금쌀을 먹인 어린이가 일일 비타민 A 권장량의 상당 부분을 충족했다고 보고했다. 논란이 계속되자(Hvistendahl and Enserink 2012) 연구 결과를 언급한 기사는 철회되었다. 아페드라루(Afedraru 2018)는 비타민 강화 유전자 조작 바나나를 우간다에서 출시할 계획을 세웠다고 설명한다. 남아프리카 작물을 조작해 오랜 가뭄에 견디게 만드는 계획은 린드의 문헌(Lind 2017)에 나와 있다.

루이스(Lewis 1992)는 프랑켄푸드라는 용어를 만들었다.

참고문헌

* Afedraru L. 2018. "Ugandan scientists poised to release vitamin fortified GMO banana." Alliance for Science, October 30, 2018.

* Berg P, Baltimore D, Brenner S, Roblin RO, Singer MF. 1975. "Summary statement of the Asilomar conference on recombinant DNA molecules." Proceedings of the National Academy of Sciences 72: 1981-1984.

* Butler D. 2012. "Rat study sparks GM furore." Nature 489: 474.

* Carlson DF, Lancto CA, Zang B, Kim ES, Walton M, Oldeschulte D, Seabury C, Sonstegard TS, Fahrenkrug SC. 2016. "Production of hornless dairy cattle from genome-edited cell lines." Nature Biotechnology 34: 479-481.

* Cohen SN, Chang ACY, Boyer HW, Helling RB. 1972. "Construction of biologically functional bacterial plasmids in vitro." Proceedings of the National Academy of Sciences 71: 3240-3244.

* Doudna JA, Charpentier E. 2014. "The new frontier of genome engineering with CRISPR-Cas9." Science 346: 1258096.

∗ Food and Drug Administration. 2017. Guidance for Industry 187 on regulation of intentionally altered genomic DNA in animals. Federal Register 82: 12.

∗ Hanna KE, ed. 1991. Biomedical Politics. Washington, DC: National Academies Press.

∗ Hvistendahl M, Enserink M. 2012. "GM research: Charges fly, confusion reigns over Golden Rice study in Chinese children." Science 337: 1281.

∗ Kim H, Kim J-S. 2014. "A guide to genome engineering with programmable nucleases." Nature Reviews Genetics 15: 321-334.

∗ Knott GJ, Doudna JA. 2018. "CRISPR-Cas guides the future of genetic engineering." Science 361: 866-869.

∗ Laaninen T. 2019. New plantbreeding techniques: Applicability of EU GMO rules. Brussels: European Parliamentary Research Service.

∗ Lewis P. 1992. "Opinion: Mutant foods create risks we can't yet guess." New York Times, June 16, 1992.

∗ Lind P. 2017. "'Resurrection plants': Future drought-resistant crops could spring back to life thanks to gene switch." Reuters, March 22, 2017.

∗ Losey JE, Rayor LS, Carter ME. 1999. "Transgenic pollen harms monarch larvae." Nature 399: 214.

∗ Martineau B. 2001. First Fruit: The Creation of the Flavr Savr Tomato and the Birth of Biotech Foods. New York: McGraw Hill.

∗ Mendelsohn M, Kough J, Vaituzis Z, Matthews K. 2003. "Are Bt crops safe?" Nature Biotechnology 21: 1003-1009.

∗ Miller SK. 1994. "Genetic first upsets food lobby." New Scientist, May 28, 1994.

∗ Molteni M. 2019. "A cow, a controversy, and a dashed dream of more human farms." Wired, October 8, 2019.

∗ National Academies of Sciences, Engineering, and Medicine. 2016. Genetically Engineered Crops: Experiences and Prospects. Washington, DC: National Academies Press.

∗ Norris AL, Lee SS, Greenless KJ, Tadesse DA, Miller MF, Lombardi HA. 2020.

"Template plasmid integration in germline genome-edited cattle." Nature Biotechnology 38: 163-164.

* Office of Science and Technology Policy. 1986. Coordinated Framework for Regulation of Biotechnology. Federal Register 51: 23302.

* Office of the President. 2017. Modernizing the Regulatory System for Biotechnology Products: Final Version of the 2017 Update to the Coordinated Framework for the Regulation of Biotechnology. US EPA. www .epa. govwork-regulation-biotechnology-under-tsca-and-fifra/update-coordinated-framework-regulation-biotechnology.

* Plan D, Van den Eede G. 2010. The EU Legislation on GMOs: An Overview. Brussels: Publications Office of the European Union.

* Purnhagen K, Wesseler J. 2021. "EU regulation of new plant breeding technologies and their possible economic implications for the EU and beyond." Applied Economic Perspectives and Policy. https//:doi:10.1002/aepp.13084.

* Redenbaugh K, Hiatt W, Martineau B, Kramer M, Sheehy R, Sanders R, Houck C, Emlay D. 1992. Safety Assessment of GeneticallyEngineered Fruits and Vegetables: A Case Study of the FLAVR SAVR™ Tomatoes. Boca Raton: CRC Press.

* Reynolds M. 2019. "What is CRISPR? The revolutionary gene editing tech explained." Wired, January 20, 2019.

* Roberts L. 1988. "Genetic engineers build a better tomato." Science 241: 1290.

* Saletan W. 2015. "Unhealthy fixation." Slate, July 15, 2015.

* Searbrook J. 1993." Tremors in the hothouse." 32-41. New Yorker, July 19, 1993.

* Sears MK, Hellmich RL, Stanley-Horn DE, Oberjauser KS, Pleasants JM, Mattila HR, Siegfried BD, Dively GP. 2001. "Impact of Bt corn pollen on monarch butterfly populations: A risk assessment." Proceedings of the National Academy of Sciences 98: 11937-11942.

* Seralini GE, Clair E, Mesnage R, Gress S, Defarge N, Malatesta M, Henne-

quin D, de Vendomois JS. 2014. "Long term toxicity of a Roundup herbicide and a Roundup-tolerant genetically modified maize." Environmental Sciences Europe 26: 14.

* Sheehy R, Kramer M, Hiatt W. 1988. "Reduction of polygalacturonase activity in tomato fruit by antisense RNA." Proceedings of the National Academy of Sciences 85: 8805-8809.

* Simon F. 2015. "Jeremy Rifkin: 'Number two cause of global warming emissions? Animal husbandry'." Euractiv, November 26, 2015.

* Steinberg P, van der Voet H, Goedhart PW, Kleter G, Kok EJ, Pla M, Nadal A, Zeljenkova D, Alačova R, Babincova J, Rollerova E, Jaďuďova S, Kebis A, Szabova E, Tulinska J, Líšková A, Takacsova M, Mikušová ML, Krivošíková Z, ···Wilhelm R. 2019. "Lack of adverse effects in subchronic and chronic toxicity/carcinogenicity studies on the glyphosate-resistant genetically modified maize NK603 in Wistar Han RCC rats." Archives of Toxicology 93: 1095-1139.

* Tang G, Hu Y, Yin S, Wang Y, Dallal GE, Grusak MA, Russell RM. 2012. "β-Carotene in Golden Rice is as good as β-carotene in oil at providing vitamin A to children." American Journal of Clinical Nutrition 96: 658-664.

* Tzfira T, Citovsky V. 2006. "Agrobacterium-mediated genetic transformation of plants: Biology and biotechnology." Current Opinion in Biotechnology 17: 147-154.

* Van Eenennaam AL, De Figuieredo Silva F, Trott JF, Zilberman D. 2021. "Genetic engineering of livestock: The opportunity cost of regulatory delay." Annual Review of Animal Biosciences 9: 453-478.

* Young AE, Mansour TA, McNabb BR, Owen JR, Trott JF, Brown CT, Van Eenennaam AL. 2020. "Genomic and phenotype analyses of six offspring of a genome-edited hornless bull." Nature Biotechnology 38: 225-232.

07 의도한 결과

주석

이 장의 제목인 '의도한 결과'는 보존 분야의 혁신을 장려하고 의도한 변화를 달성하기 위해 고안된 개입을 촉진하는 '의도한 결과 이니셔티브Intented Consequences Initiative'의 시작을 기념하기 위해 리바이브 앤 리스토어에서 2020년 6월에 연 워크숍에서 영감을 받았다. 관련 자료와 실행 가이드라인을 포함한 워크숍 자료는 다음 웹페이지에서 찾을 수 있다(https://reviverestore.org/what-we-do /intended-consequences/).

논문(Shapiro 2015)에서 나는 단계별 복원 가이드를 제시하고, 기존 및 미래 기술을 이용해 멸종된 특성이나 멸종된 종 자체를 살아 있는 생태계에 다시 도입할 방법을 연구했다. 헤이스팅스 센터 보고서Hastings Center Report의 2017년 7/8월호는 캐브닉과 예닝스의 논문(Kaebnick and Jennings 2017)을 특집으로 다루며 생물 다양성 보존 도구로서 복원의 윤리, 관행 및 미래에 대한 여러 글을 실었다.

야마가타(Yamagata et al. 2019)는 매머드 복제의 첫걸음으로 2만 8,000년 된 매머드 핵을 되살리기 위한 이리타니 아키라 팀의 노력을 보고했다. 황우석 팀의 죽은 개 복제 방법은 정의 논문(Jung et al. 2020)에 나와 있으며, 시라노스키(Cyranoski 2006)는 사기, 횡령 및 생명윤리 위반으로 기소된 2006년 황우석 재판을 설명한다. 샤체트(Sarchet 2017)는 조지 처치의 연구실 배양접시에서 성장한 세포로 매머드를 만들기 위한 노력을 설명한다.

윌머트(Wilmut et al. 2015)는 체세포 핵 이식 기술의 한계 및 전망을 검토한다. 보르헤스와 페레이라(Borges and Pereira 2019)는 다른 종을 모체 숙주로 이용하는 경우를 포함해 보존을 위한 복제 가능성을 논한다. 와니(Wani et al. 2017)는 토종 낙타를 이용해 박트리아낙타를 성공적으로 복제했다고 보고했다. 마드리갈(Madrigal 2013)은 멸종된 부카르도를 되살리는 프로젝트를 설명한다. 복제된 부카르도를 조작하는 실험은 폴크의 논문(Folch et al. 2009)에 나와 있다.

지모프(Zimov et al. 2012)는 부활한 매머드가 툰드라를 생산적인 스텝 초원으로 바꿀 수 있다고 주장한다. 말히(Malhi et al. 2016)는 특히 거대동물이 멸종한 생태계를 다시 야생으로 돌려놓는다는 아이디어를 알아보며 거대동물이 생태계에 미치는 영향을 검토한다.

와이오밍 수렵부는 검은발흰족제비 보호 프로젝트의 역사를 다룬 훌륭한 영상을 제작했다. 유튜브 채널(www.youtube.com/user/wygameandfish)과 홈페이지(http://blackfooted-ferret.org)에서 볼 수 있다. 도슨과 릴스(Dobson and Lyles 2000)는 20세기 말 검은발흰족제비가 돌아온 초기 과정을 설명한다. 검은발흰족제비를 유전적으로 구출하기 위한 국제 협력은 리바이브 앤 리스토어 웹사이트에 설명되어 있다.

팝킨(Popkin 2020)은 미국밤나무의 역사, 멸종 위기, 그리고 멸종의 운명에서 나무를 구하기 위한 노력을 탐색한다. 유전자 변형 미국밤나무에 숨겨진 과학은 파월의 논문(Powell et al. 2019)에 자세히 설명되어 있다. 뉴하우스와 파월의 논문(Newhouse and Powell 2021)은 유전공학을 이용해 미국 밤나무를 복원하자고 주장한다.

퍼거슨(Ferguson, 2018)은 벡터 매개 질병 문제의 세계적 규모를 설명하고 볼바키아 및 유전자 드라이브를 포함해 모기 개체군을 제어하는 방식을 살펴본다. 옥시텍은 해리스의 논문(Harris et al. 2012)에서 조작된 모기인 OX513A를 설명한다. 옥시텍에서 제작한 다른 곤충은 회사 웹사이트에 관련 문헌 링크와 함께 나와 있다. 에번스(Evans et al. 2019)는 일부 OX513A의 DNA가 브라질 지역 모기 개체군으로 전달되었다고 보고했다. 플로리다 키스에서 OX5034 모기를 방출하기로 한 결정은 보트의 문헌(Bote 2020)에 나와 있다.

버트(Burt et al. 2018)는 사하라 사막 이남 아프리카 풍토병인 말라리아 문제를 다루며 타깃 말라리아가 이 문제를 해결하는 데 이용하는 말라리아 통제 전략을 설명한다. 부르키나파소 바나에서 불임 수컷 모기를 처음 방출한 데이터는 타깃 말라리아의 웹사이트에 있다.

슈들라리(Scudellari 2019)는 일반인도 이해할 수 있도록 유전자 드라이브 기술을 간략하게 설명한다. 케빈 에스벨트의 마이스 어게인스트 틱스 프로젝트는 부흐탈의 논문(Buchtal et al. 2019)에 나와 있다. 노블(Noble et al. 2019)은 데이지 체인 유전자 드라이브라는 아이디어를 제시한다. 케빈 에스벨트는 MIT 미디어랩의 유튜브 채널(www.youtube.com/user/mitmedialab) 영상에서 다양한 유전자 드라이브 시스템을 설명한다. 포유동물에서 최초로 성공한 유전자 드라이브는 그룬발트의 논문(Grunwald et al. 2019)에 보고되었다.

참고문헌

* Borges AA, Pereira AF. 2019. "Potential role of intraspecific and interspecific cloning in the conservation of wild animals." Zygote 27: 111-117.

* Bote J. 2020. "More than 750 million genetically modified mosquitoes to be released into Florida Keys." USA Today, August 20, 2020.

* Buchthal J, Weiss Evans S, Lunshof J, Telford SR III, Esvelt KM. 2019. "Mice Against Ticks: An experimental community-guided effort to prevent tick-borne disease by altering the shared environment." Philosophical Transactions of the Royal Society of London Series B 374: 20180105.

* Burt A, Coulibaly M, Crisanti A, Diabate A, Kayondo JK. 2018. "Gene drive

to reduce malaria transmission in sub-Saharan Africa." Journal of Responsible Innovation 5: S66-S80.

٭ Cyranoski D. 2006. "Hwang takes the stand at fraud trial." Nature 444: 12.

٭ Dobson A, Lyles A. 2000. "Black-footed ferret recovery." Science 288: 985-988.

٭ Evans BR, Kotsakiozi P, Costa-da-Silva AL, Ioshino RS, Garziera L, Pedrosa MC, Malavasi A, Virginio JF, Capurro ML, Powell JR. 2019. "Transgenic Aedees aegypri mosquitoes transfer genes into a natural population." Scientific Reports 9: 13047.

٭ Ferguson NM. 2018. "Challenges and opportunities in controlling mosquitoborne infections." Nature 559: 490-497.

٭ Folch J, Cocero MJ, Chesne P, Alabart JL, Dominguez V, Cognie Y, Roche A, Fernandez-Arias A, Marti JI, Sanchez P, Echegoyen E, Beckers JF, Bonastre AS, Vignon X. 2009. "First birth of an animal from an extinct subspecies (Capra pyrenaica pyrenaica) by cloning." Theriogenology 71: 1026-1034.

٭ Grunwald HA, Gantz VM, Poplawski G, Xu X-RS, Bier E, Cooper KL. 2019. "Super-Mendelian inheritance mediated by CRISPR-Cas9 in the female mouse germline." Nature 566: 105-109.

٭ Harris AF, McKemey AR, Nimmo D, Curtis Z, Black I, Morgan SA, Oviedo MN, Lacroix R, Naish N, Morrison NI, Collado A, Stevenson J, Scaife S, Dafa'alla T, Fu G, Phillips C, Miles A, Raduan N, Kelly N, ···Alphey L. 2012. "Successful suppression of a field mosquito population by sustained release of engineered male mosquitoes." Nature Biotechnology 30: 828-830.

٭ Jeong Y, Olson OP, Lian C, Lee ES, Jeong YW, Hwang WS. 2020. "Dog cloning from post-mortem tissue frozen without cryoprotectant." Cryobiology 97: 226-230.

٭ Kaebnick GE, Jennings B. 2017. "De-extinction and conservation: An introduction to the special issue 'Recreating the wild: De-extinction, technology, and the ethics of conservation'." Hastings Center Report 47: S2-S4.

٭ Madrigal A. 2013. "The 10 minutes when scientists brought a species back from extinction." The Atlantic, March 18, 2013.

* Malhi Y, Doughty CE, Galetti M, Smith FA, Svenning J-C, Terborgh JW. 2016. "Megafauna and ecosystem function from the Pleistocene to the Anthropocene." Proceedings of the National Academy of Sciences 113: 838-846.

* Newhouse AE, Powell WA. 2021. "Intentional introgression of a blight tolerance transgene to rescue the remnant population of American chestnut." Conservation Science and Practice. https://doi.org/10.1111/csp2.348.

* Noble C, Min J, Olejarz J, Buchthal J, Chavez A, Smidler AL, DeBenedictis EA, Church GM, Nowak MA, Esvelt KM. 2019. "Daisy-chain gene drives for the alteration of local populations." Proceedings of the National Academy of Sciences 116: 8275-8282.

* Popkin G. 2020. "Can genetic engineering bring back the American chestnut?" New York Times Magazine, April 30, 2020.

* Powell WA, Newhouse AE, Coffey V. 2019. "Developing blight-tolerant American chestnut trees." Cold Spring Harbor Perspectives in Biology 11: a034587.

* Sarchet P. 2017. "Can we grow woolly mammoths in the lab? George Church hopes so." New Scientist, February 16, 2017.

* Scudellari M. 2019. "Self-destructing mosquitoes and sterilized rodents: The promise of gene drives." Nature 57: 160-162.

* Shapiro B. 2015. How to Clone a Mammoth: The Science of DeExtinction. Princeton, NJ: Princeton University Press.

* Wani NA, Vettical BS, Hong SB. 2017. "First cloned Bactrian camel (Camelus bactrianus) calf produced by interspecies somatic cell nuclear transfer: A step towards preserving the critically endangered wild Bactrian camels." PLoS One 12: e0177800.

* Wilmut I, Bai Y, Taylor J. 2015. "Somatic cell nuclear transfer: Origins, the present position and future opportunities." Philosophical Transactions of the Royal Society Series B 310: 20140366.

* Yamagata K, Nagai K, Miyamoto H, Anzai M, Kato H, Miyamoto K, Kurosaka S, Azuma R, Kolodeznikov II, Protopopov AV, Plotnikov VV, Kobayashi H, Kawahara-Miki R, Kono T, Uchida M, Shibata Y, Handa T, Kimura H, Hosoi

Y, ···Iritani A. 2019. "Signs of biological activities of 28,000-year-old mammoth nuclei in mouse oocytes visualized by live-cell imaging." Scientific Reports 9: 4050.

* Zimov SA, Zimov NS, Tikhonov AN, Chapin FS III. 2012. "Mammoth steppe: A high-productivity phenomenon." Quaternary Science Reviews 57: 26-45.

08 터키시 딜라이트

주석

발츠(Waltz 2019)는 임파서블 버거를 포함해 유전자 변형 식품에 대한 소비자의 태도를 조사했다. 가이 라즈Guy Raz는 NPR의 팟캐스트 〈이것을 어떻게 만들었을까How I Build This〉 중 2020년 에피소드에서 학계를 나가 식물성 식품 공급자가 된 팻 브라운을 인터뷰한다.

멸종된 향기를 재구성하는 징코 바이오웍스와의 공동 프로젝트는 카다시의 논문(Kiedaisch 2019)에 설명되어 있다. 맬러니(Maloney et al. 2018)는 의약품에서 독성 아메바의 유무를 검출하는 재조합 인자 C의 효과를 기존 투구게 혈액 단백질의 효과와 비교한다.

공(Gong et al. 2003)은 유전공학을 이용해 세 종의 빛나는 제브라피시를 생산하는 과정을 설명한다. 힐(Hill et al. 2014)은 글로피시가 유전적으로 조작되지 않은 다니오보다 환경에 위험을 더하지 않음을 발견했다. 브룸(Broom 2004)은 스코틀랜드 에딘버러의 로즐린 연구소 과학자들이 GFP를 발현하는 연구용 돼지와 닭을 만들었다고 보고했다. 이 장에서 논의된 다른 형질전환 동물에는 루비 강아지 루피(Callaway 2009), 마이크로피그(Standeart 2017) 및 근육질 비글(Regalado 2015)이 있다.

파커(Parker 2018)는 찰스 무어가 발견한 거대한 태평양 쓰레기 지대를 설명하고 이후 쓰레기 지대에 대해 알게 된 것을 살핀다. 빌레오의 논문(Biello 2008)과 툴로의 논문(Tullo 2019)은 생분해성 플라스틱의 미래를 논한다. 드라히(Drahl 2018)는 플라스틱 폐기물을 분해하는 미생물과 곤충의 가능성을 조사했다.

권(Kwon et al. 2020)은 도시 정원을 위해 설계된 유전자 조작 토마토를 보고한다. 콘로우(Conrow 2016)는 아쿠어드밴티지 연어에 대해 아쿠아바운티AquaBounty의 CEO인 론 스토티시Ron Stotish를 인터뷰했다. 갈세이프 돼지는 펠프스의 논문(Phelps et al. 2003)에 설명되어 있다. 하네싱 플랜츠 이니셔티브의 아이디얼플랜츠 기술은 솔크 연구소의 웹사이트에 나와 있다(www.salk.edu/harnessing-plants-initiative/).

코언(Cohen 2019)은 세계 최초 크리스퍼 조작 인간을 만들고 공개한 허젠쿠이의 연구 과정을 소개한다. 레갈라도(Regalado 2018)는 허젠쿠이가 실험을 공개하기 전에 성공적으로 유전자 편집된 쌍둥이가 탄생했다는 이야기를 퍼트렸다. 허젠쿠이의 실험에 대한 미공개 세부 사항은 레갈라도가 공개했다(Regalado 2019). 시라노스키(Cyranoski 2020)는 세 번째 크리스퍼 아기의 존재를 확인하고 허젠쿠이의 징역형이 중국 내 연구에 미칠 영향을 논한다. 국립 과학 공학 및 의학 아카데미는 인간 유전체 편집 연구에 대한 지침을 발표했다(National Academies of Science, Engineering, and Medicine, 2017).

엘링하우스(Ellinghause et al. 2020)는 심각한 코로나바이러스 감염을 일으켜 인간에게 다양한 위해를 끼치는 유전적 변이체를 확인했다.

참고문헌

* Biello D. 2008. "Turning bacteria into plastic factories" Scientific American, September 16, 2008.
* Broom S. 2004. "Green-tinged farm points the way." BBC News, April 28, 2004.
* Callaway E. 2009. "Fluorescent puppy is world's first transgenic dog." New Scientist, April 23, 2009.
* Cohen J. 2018. "The untold story of the 'circle of trust' behind the world's first gene-edited babies." Science, August 1, 2018.
* Conrow J. 2016, "AquaBounty: GMO pioneer." Alliance for Science, June 20, 2016.
* Cyranoski D. 2020. "What CRISPR-baby prison sentences mean for research." Nature 577: 154-155.
* Darwin C. 1859. On the Origin of Species by Means of Natural Selection, or Preservation of Favoured Races in the Struggle for Life. London: John Murray.
* Drahl C. 2018. "Plastics recycling with microbes and worms is further away than people think." Chemical and Engineering News 96, June 15, 2018.

* Ellinghaus D et al. (Severe Covid-19 GWAS Group). 2020. "Genomewide association study of severe COVID-19 with respiratory failure." New England Journal of Medicine 383: 1522-1534.

* Gong Z, Wan H, Leng Tay T, Wang H, Chen M, Yan T. 2003. "Development of transgenic fish for ornamental and bioreactor by strong expression of fluorescent proteins in the skeletal muscle." Biochemical and Biophysical Research Communications 308: 58-63.

* Hill JE, Lawson LL, Hardin S. 2014. "Assessment of the risks of transgenic fluorescent ornamental fishes to the United States using the Fish Invasiveness Screening Kit (FISK)." Transactions of the American Fisheries Society 143: 817-829.

* Kiedaisch J. 2019. "You can now smell a flower that went extinct a century ago." Popular Mechanics, April 16, 2019.

* Kwon C-T, Heo J, Lemmon ZH, Capua Y, Hutton SF, Van Eck J, Park SJ, Lippman ZB. 2020. "Rapid customization of Solanaceae fruit crops for urban agriculture." Nature Biotechnology 38: 182-188.

* Maloney T, Phelan R, Simmons M. 2018. "Saving the horseshoe crab: A synthetic alternative to horseshoe crab blood for endotoxin detection." PLoS Biology 16: e2006607.

* National Academies of Sciences, Engineering, and Medicine. 2017. Human Genome Editing: Science, Ethics, and Governance. Washington, DC: National Academies Press.

* Parker L. 2018. "The Great Pacific Garbage Patch isn't what you think it is." National Geographic, March 22, 2018.

* Phelps CJ, Koike C, Vaught TD, Boone J, Wells KD, Chen SH, Ball S, Specht SM, Polejaeva IA, Monahan JA, Jobst PM, Sharma SB, Lamborn AE, Garst AS, Moore M, Demetris AJ, Rudert WA, Bottino R, Bertera S, ···Ayares DL. 2003. "Production of alpha 1,3-galactosyltransferase-deficient pigs." Science 299: 411-414.

* Raz G. 2020. "Impossible Foods: Pat Brown. How I Built This with Guy Raz." National Public Radio, May 11, 2020.

* Regalado A. 2015. "First gene-edited dogs reported in China." MIT Technology Review, October 19, 2015.

* Regalado A. 2018. "Exclusive: Chinese scientists are creating CRISPR babies." MIT Technology Review, November 25, 2018.

* Regalado A. 2019. "China's CRISPR babies: Read exclusive excerpts from unseen original research." MIT Technology Review, December 3, 2019.

* Standaert M. 2017. "China genomics giant drops plans for gene-edited pets." MIT Technology Review, July 3, 2017.

* Tullo AH. 2019. "PHA: A biopolymer whose time has finally come." Chemical and Engineering News 97, September 8, 2019.

* Waltz E. 2019. "Appetite grows for biotech foods with health benefits." Nature Biotechnology 37: 573-575.

찾아보기

뿔이 없는 소, 물지 않는 늑대

초판 1쇄 인쇄 2023년 11월 8일
초판 1쇄 발행 2023년 11월 15일

지은이 베스 샤피로
옮긴이 장혜인
펴낸이 고영성

책임편집 박유신 **디자인** 이화연 **저작권** 주민숙

펴낸곳 주식회사 상상스퀘어
출판등록 2021년 4월 29일 제2021-000079호
주소 경기도 성남시 분당구 성남대로 52, 그랜드프라자 604호
전화 070-8666-3322
팩스 02-6499-3031
이메일 publication@sangsangsquare.com
홈페이지 www.sangsangsquare.com

ISBN 979-11-92389-49-3 (03470)